BEITRÄGE ZUR TECHNISCHEN MECHANIK UND TECHNISCHEN PHYSIK

AUGUST FÖPPL

ZUM SIEBZIGSTEN GEBURTSTAG

AM 25. JANUAR 1924

GEWIDMET VON SEINEN SCHÜLERN

W. BÄSELER, G. BAUER, L. DREYFUS, R. DÜLL
L. FÖPPL, O. FÖPPL, J. GEIGER, H. HENCKY, K. HUBER
TH. v. KÁRMÁN, O. MADER, L. PRANDTL, C. PRINZ
J. SCHENK, W. SCHLINK, E. SCHMIDT, M. SCHULER
F. SCHWERD, D. THOMA, H. THOMA, S. TIMOSCHENKO
C. WEBER

MIT DEM BILDNIS AUGUST FÖPPLS
UND 111 ABBILDUNGEN IM TEXT

SPRINGER-VERLAG BERLIN HEIDELBERG GMBH 1924

A. Föppl

BEITRÄGE ZUR TECHNISCHEN MECHANIK UND TECHNISCHEN PHYSIK

AUGUST FÖPPL

ZUM SIEBZIGSTEN GEBURTSTAG

AM 25. JANUAR 1924

GEWIDMET VON SEINEN SCHÜLERN

W. BÄSELER, G. BAUER, L. DREYFUS, R. DÜLL
L. FÖPPL, O. FÖPPL, J. GEIGER, H. HENCKY, K. HUBER
TH. v. KÁRMÁN, O. MADER, L. PRANDTL, C. PRINZ
J. SCHENK, W. SCHLINK, E. SCHMIDT, M. SCHULER
F. SCHWERD, D. THOMA, H. THOMA, S. TIMOSCHENKO
C. WEBER

MIT DEM BILDNIS AUGUST FÖPPLS
UND 111 ABBILDUNGEN IM TEXT

SPRINGER-VERLAG BERLIN HEIDELBERG GMBH 1924

ISBN 978-3-642-51921-5 ISBN 978-3-642-51983-3 (eBook)
DOI 10.1007/978-3-642-51983-3

URSPRUNGLICH ERSCHIENEN BEI JULIUS SPRINGER IN BERLIN 1924

Vorwort.

Am 25. Januar 1924 tritt Professor A. Föppl in München in das 70. Lebensjahr. Eine Anzahl seiner engeren Schüler haben sich deshalb zusammengetan, um ihrem hochverehrten Lehrer ihre Glückwünsche zu überbringen und ihm, zugleich im Namen der Tausende, die während eines Menschenalters von ihm in der technischen Mechanik unterrichtet worden sind, Dank zu sagen für die Belehrung und Anregung, die sie von ihm empfangen haben. Sie hoffen in der augenblicklichen schweren Zeit, die sich nicht zum Feiern froher Feste eignet, den richtigen Weg zur Darbringung ihrer Glückwünsche darin gefunden zu haben, daß sie zu der Wissenschaft, deren Neubelebung und deren Ausbau die deutsche Ingenieurwelt dem Jubilar verdankt, aus Eigenem kleine Beiträge beisteuerten, die in diesem Buch gesammelt sind.

Die zwei Söhne von A. Föppl und seine zwei Schwiegersöhne, die sämtlich seine Schüler sind, haben es übernommen, die Herausgabe dieser Festgabe zu besorgen. Die Verlagsbuchhandlung Julius Springer hat sich dankenswerter Weise mit dem Verlag einverstanden erklärt.

O. Föppl, Braunschweig. **L. Prandtl**, Göttingen.
L. Föppl, München. **H. Thoma**, München.

Inhaltsverzeichnis.

AUGUST FÖPPL.

August Föppl ist geboren in Groß-Umstadt (Oberhessen) als Sohn eines praktischen Arztes am 25. Januar 1854. Als er 6 Jahre alt war, siedelte die Familie nach dem nur wenige Kilometer entfernten Höchst im Odenwald über. Dort bekam A. Föppl seine Schulausbildung, teils in der Dorfschule, teils von seinem Vater, der ihn im Doktorwagen mit auf die Praxis nahm und ihm unterwegs Latein und Griechisch beibrachte, zum Teil auch von einem Pfarrer, der mit seinem Vater eng befreundet war. Die letzten 3 Jahre seiner Gymnasialzeit verbrachte er auf dem Realgymnasium in Darmstadt, wo er dann auch die Hochschule besuchte. Hier wandte er sich dem Studium des Bauingenieurfaches zu. Nach den ersten Semestern wechselte er die Hochschule und siedelte nach Stuttgart über, wo vor allem Otto Mohr ihn anzog und in ihm die Freude für Betrachtungen aus der Mechanik und Festigkeitslehre weckte.

Als Mohr von Stuttgart fortging, wechselte A. Föppl nochmals die Hochschule und ging nach Karlsruhe, wo er seine Studien 1874 beendete. Es war damals eine wirtschaftlich recht ungünstige Zeit, in der sich A. Föppl seine Anstellung zu suchen hatte. Nachdem er eine kurze Beschäftigung bei der Badischen Straßenbau-Direktion gefunden und 1875 bis 1876 seiner militärischen Dienstpflicht genügt hatte, nahm er im Herbst 1876 eine Anstellung als Lehrer an der nur im Winter unterhaltenen Baugewerbeschule in Holzminden und Ostern 1877 eine dauernde Anstellung als Lehrer an der städtischen Gewerbeschule in Leipzig an. Kurze Zeit darauf verheiratete er sich dort im Alter von 24 Jahren mit Emilie, geb. Schenk aus Nidda (Oberhessen), die ihn seitdem treulich auf seinem ganzen Lebensweg begleitet hat. 1886 promovierte er an der Universität Leipzig auf Grund seiner Bücher „Theorie des Fachwerks“, Leipzig 1880, und „Theorie der Gewölbe“, Leipzig 1881.

Über 15 Jahre war A. Föppl als Lehrer an der Gewerbeschule in Leipzig tätig. Manche Nebentätigkeit brachte ihm während dieser Zeit erwünschte Abwechslung und Anregung, vor allem der Bau der Leipziger Markthalle unter Licht, für die A. Föppl die Eisenkonstruktionen zu entwerfen und zu berechnen hatte. Auf Grund seiner zahlreichen wissenschaftlichen Arbeiten bot sich ihm mehrfach Aussicht, eine Professur an einer Hochschule zu erhalten. Immer wieder aber zerschlug sich die Sache, so daß er sich schon halb mit seiner Tätigkeit als einer endgültigen abgefunden hatte. Da erhielt er im Herbst 1892 einen Ruf als Extraordinarius für landwirtschaftlichen Maschinenbau an die Universität Leipzig. Mit der ihm eigenen Energie wandte er sich dem vollständig neuen Beschäftigungsgebiet zu. Er bereiste Sommer 1892 die größeren landwirtschaftlichen Maschinenfabriken Deutschlands, um sich selbst die nötigen Kenntnisse für sein neues Tätigkeitsfeld zu verschaffen. Später erzählte er selbst noch lachend, wie sonderbar er sich vorgekommen sei, als er seinen ersten Informationsbesuch bei einer landwirtschaftlichen Maschinenfabrik machte, sich dabei als Professor für landwirtschaftlichen Maschinenbau vorstellte und durch seine Fragestellung bald verriet, daß das Gebiet ihm ziemlich fern lag.

Die Lehrtätigkeit an der Universität Leipzig faßte A. Föppl von vornherein nur als vorübergehende auf. Darauf weist schon die Tatsache hin, daß er in jener Zeit das fern vom landwirtschaftlichen Maschinenbau liegende größere Werk: „Maxwellsche Theorie der Elektrizität" schrieb. Das Buch machte die Fachwelt darauf aufmerksam, daß dort in Leipzig ein Lehrer für ein nebensächliches Fach wirkte, der es verstand, die den Ingenieur vor allen angehenden Fragen mit einer seltenen wissenschaftlichen Gründlichkeit und mit ganz hervorragendem Erfolge zu behandeln. So war es selbstverständlich, daß A. Föppl schon sehr bald, 1894, wieder von der Universität Leipzig wegberufen wurde. Man bot ihm die Professur für technische Mechanik zugleich mit der Leitung des Festigkeitslaboratoriums an der Technischen Hochschule in München an.

A. Föppl zog Herbst 1894 nach München und widmete sich fortan fast ausschließlich der technischen Mechanik, die durch ihn eine wesentliche Ausbildung, namentlich in bezug auf den Unterricht an den technischen Hochschulen Deutschlands, erfahren hat. Er hat es verstanden, wissenschaftliche Gründlichkeit mit technischem Denken zu vereinigen, wobei er niemals das Hauptziel, den Nutzen für die Praxis, aus den Augen verlor. So war charakteristisch für die Aufbauarbeit, die A. Föppl in der technischen Mechanik leistete, daß diese seine Tätigkeit nach zwei Richtungen hin befehdet wurde: den einen war er zu theoretisch; sie meinten, ein Ingenieur müsse mit weniger wissenschaftlichen Betrachtungen auskommen und dafür mehr Erfahrungen und Versuche heranziehen. Den anderen war er nicht exakt genug; sie wollten dem Ingenieur jene Strenge der Überlegungen beibringen, die der Mathematiker gewöhnt ist. Daß er aber von der großen Menge der Ingenieure verstanden wurde, daß er ihnen das gab, was sie brauchten, das beweisen die großen Erfolge, die er mit seiner Lehrtätigkeit davon trug, das beweist die Aufnahme seiner gedruckten „Vorlesungen“, die heute in annähernd 100000 Einzelexemplaren über die ganze technische Welt verbreitet sind, das beweist die große Anzahl seiner einstigen Schüler, die heute in leitenden industriellen Stellungen und als Professoren an Hochschulen tätig sind, das beweist auch der gewaltige Aufstieg der Technischen Hochschule München, die zur größten deutschen Hochschule angewachsen ist, was sie zum Teil wenigstens dem Wirken A. Föppls zu verdanken hat.

Von Herbst 1894 bis Herbst 1921 hat A. Föppl ununterbrochen an der Technischen Hochschule München gewirkt und hier das gesamte Gebiet der technischen Mechanik allein vertreten. Auf sein Emeritierungsgesuch hin wurde die Stelle geteilt und der eine Teil 1921 besetzt, während der andere Teil, der hauptsächlich die Leitung des Laboratoriums umfaßt, zur Zeit noch von A. Föppl weiterverwaltet wird.

A. Föppl hat eine große Anzahl von wissenschaftlichen Arbeiten verfaßt, von denen hier nur die größeren Erwähnung finden sollen. Sein erstes größeres Werk war: „Das Fachwerk im Raume“, das 1892 erschienen ist und in dem die Theorie des ebenen Fachwerkes folgerichtig auf das räumliche Fachwerk übertragen worden ist. Es folgte 1894 „Einführung in die Maxwellsche Theorie der Elektrizität“. Das Buch hat in der Fachwelt großes Aufsehen erregt, da die elektrodynamischen Vorstellungen des großen englischen Physikers Maxwell zu jener Zeit in Deutschland noch kaum Boden gewonnen hatten. Geradezu bahnbrechend wirkte das Buch durch die erstmalige Benützung der von den Engländern begründeten Vektorendarstellung in einem deutschen Lehrbuch. Das Buch war verhältnismäßig rasch vergriffen. Da A. Föppl inzwischen in ein anderes Tätigkeitsgebiet gekommen war, übernahm die Neubearbeitung der zweiten und aller bisherigen weiteren Auflagen Max Abraham. Zeitlich folgt dann die Herausgabe der „Vorlesungen über technische Mechanik“ in 6 Bänden, des bekanntesten Werkes von A. Föppl. Zuerst erschien Band III im Jahre 1898; ihm folgten rasch Band I, II und IV und nach mehreren Jahren (1907 und 1910) Band V und VI. Für die Wertschätzung, die das Werk erfahren hat, spricht die Tatsache, daß einige der Bände bis zu 9 Auflagen von besonders großem Umfang (bis 4000 Stück auf eine Auflage) erlebt haben. Einzelne Bände dieses Werkes sind ins Französische, Russische und neuerdings auch ins Italienische übersetzt worden. Nach dem Kriege (1919/20) gab A. Föppl zusammen mit seinem Sohne Ludwig das zweibändige Werk „Drang und Zwang“ und 1922 zusammen mit seinem Sohne Otto das Buch „Grundzüge der Festigkeitslehre“ heraus.

Von den ungezählten Abhandlungen, in denen A. Föppl zu Sonderfragen Stellung nahm, sei die im Jahre 1895 veröffentlichte „Theorie der Lavalwelle" erwähnt, die noch heute als Unterlage zur Erklärung der kritischen Schwingungserscheinungen an rasch umlaufenden Wellen in allen einschlägigen Lehrbüchern wiedergegeben wird. Ferner brachte er 1903 die „Theorie des Schlickschen Schiffskreisels" heraus und stellte 1904 einen Kreiselversuch zur Messung der Umdrehungsgeschwindigkeit der Erde an, der ihn mit der Frage nach absoluter und relativer Bewegung vertraut machte. Aus dieser Beschäftigung ging 1914 die in der bayerischen Akademie der Wissenschaften erschienene Abhandlung „Über absolute und relative Bewegung" hervor, in der sich A. Föppl schon vor Einstein, wenn auch nicht mit solch bahnbrechendem Erfolg, mit der Relativitätstheorie befaßt hat.

Die Arbeiten in dem von A. Föppl geleiteten Festigkeitslaboratorium sind in den Mitteilungen aus dem mechanisch-technischen Laboratorium der Technischen Hochschule München von Band 24 ab zusammengetragen worden.

Diese kurzen Ausführungen können dahin zusammengefaßt werden, daß es ein Leben selten reich an Arbeit und persönlicher Leistung, aber auch selten reich an Anerkennung und Erfolgen ist, auf das der Jubilar an seinem 70. Geburtstage zurückblicken kann.

A. Föppl als Forscher und Lehrer[1]).

Von **C. Prinz**, Technische Hochschule in München.

In seinem Nachrufe auf Bauschinger führte Martens 1894 aus: . . . „Bauschinger hatte vielfach eigene Wege betreten und war im Begriffe, unsere Einsicht in die praktisch wichtigen, aber immer noch dunklen Vorgänge der Materialveränderungen während des Gebrauches noch mehr zu erweitern, als er von seiner Tätigkeit durch den Tod, leider viel zu früh, abberufen wurde. Gerade die zuletzt genannte Arbeit Bauschingers dürfte in Zukunft weit mehr Beachtung finden, als es bisher geschehen ist, besonders wenn es seinem Nachfolger gelingen wird, in Bauschingers Geist fortzuarbeiten und seinen Wegen mit Geschick zu folgen . . ."

Die Antwort auf den letzten Satz gibt A. Föppl im Vorwort des Heftes 24 der Mitteilungen, indem er bei der Entwicklung seines Programmes ausführt: „. . . Die Erwartung und selbst das Verlangen, daß der Nachfolger eines gefeierten Mannes die Lebensarbeit seines Vorgängers einfach da fortsetze, wo dieser aufhörte, sind menschlich erklärlich genug, und man wird sich dabei kaum der Ungerechtigkeit bewußt, die in einem solchen Verlangen liegt. Man vergißt zu leicht, daß in den Stücken, die ganz besonders die Größe und Eigenart eines hervorragenden Mannes ausmachten, ihn ein Nachfolger niemals erreichen kann. Schlimm genug, wenn er es überhaupt versucht: wer Erhebliches leisten will, darf sich nach keinem Meister und daher auch nicht nach seinem Vorgänger richten . . .

. . . So sehr ich auch die verdienstvolle Wirksamkeit Bauschingers zu schätzen weiß, muß ich mir doch das Recht wahren, meine eigenen Wege einzuschlagen. Ich habe es in den Arbeiten, über die dieses erste Heft der neuen Folge der Mitteilungen berichtet, getan. Man wird daraus ersehen, daß ich mir es mehr zum Ziele gesteckt habe, das Verhalten ganzer Konstruktionsteile oder auch zusammengesetzter Konstruktionen als die Eigenschaften des dazu verwendeten Materiales an sich zu erforschen. Ich werde dabei von der Absicht geleitet, ent-

[1]) Die folgenden Darlegungen stützen sich in erster Linie auf die Mitteilungen aus dem mechanisch-technischem Laboratorium (kurz Mitteilungen) der Technischen Hochschule, die früher von Bauschinger und dann von Föppl herausgegeben wurden.

weder die Ergebnisse theoretischer Untersuchungen an der Hand beobachteter Tatsachen zu prüfen oder auch durch Versuche erst die nötige Grundlage für eine richtige Fassung der Theorie dieser Konstruktionen zu gewinnen. Selbst eine Versuchsreihe, wie die über Schwingungserscheinungen an schnell laufenden Wellen, also die Erforschung eines rein dynamischen Problems, rechne ich ganz zum Aufgabenkreis eines mechanisch-technischen Laboratoriums . . ."

Föppl spricht hier sehr klar aus, daß er mit voller Absicht von der reinen Materialprüfung dazu übergehen wolle, das Verhalten ganzer Konstruktionsteile zu erforschen; er verweist schon zu einer Zeit auf die Erforschung rein dynamischer Probleme, als rasch laufende Maschinen größerer Abmessungen noch nicht in Konstruktion waren. Heute ist nicht daran zu zweifeln — die Versuche der letzten 15 Jahre beweisen dies —, daß diese Auffassung Föppls, die seinerzeit von der der anderen Leiter der Materialprüfungsanstalten erheblich abwich, wirklich neue Wege eröffnet hat. Daß Föppl seinem Programm treugeblieben ist lehrt die neue Folge der Mitteilungen, die er mit Heft 24 begonnen hat: schon der erste Aufsatz über „Die Biegungselastizität der Steinbalken" läßt erkennen, daß der damals 42jährige Forscher die Versuche und ihre Ergebnisse zu meistern verstand. Ausgezeichnete Beobachtungsgabe und strenges Verwerten der Ergebnisse, scharfes Trennen des Wesentlichen und Unwesentlichen, sicheres Urteil, Erkennen der schwachen Punkte, gerechte Berücksichtigung aller früher geleisteten Arbeiten und vertretenen Anschauungen, seltene Klarheit des Ausdruckes sind die hervorstechendsten Merkmale in dieser wie in allen folgenden Arbeiten Föppls. Sein strenger Gerechtigkeitssinn läßt ihn auch die Anerkennung seiner Mitarbeiter nie vergessen.

Die Beurteilung des wissenschaftlichen Wertes der sämtlichen Arbeiten Föppls wird von berufener Feder erfolgen; zweifelsfrei steht fest, daß u. a. seine Abhandlungen über die Ausschläge schnell umlaufender Wellen nicht nur für die Wissenschaft, sondern auch für die Praxis von größter Bedeutung geworden sind. Knickversuche an Winkeleisen, Härteversuche, Abnützungsversuche an Hartsteinen wechseln mit Versuchen an Eisenbahnkupplungen, über Elastizität und Festigkeit von Gußeisen, Druckfestigkeit des Holzes in der Richtung quer zur Faser u. a. 1906 kommen Stauchversuche an Kupfer und Flußeisen, Schlagversuche an Steinen zur Prüfung der Zähigkeit und endlich Dauerversuche mit eingekerbten Stäben. Daneben läuft eine größere Zahl mehr nach der theoretischen Seite liegender Arbeiten, die aber nie den Zusammenhang mit den Ergebnissen der praktischen Versuche vermissen lassen.

So zeigt sich uns Föppl in seinen Arbeiten als ein bedeutender Forscher mit großem Scharfsinn und tiefster Gründlichkeit, jederzeit der hohen Verantwortung bewußt, die mit den Ergebnissen von Arbeiten verknüpft ist, deren Auswertung zu grundlegenden Formeln für die Berechnung von Konstruktionen führt. Würden doch Besteller und Lieferer sowie die Allgemeinheit unter der Anwendung von Formeln zu leiden haben, die auf falschen Voraussetzungen oder Schlüssen aufgebaut sind.

Kann sohin der Forscher Föppl auf eine glänzende Vergangenheit zurückblicken, auf Arbeiten, die dauernden Wert besitzen, so hat sich Föppl als Lehrer nicht minder unvergängliche Verdienste erworben. Tausende von angehenden Ingenieuren haben zu seinen Füßen gesessen und seinen in Wort und logischem Aufbau vorzüglichen Darlegungen gelauscht; der Mehrzahl seiner Hörer hat er sicherlich die Grundlagen der Mechanik vermittelt, ohne die ein Ingenieur nimmermehr arbeiten kann. Groß ist die Zahl jener Fachgenossen, die in Föppl ihren allverehrten Lehrer erblicken, groß aber auch die Zahl jener ehemaligen Angehörigen der Technischen Hochschule München, die Föppl voll Stolz als seine erfolgreichen Schüler ansprechen kann.

Und wenn uns auch die Schwere seiner Prüfungsaufgaben oft heiß zu schaffen machte, wenn manchen die bange Furcht vor der mündlichen Prüfung beschlich, so war doch in uns allen immer ein Gefühl lebendig: Wir haben einen gestrengen, aber gerechten Lehrer gehabt.

Wie sehr Föppl von Gerechtigkeit und Unparteilichkeit erfüllt war, möge folgende Prüfungsanekdote beweisen, die, wenn sie auch nicht wahr sein sollte, doch mindestens treffend erfunden ist: Ein in der Prüfung völlig unwissender Kandidat erbittet sich gegen deren Schluß noch eine weitere Frage, um dem Durchfallen zu entgehen. Föppl, der den Vater des Prüflings recht gut kannte, sagte zu ihm: „Ich will Ihnen noch eine weitere Frage geben. Wie geht es Ihrem Herrn Vater?“ Prüfungsergebnis: Durchfall.

Es ist nicht weiter verwunderlich, daß Föppl auch ein von allen Professoren der Technischen Hochschule sehr hoch geschätzter Kollege ist. Sei es im Senat, in der Abteilung oder im Lehrerrat, immer wurden der Rat und die Erfahrungen Föppls infolge der ihnen zukommenden Bedeutung mit der gebührenden Aufmerksamkeit gehört. Auch seinen Schülern ist er immer mit Rat und Tat an die Hand gegangen.

Wahrlich, wir Angehörigen der Technischen Hochschule München haben alle Ursache, dem an der Schwelle des 8. Jahrzehntes stehenden Forscher und Gelehrten herzlich zu danken für all das, was er uns vermittelte an Wissen und Können, an eigenen Arbeiten und Erfahrungen, an Eindrücken von seiner starken und gerechten Persönlichkeit. Mit diesem Danke verbinde ich den lebhaften Wunsch, daß die Erinnerungen an frühere Leistungen und Erfolge A. Föppl über das Dunkle und Trübe unserer jetzigen schweren Zeit hinweg helfen möchten, so daß wir ihn noch recht lange unter uns sehen können.

Versuche über den Mischungsdruck von Gasen und Dämpfen.

Von Gustav Bauer, Vulkanwerft in Hamburg.

Das Daltonsche Gesetz besagt bekanntlich, daß der Druck, welcher in einem von Gas- oder Dampfgemischen erfüllten Raum herrscht, gleich ist der Summe der Drücke jedes einzelnen dieser Bestandteile.

Dieses Gesetz wird im allgemeinen auch für die Mischung von Gasen und Dämpfen als gültig erachtet, wenn sie nicht chemisch aufeinanderwirken.

In der Technik spielt das Daltonsche Gesetz eine besondere Rolle bei der Theorie des Kondensators: der im Kondensator herrschende Druck setzt sich aus dem Dampfdruck und dem Druck der in den Kondensator eingedrungenen atmosphärischen Luft zusammen.

Es erscheint nun nicht undenkbar, daß die Erscheinung, welche man mit dem Namen des Daltonschen Gesetzes bezeichnet hat, in der Maschinentechnik bzw. in der chemischen Industrie, was die Betriebssicherheit von Kesseln oder Behältern, die Dampf- oder Gasgemische aufnehmen sollen, betrifft, unerwartete Wirkungen ausüben könnte. Hierzu kommt man durch folgenden Gedankengang:

Wird ein Dampfkessel bei geschlossenem Absperrventil angeheizt und enthält derselbe bei einem Innendruck von 1 at. abs. z. B. Wasser von 20° und einem Sättigungsdruck von 0,024 at. abs. und darüber Luft von 20°, so wird, wenn eine Temperatur von 100° erreicht ist, die Spannung in dem Kessel betragen:

1. Wegen des Sättigungsdruckes des Wasserdampfes 1,033 at.

2. Wegen des Luftdruckes $\frac{(1{,}000 - 0{,}024) \cdot 373}{293} = 1{,}25$ at., zusammen also 2,25 at. abs. oder 1,25 at. Überdruck.

Man könnte sich nun Fälle vorstellen, namentlich solche aus der chemischen Industrie, bei welchen in einem geschlossenen Kessel außer Wasser und Luft noch eine Anzahl anderer verdampfender Substanzen, die nicht chemisch aufeinander wirken, absichtlich oder unabsichtlich zusammenkommen, und daß in solchen Fällen durch die Addition der Drücke, welche nach dem Daltonschen Gesetz zu erwarten ist, bei Erwärmung auf höhere Temperatur (z. B. durch Heizschlangen und Wasserdampf) unerwartet hohe Spannungen auftreten, welche ein

Zerspringen des Gefäßes verursachen könnten. Dieser Gedanke führte den Verfasser dazu, durch Anstellung von Versuchen die Möglichkeit derartiger Vorkommnisse zu prüfen.

Versuchseinrichtung.

Es war von vornherein klar, daß brauchbare Messungen nur dann erhalten werden können, wenn der Versuchsapparat vollständig dicht ist. Es wurde deshalb ein besonders kräftiges Gefäß mit eingeschweißtem Boden und kräftigem Flansch hergestellt, auf welches ein Deckel mit Bleipackung dicht aufgesetzt werden konnte. Der Thermometerstutzen in der Mitte des Gefäßes, welcher fast bis zum Boden desselben reichte, wurde gleichfalls eingeschweißt, so daß nur noch zwei kleine Rohrverschraubungen zu dichten waren. Von der einen führte eine Kupferleitung zu dem Manometer, auf welchem der Druck im Gefäß abgelesen wurde, die andere unter Zwischenschaltung eines Ventils zur Druckluftleitung der Fabrik. Die Druckluft wurde zur Dichtigkeitsprobe und zur Einstellung des gewünschten Luftdrucks gebraucht. Der Inhalt des Versuchskörpers einschließlich Manometerleitung betrug 23,37 l. In dieses Gefäß wurden besondere Blechbehälter von etwa 1 l Inhalt zur Aufnahme der Versuchsstoffe gesetzt. Da es vermieden werden mußte, den Deckel des Versuchsgefäßes öfter als unbedingt erforderlich zu öffnen, wurden auf diese Blechbehälter schirmartige Abdeckungen gesetzt, welche verhindern sollten, daß bei der Abkühlung kondensierte Tropfen eines fremden Stoffes in dieselben fielen und dadurch die verdampfende Oberfläche bedeckten.

Der ganze Apparat war in einem besonderen, mit Wasser gefüllten Heizgefäß untergebracht, und zwar so, daß der Flansch und die Manometerverschraubungen unter Wasser lagen. Geheizt wurde das Wasser durch Dampf, welcher zuerst eine Heizspirale durchlief und am Boden des Gefäßes austrat, so daß bald nach Beginn des Versuches die Wassertemperatur des Heizgefäßes überall die gleiche war.

Das verwendete Manometer war ein besonders sorgfältig hergestelltes und geeichtes Instrument, welches mit großer Skalenteilung versehen war, so daß der Druck mit jeder in der Technik üblichen Genauigkeit abgelesen werden konnte.

Versuche.

Es wurden vier Versuchsreihen durchgeführt:

1. Mischung von Wasserdampf und Luft (Abb. 1).
2. Mischung von Benzoldampf und Luft (Abb. 2).
3. Mischung von Wasserdampf, Benzoldampf und Luft (Abb. 3).
4. Mischung von Methylalkoholdampf, Wasserdampf, Benzoldampf und Luft (Abb. 4).

Von Wasser, Benzol und Methylalkohol wurden in den obenerwähnten Blechgefäßen jeweils 1 l eingebracht. Bei jedem Versuch wurde der Luftdruck auf einen bestimmten Wert eingestellt. Die für die einzelnen Versuche verwendeten Drücke lagen in den Grenzen zwischen 2 und 7 at.

Versuchsergebnisse.

Die Ergebnisse der Versuche sind auf den beifolgenden Kurvenblättern graphisch aufgetragen. In letzteren sind die Summen aus

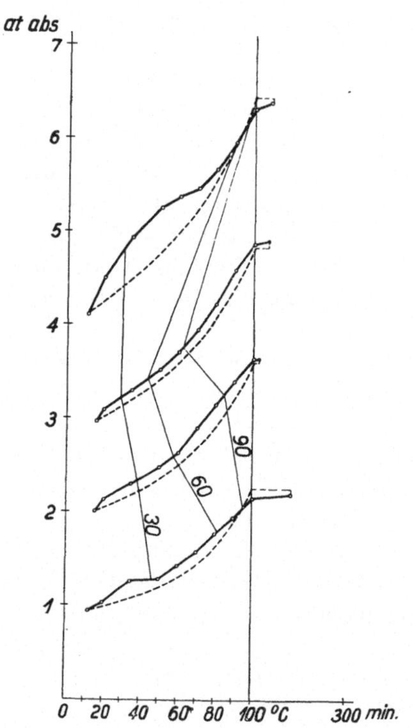

Abb. 1. Wasserdampf und Luft.

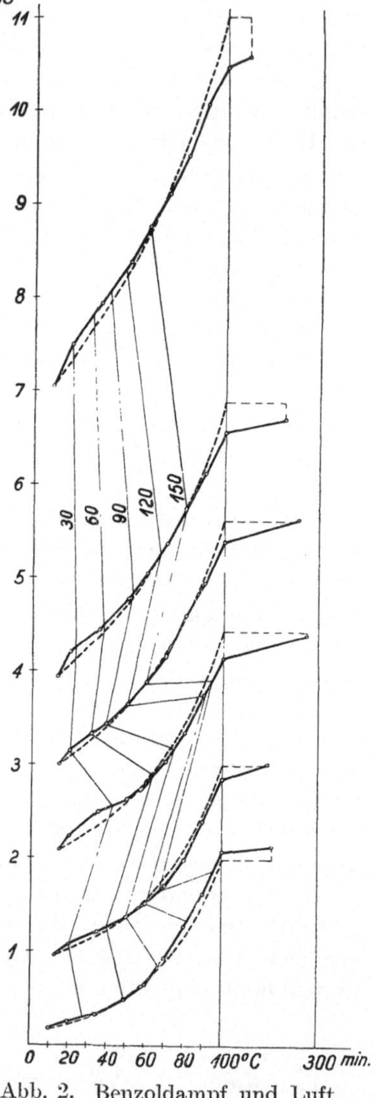

Abb. 2. Benzoldampf und Luft.

dem für die betreffende Temperatur errechneten Luftdruck und dem Sättigungsdruck der am leichtesten siedenden Substanz punktiert, die gemessenen Summendrücke stark ausgezogen. Um die Geschwindigkeit beurteilen zu können, mit der die Gemischtemperatur, wie sie an dem in der Mitte des Gefäßes befindlichen Thermometer abgelesen wurde, bis zur Höchstgrenze während des Versuches stieg, sind Zeitlinien eingezeichnet, welche die Druckkurven in Abständen von 30 Min. durchschneiden. Während bis 100° auf der Abszissenachse die Temperaturen aufgetragen sind, ist von der konstanten Höchsttemperatur

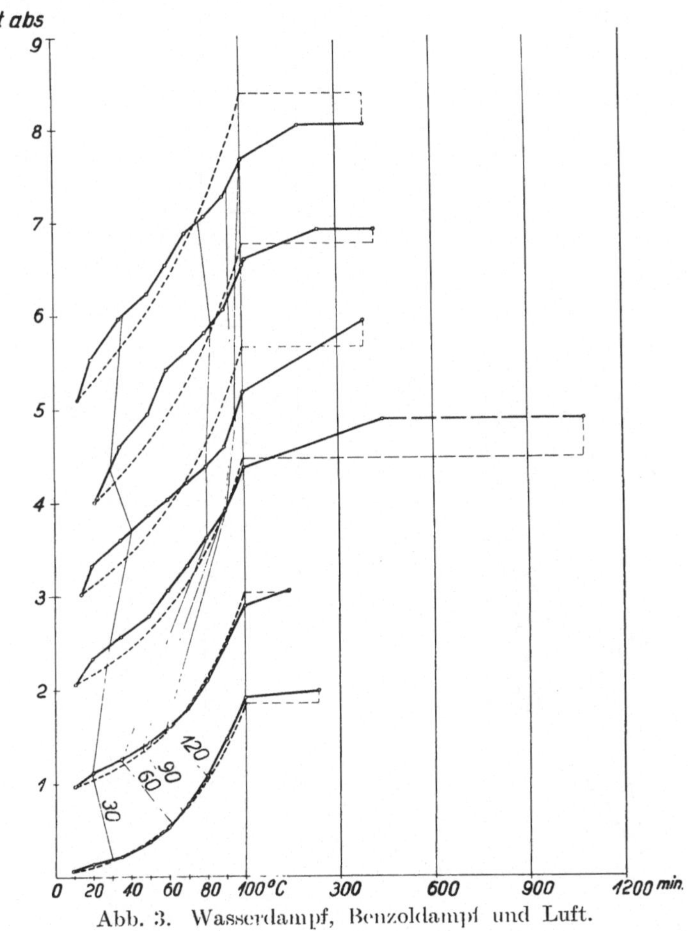

Abb. 3. Wasserdampf, Benzoldampf und Luft.

von 100° die Abszissenachse zur Auftragung der Zeit benutzt, um feststellen zu können, ob tatsächlich nach Erreichung der Höchsttemperaturen ein Beharrungszustand eingetreten ist. Alle Kurven, welche die gemessenen Gemischdrücke des Versuches darstellen, geben bis 100° selbstverständlich ein unrichtiges Bild, verursacht durch mehr oder weniger rasches Steigen der Temperatur des Heizwassers.

Die gemessenen Enddrücke bei 100° decken sich bei dem Versuch mit Luft und Wasser (Abb. 1) fast vollständig mit den nach dem

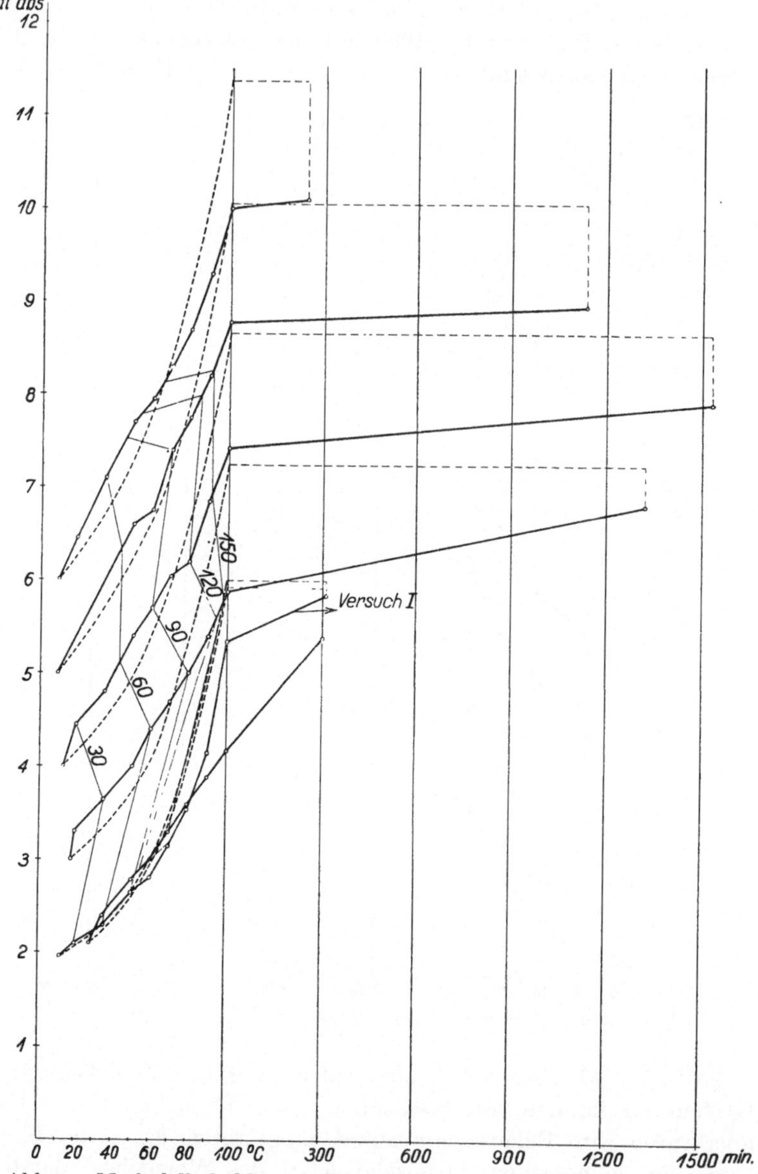

Abb. 4. Methylalkoholdampf, Wasserdampf, Benzoldampf und Luft.

Daltonschen Gesetz errechneten Werten, bei dem Versuch mit Luft und Benzol (Abb. 2) nur annähernd. Es ist anzunehmen, daß in diesem

Falle bei längerer Ausdehnung des Versuches noch eine bessere Übereinstimmung von Rechnung und Versuch erzielt worden wäre. Dagegen ist bei dem Versuch mit Luft, Benzol und Wasser (Abb. 3) nach den Versuchsergebnissen nicht anzunehmen, daß die Summe des Luftdruckes und der Sättigungsdrücke von Benzol und Wasser erreicht wird, da trotz sehr langer Versuchsdauer bei einzelnen Meßpunkten ein Ansteigen des Druckes nicht mehr erwartet werden dürfte. Es zeigte sich hierbei die Tatsache, daß im Mittel nur die Summe des Luftdruckes plus Sättigungsdruck des Benzols erreicht wurde, während der Wasserdampf zum Mischungsdruck anscheinend nichts beitragen konnte. Bei den Versuchen, bei welchen außer Luft, Benzol und Wasser noch Methylalkohol (Abb. 4) in das Meßgefäß eingebracht wurde, schieden die Dämpfe von Wasser und Benzol praktisch als druckerhöhend aus.

Die kurvenmäßige Zusammenstellung der Versuchsergebnisse zeigt, daß der Druckanstieg beim Versuch I (Abb. 4) mit noch reinen Flüssigkeiten gleichmäßiger ist als bei den übrigen Versuchen, bei welchen anscheinend doch trotz der schirmförmigen Abdeckungen fremde Bestandteile sich auf den Methylalkohol niedergeschlagen haben, welche die Verdampfung dieses Stoffes hintanhalten.

Trotz der langen Ausdehnung der Versuche konnte ein Beharrungsdruck nicht erzielt werden. Es ist jedoch anzunehmen, daß ein höherer Druck als Luftdruck plus Sättigungsdruck des Methylalkohols nicht erreicht worden wäre, so daß also als Ergebnis der bisherigen Versuche festzustellen ist:

Bei Mischung von Gasen und Dämpfen stellt sich bei Temperatursteigerung ein Druck ein, welcher praktisch dem Gasdruck plus dem Sättigungsdruck der am leichtesten siedenden Flüssigkeit entspricht.

Drehschwingungsfestigkeit und Schwingungsdämpfungsfähigkeit von Baustoffen.

Von **Otto Föppl**, Technische Hochschule in Braunschweig.

Im Festigkeitslaboratorium der Techn. Hochschule Braunschweig habe ich in den letzten Jahren eine neue Versuchsart für die Gütebestimmung von Baustoffen ausgebildet, deren erste Versuchsergebnisse im nachfolgenden mitgeteilt werden sollen. Den Versuchen lag die Aufgabe zugrunde, einen zahlenmäßigen Wert für die Drehschwingungsfestigkeit von Baustoffen — vor allem von Konstruktionsstählen für Wellen — zu ermitteln. Unter Drehschwingungsfestigkeit ist dabei die Schubbeanspruchung verstanden, die das Material eben noch bei beliebig häufigem Belastungswechsel aushalten kann, ohne Schaden zu erleiden. Die bei der Drehschwingung auftretende Schubbeanspruchung am Umfang des Versuchsstabes kann durch den größten Ausschlag gemessen werden, der bei der Drehschwingung auftritt. Man wird also zuerst einen Versuch mit einem kleinen Ausschlagwinkel beginnen, und wenn das Material genügend häufige Spannungswechsel, ohne Schaden zu erleiden, überstanden hat, den Ausschlag für jede neue Versuchsreihe um einen kleinen Zuwachs des Ausschlages erhöhen, bis das Material zu Bruch geht. Als Drehschwingungsfestigkeit wird der Grenzwert der Spannung angesehen, bei dem der Baustoff die oftmals wiederholte schwingende Beanspruchung überstanden hat, ohne Schaden zu erleiden.

Die Versuchsanordnung.

Die Versuchsanordnung (Abb. 1) besteht aus einem als Welle ausgebildeten Versuchsstab a, der an einem Ende (b) festgehalten ist und am anderen Ende die Schwungmasse c trägt. Die Welle a ist gut gelagert, so daß sie sich nicht durchbiegen, sondern nur verwinden kann. Das System a, c kann Eigenschwingungen ausführen, deren Dauer sich in bekannter Weise aus dem Trägheitsmoment der Schwungscheibe und der Elastizität der Welle berechnen läßt. Auf die Schwungscheibe c wird durch das Gummiband d ein periodischer Drehimpuls im Rhythmus der Eigenschwingungszahl der Anordnung a, c ausgeübt. Die Größe der Kraft P, die den Drehimpuls hervorruft, wird so geregelt, daß ein bestimmter Ausschlagwinkel $\Delta\varphi_0$ erhalten wird, dem eine Schubspannung $\tau_{\max}$ (am Umfang des Stabes a gemessen) entspricht. Damit die Kraft P nicht zu klein ausfällt (bei Resonanz bringt ja schon ein kleiner Impuls einen großen Ausschlag hervor), wirkt auf die schwingende Anordnung a, c eine Bremsvorrichtung (Wasserwirbelbremse) e ein, die bei jeder Schwingung einen Teil der Energie vernichtet. Die Größtwerte von P und $\Delta\varphi$ sind bei Resonanz um 90° phasenverschoben. Der Phasenverschiebungswinkel wird zur Regelung der Periode der antreibenden Kraft P benutzt, die immer bis auf $\pm\, ^1/_2\%$ genau gleich der Schwingungsperiode gehalten wird. Eine weitere Vorrichtung dient zur genauen Bestimmung des größten Ausschlagwinkels $\Delta\varphi_0$, und zwar kann $\Delta\varphi_0$ bei jeder Schwingung sofort abgelesen werden. Die Schwankungen im Werte von $\Delta\varphi_0$ sind während eines Versuches kleiner als $\pm\, 2\%$.

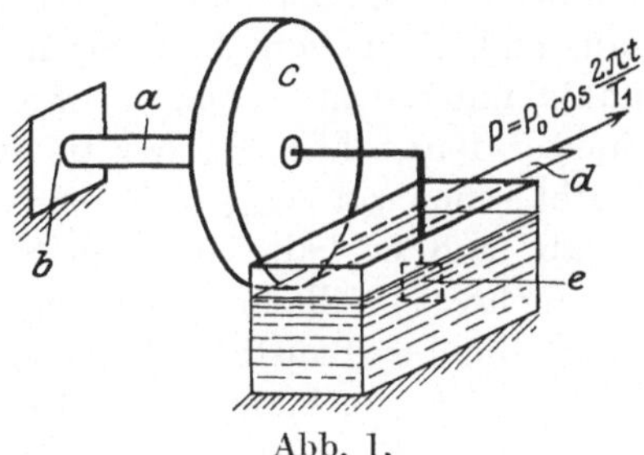

Abb. 1.

Über die Gestaltung der Versuchsanordnung und die gewonnenen Ergebnisse im einzelnen wird ausführlich in einer Arbeit meines Assistenten, des Herrn Dipl.-Ing. A. Busemann, berichtet werden, der sich besondere Verdienste um den Ausbau der Versuchsanordnung, vor allem durch Schaffung von geeigneten Meß- und Regelvorrichtungen, erworben hat.

Die Dämpfungsfähigkeit eines Baustoffes.

An anderer Stelle („Grundzüge der technischen Schwingungslehre", Berlin: Julius Springer 1923, und „Berichte des Werkstoffausschusses des Vereins deutscher Eisenhüttenleute", 1923) ist schon einiges über die mit der Versuchsanordnung gewonnenen allgemeinen Ergebnisse und über die Ausbildung der Brüche mitgeteilt worden. Vor allem ist dort auch eine neu erkannte Bewertungsmöglichkeit für Baustoffe, die Dämpfungsfähigkeit, angegeben worden, der größere Bedeutung beizumessen ist. Wir müssen hier, um die im nächsten Abschnitt mitgeteilten Versuchsergebnisse besser würdigen zu können, auf diesen Punkt nochmals kurz eingehen.

Wenn auf die Schwingungsanordnung Abb. 1 ein Impuls mit der Periode der Eigenschwingungszahl einwirkt, so muß der Stab a, solange keine Energie abgeführt wird (d. h. ohne Wasserbremse), theoretisch immer größere Ausschläge annehmen, bis er schließlich bricht. Wie sieht nun die Sache praktisch aus? D. h. was tritt ein, wenn wir bei der Anordnung Abb. 1 die Bremse weglassen? Die vorher genannte Drehzahlregelung sorgt dafür, daß der Impuls stets genau im Rhythmus der Eigenschwingungszahl eingeführt wird. Impuls und Schwingungsausschlag sind um 90° phasenverschoben und die ganze Impulsenergie wird dem Probestab zugeführt. Wenn der Stab nicht schon nach wenigen Schwingungen entzwei gehen soll, muß er imstande sein. Energie aufzunehmen bzw. in Wärme umzusetzen.

Die Energieaufnahmefähigkeit von Baustoffen — bis jetzt sind nur Konstruktionsstähle untersucht — ist in ihrer Größe sehr verschieden. Ein bestimmter Baustahl z. B., der im nächsten Abschnitt mit 7 bezeichnet ist, gibt schon von $\tau_{max} = 17$—$18\ \text{kg/mm}^2$ an Wärme in erheblichem Maße ab, und er hält bei einer Schubspannung von 19—$21\ \text{kg/mm}^2$ noch mehrere Millionen Schwingungen aus, ehe er zu Bruch kommt. Ein anderer Baustahl dagegen — z. B. der mit Nr. 8 A bezeichnete in der nachfolgenden Tabelle — hat mit $\tau = 31{,}5\ \text{kg/mm}^2$ keine fühlbare Erwärmung gezeigt, und er ist trotzdem schon nach 50 000 Schwingungen mit dieser Belastung zu Bruch gegangen. Vom Stab 7 B wurde eine so große Energiemenge durch innere Dämpfung, verbunden mit Umsetzung in Wärme, verbraucht, daß bei diesem Versuch die Wasserbremse nicht in Tätigkeit gesetzt werden mußte. Stab 8 A vernichtete dagegen trotz einer um 50—60% höheren Beanspruchung kaum Energie. Zur Aufrechterhaltung der Schwingung hätte bei ihm nur ein mit den groben Meßmethoden nicht bestimmbarer Bruchteil an Impulsenergie bei jeder Schwingung zugeführt werden müssen, wenn nicht die Wasserbremse in erheblicherem Maße zur Vernichtung von Energie herangezogen werden wäre. Im nächsten Abschnitt werden einige Zahlenangaben über die Dämpfungsgrößen der beiden Stahlsorten gegeben werden. Wir wollen zuvor noch eine kurze Bemerkung über die Bedeutung der Dämpfungsfähigkeit für die Praxis vorausschicken.

Die normale Beanspruchung eines Bauteiles kann berechnet werden aus den gegebenen Kräften und Beschleunigungen, die an ihm auftreten. Damit sich nicht mit der Zeit ein Bruch einstellt, muß die berechnete Beanspruchung auf alle Fälle niedriger sein als die Schwingungsfestigkeit des Baustoffes. In vielen Fällen der Praxis ist aber ein Bauteil einer nicht gewollten und in ihrer Größe nicht bestimmbaren zusätzlichen Beanspruchung unterworfen. die vor allem dann auftritt. wenn ein erregender Impuls mit der Eigenschwingungszahl der Anordnung in Resonanz steht. Besonders gefürchtet ist dieser Fall bei Wellenleitungen, bei denen Brüche in der Regel nicht auf die normalen mit der Kraftübertragung verbundenen Beanspruchungen. sondern auf die zusätzlichen von Resonanzschwingungen herrührenden Spannungen zurückzuführen sind. Die Größe dieser zusätzlichen Spannungen kann, wie wir im Vorausgehenden sahen, sehr wesentlich vom Baustoff des Teiles, der die elastischen Formänderungen ausführt, abhängen: Der eine Baustoff, z. B. Nr. 7 mit der hohen Dämpfungsfähigkeit, wird einen Teil des eingeleiteten Impulses in Wärme umsetzen und auf diese Weise eine allzu große Materialüberanstrengung verhüten. Der aus diesem Baustoff gefertigte Bauteil wird, wenn die Resonanz nur zeitweise und kurz in die Erscheinung tritt, nach vielen Jahren oder Jahrzehnten zu Bruch kommen. Der andere Baustoff dagegen (z. B. Nr. 8) beginnt erst bei weit höheren Beanspruchungen Schwingungen zu dämpfen. Der kritische Impuls wird den Bauteil deshalb auf sehr große Schwingungsausschläge bringen, die schon nach wenigen Stunden oder Minuten den Bruch herbeiführen. Für diesen Fall der Beanspruchung wird sich also der dämpfende Baustoff (7) als wesentlich geeigneter erweisen als der nichtdämpfende Baustoff (8), wiewohl Festigkeit und Streckgrenze bei ersterem Baustoff im allgemeinen weit niedriger liegen werden als bei letzterem.

Einige Versuchsergebnisse.

Über die Durchführung der Versuche und ihre Ergebnisse im einzelnen wird in der Dissertation von Herrn A. Busemann berichtet werden. Wir wollen uns an dieser Stelle mit der Wiedergabe einiger besonders wichtiger Versuchsergebnisse begnügen.

Die Baustoffe werden mit der neuen Drehschwingungsmaschine nach zwei Richtungen hin untersucht:

1. Entweder wird die Schwingungsfestigkeit τ_{Schw} eines Baustoffes festgestellt. Das geschieht in der Weise, daß der Stab Drehschwingungen mit der Größtbeanspruchung τ_0 während einer bestimmten Anzahl Einzelschwingungen (z. B. 500 000) auszuführen hat. Dann wird der gleiche Versuch mit der Größtbeanspruchung $\tau_0 + \Delta \tau_0$. dann mit $\tau_0 + 2 . \Delta \tau_0$ usw. wiederholt, bis der Stab beim Versuch mit der Spannung $\tau_0 + n . \Delta \tau_0$ zu Bruch kommt. Die letztere Spannung gibt ein Maß für τ_{Schw}, wobei noch die Versuchsergebnisse im einzelnen, insbesondere die Anzahl der Schwingungen, die der Stab mit der Beanspruchung $\tau_0 + n \Delta \tau_0$ bis zum Bruch ausgehalten hat, für die Wertung von τ_{Schw} nach aufgestellten Richtlinien herangezogen werden.

2. Oder es wird die Dämpfungsfähigkeit eines Baustoffes bei einer bestimmten Beanspruchung τ_r festgestellt. Dies zweite Verfahren

Bezeichnung	Streckgrenze kg/mm²	Bruchfestigkeit kg/mm²	Drehung bei 10fach. Meßlänge %	Kontraktion %	Beanspruchung τ_{max} in kg/mm² und Anzahl ϱ der überstandenen Schwingungen: Stufe I	Stufe II	Stufe III	Schwingungsfestigkeit τ_{Schw} kg/mm²	Dämpfungsarbeit γ auf 1 Schwingung und 1 kg Baustoff	Dämpfungsfähigkeit ν $\frac{\text{PS}\cdot\text{Std.}}{\text{kg}}$	km
7 A	54	77,5	15.5	52	$\varrho_r = 20,9$ $\varrho_{Br} = 2\,321\,000$	—	—	—	$\tau = 20,9$ $\gamma = 43$ cmkg/kg	3,7	1000
7 B	58	82	13,5	46	$\tau_r = 20,6$ $\varrho_{Br} = 3\,606\,000$	—	—	—	$\tau = 20,6$ $\gamma = 50$ cmkg/kg	6,7	1810
7 C	55	82	13,9	44	$\tau_r = 19.0$ $\varrho_{Br} = 4\,131\,000$	—	—	—	$\tau = 19,0$ $\gamma = 20$ cmkg/kg	3,0	810
8 A	77,5	91	13,0	51	$\tau = 23,9$ $\varrho = 500\,000$	$\tau = 27,3$ $\varrho = 726\,700$	$\tau = 31,5$ $\varrho_{Br} = 49\,500$	28,5	0	0	—
8 B	74	92,5	12,5	54	—	$\tau = 27,3$ $\varrho = 500\,000$	$\tau = 30,7$ $\varrho_{Br} = 343\,700$	29,5	0	0	—
8 C	78	91,5	12,0	54	$\tau = 24,0$ $\varrho = 500\,000$	$\tau = 27,2$ $\varrho = 500\,000$	$\tau = 30,0$ $\varrho_{Br} = 413\,100$	29,5	0	0	—
112	82	113	9,5	29	$\tau = 24,6$ $\varrho = 500\,000$	$\tau = 26,6$ $\varrho_{Br} = 259\,100$		26,0	0	0	—
$V\,II_2$	60	75	13.0	55	$\tau_r = 22,5$ $\varrho_{Br} = 11\,946\,200$		—		$\tau = 22,5$ $\gamma = 14,5$	6,4	1730

kommt zur Anwendung, wenn ein Stab schon bei verhältnismäßig niedriger Beanspruchung warm wird. Es wird dann der Schwingungsausschlag so groß eingestellt, daß die Erwärmung des Stabes im Beharrungszustand etwa 20° über die Temperatur der Umgebung beträgt. Dieser Belastung bleibt der Stab ohne Änderung so lange ausgesetzt, bis er bricht. Gemessen wird die Energiemenge ν auf 1 kg Baustoff, die während der ganzen Beanspruchungszeit im Stab in Wärme umgesetzt worden ist.

In nebenstehender Tabelle sind die Ergebnisse von Drehschwingungsversuchen an einer nicht oder nicht nennenswert dämpfungsfähigen Stahlsorte 8 und an einer besonders stark dämpfenden Stahlsorte 7 zusammengestellt.

Die statistischen Festigkeitszahlen in der Tabelle sind an Zerreißstäben ermittelt worden, die aus den Enden der Drehschwingungsstäbe hergestellt worden sind.

Die Werte für die Drehschwingungsfestigkeit τ_{Schw} für die drei Stäbe 8 weichen nicht viel voneinander ab, ein Zeichen dafür, daß das Material eine recht gleichmäßige Zusammensetzung hatte. (Die 3 Stäbe jeder Stahlsorte waren aus der gleichen Stange geschnitten.)

Die Angabe von τ_{Schw} in nebenstehender Tabelle muß dahin ergänzt werden, daß sie sich auf $\varrho = 500\,000$ Schwingungen bezieht. Eigentlich versteht man unter der Schwingungsfestigkeit $(\tau_{\mathrm{Schw}})_0$ den Grenzwert der Schubspannung, die der Baustoff bei unbegrenzt häufigem Belastungswechsel, ohne Schaden zu erleiden, aushalten kann. Um den Versuch abzukürzen, ist die Zahl der Belastungswechsel für eine Stufe auf 500000 beschränkt worden. Es soll damit nicht etwa behauptet werden, daß ein Baustoff, der 500000 Belastungswechsel übersteht, auch beliebig oft die gleiche Beanspruchung aushalten könne. Die zum Baustoff 7 gehörigen Zahlen beweisen vielmehr das Gegenteil. Die Angabe von τ_{Schw} in der Tabelle ist deshalb nur eine relative Größe, zu der die Angabe $\varrho = 500\,000$ zugehört und die für Vergleiche von Baustoffen, die nach den gleichen Richtlinien auf Schwingungsfestigkeit untersucht worden sind, von Wert ist. Es muß noch durch Versuche festgestellt werden, in welchem Verhältnis unser τ_{Schw}, das zu $\varrho = 500\,000$ gehört, zu dem oben genannten $(\tau_{\mathrm{Schw}})_0$ steht. Auf Grund der bisherigen Versuchsergebnisse, vor allem auch am Baustoff 7, schätze ich, daß $(\tau_{\mathrm{Schw}})_0$ wenigstens um 20% niedriger liegt als unser τ_{Schw}.

Der Stab 7 B ist ohne Wasserbremse gelaufen. Bei ihm ist also der gesamte eingeleitete Impuls in Wärme umgesetzt worden. Die Größe von ν konnte hier auf zwei verschiedene Weisen — nämlich einerseits aus den mittels Thermoelementen festgestellten Erwärmungen des Stabes mit zugehörigem Auslaufversuch und anderseits aus der Größe des Einzelimpulses — berechnet werden. Die beiden Ermittlungen stimmten bis auf 5% überein. Bei den Stäben 7 A und 7 C ist die Wasserbremse ein wenig in Tätigkeit gesetzt worden, so daß ν hier aus der Erwärmung ermittelt werden mußte. Für den Stab 7 B lag die Grenze des Schwingungsausschlages, von dem ab eine merkliche Dämpfung einsetzt, besonders tief. Der Stab weist deshalb auch einen besonders großen Wert für ν auf. Trotzdem die Beanspruchung bei ihm etwas geringer war als bei 7 A (20,6 gegen 20,9 kg/mm^2), hat er doch bei jeder Schwingung mehr Arbeit in Wärme umgesetzt als jener (50 gegen 43 mkg/kg).

Von der Stahlsorte 112 ist nur ein Einzelstab untersucht worden. Der Stab war aus einem federharten Baustahl mit sehr hoher Streckgrenze und Bruchfestigkeit hergestellt worden. Die Schwingungsfestigkeit liegt trotzdem nicht sehr hoch, da der Baustoff eine geringere Bruchdehnung aufzuweisen hatte.

Der zuletzt in der Tabelle aufgeführte Stab VII_2 ist erst in jüngster Zeit auf der neuen Drehschwingungsmaschine zum Bruch gebracht worden. Dieser Baustoff hat bei $\tau_{max} = 10$ kg/mm² eine Dämpfungsfähigkeit von 1,0 $\frac{\text{cm kg}}{\text{kg} \cdot \text{Schwingung}}$, bei $\tau = 15$ ein $\gamma = 3{,}6$ und bei $\tau = 20$ ein $\gamma = 8{,}5$. Es ist mit einem Ausschlag entsprechend $\tau_{max} = 22{,}5$ kg/mm² gelaufen und hat dabei auch annähernd 12 Mill. Schwingungen bis zum Bruch zurückgelegt. Der Stab VII_2 wäre, wie man aus den verhältnismäßig hohen Werten für γ bei geringeren Beanspruchungen sieht, sicher auch schon mit einer Schubbeanspruchung von beträchtlich unter 22,5 kg/mm² zum Bruch zu bringen gewesen. Man sieht daraus, daß die Ergebnisse amerikanischer Forscher (siehe den Aufsatz von R. Stribeck, Z. d. V. d. I. 1923, S. 631), daß ein Überstehen von 10 Millionen Belastungswechsel gleichbedeutend mit dauernder Haltbarkeit sein soll, nicht mit den Tatsachen übereinstimmt.

Über Spannungsmessungen an Maschinenteilen und das hierzu verwendete Feinmeßgerät.

Von **Josef Geiger**, Maschinenfabrik Augsburg-Nürnberg in Augsburg.

Die Feststellung der in unseren Bauwerken, insbesondere in Maschinenteilen, auftretenden Beanspruchungen bereitet oft große Schwierigkeiten. Die letzteren besitzen nur zu häufig so verwickelte Formen, daß wir ihnen mit den Formeln der Festigkeitslehre auch nicht annähernd genügend zu Leibe rücken können. Man denke nur an doppelwandige Gußstücke mit Ventildurchbrüchen, Rippen, Angüssen usf. Bei kleinen und nebensächlichen Gußstücken mag das sog. „Gefühl" des erfahrenen Konstrukteurs eine hinreichende Sicherheit bieten; auch werden derartige Teile aus Gußrücksichten gewöhnlich bereits so stark, daß sie eine genügende Festigkeit besitzen, endlich ist auch der Verlust beim Bruch kleiner Teile gering, so daß man sich hier leichter darauf verlassen kann, derartige Stücke nach reiner Empirie zu bauen. Anders liegt die Sache bei großen und wichtigen Teilen. Hier erscheint es dringend wünschenswert, die auftretenden Beanspruchungen möglichst genau kennenzulernen.

Ausgehend von diesen Erwägungen erschien es mir angesichts der Kompliziertheit der auftretenden Beanspruchungen als das Richtigste, dieselben meßtechnisch zu verfolgen. Da es brauchbare Meßgeräte für diesen Zweck nicht gab, so entwickelte ich selbst ein Feinmeßgerät, das sich auf dem in der Zeitschrift des Vereins deutscher Ingenieure 1912, S. 1349, beschriebenen Feinmeßgerät von Preuß aufbaut. Bevor ich auf dasselbe näher eingehe, möchte ich hinsichtlich Vorrichtungen zum Messen von Spannungen den derzeitigen Stand der Technik skizzieren. Der Bauschingersche Apparat und der Martens-Spiegelapparat sollen nur kurz erwähnt werden; sie sind reine Laboratoriumsinstrumente, die nur an Probestücken bestimmter Form verwendet werden können. Auch das Feinmeßgerät von Preuß, mit welchem derselbe sehr wertvolle Resultate erzielte, läßt sich nur an Probestücken verwenden. Ähnliches gilt für ein in England entstandenes Gerät.

Im Brückenbau sind in den letzten Jahren mehrere Spannungsmeßvorrichtungen entstanden. Abgesehen von einer Ausnahme ist bei ihnen die Vergrößerung eine verhältnismäßig kleine, so daß sich diese Instrumente zwar wohl für Brücken in solchen Fällen eignen, wo die Spannung sich innerhalb kurzer Strecken nicht so rasch ändert wie an Maschinenteilen. Die Ausnahme bildet der Spannungsmesser von Okhuizen, der u. a. in der im Forschungsheft Nr. 262 enthaltenen Abhandlung von Dr. Th. Wyß „Beitrag zur Spannungsuntersuchung an Knotenblechen eiserner Fachwerke“ beschrieben ist. Auch er ist speziell für Versuche an Brücken konstruiert. Dem Verfasser erschien es für seine Zwecke angebracht, mit der Vergrößerung noch bedeutend weiterzugehen als Okhuizen, so daß auch bei geringeren Meßlängen und insbesondere bei ganz geringen Spannungen noch eine genaue Messung möglich war. Außerdem sollte das Meßgerät möglichst allgemein ganz ohne Rücksicht auf die Form der Bauteile oder die Art der Spannungen anwendbar sein. Ausgehend von diesen Erwägungen entstand das im folgenden beschriebene

Feinmeßgerät.

Das Feinmeßgerät nach Abb. 1 und 2 ist für Zug- bzw. Druck- und Schubspannungen eingerichtet. Es wird mit Vorteil an Maschinen-

Abb. 1.

teilen verwendet, bei denen für die Messung nur einige Quadratzentimeter Platz zur Verfügung steht oder bei Maschinenteilen, bei welchen die Spannungen nur auf ganz kurze Strecken konstante Größe haben.

Das Feinmeßgerät Abb. 3 besteht aus einem Aluminiumgerüst a, welches unmittelbar die festen Körnerspitzen b und den festen Spiegel c trägt. Eine bewegliche Körnerspitze d ist am Hebel g befestigt und überträgt die Veränderung der Meßlänge l_0 auf die Spiegelachse. Die Art der Übersetzung ist in Abb. 3 ersichtlich. Alle Drehpunkte sind mit Schneiden und Pfannen versehen, um Spiel und Reibung zu vermeiden. An der Spiegelachse f ist auf der einen Seite der bewegliche

Spiegel c' befestigt, auf der anderen ist das Gewicht G angebracht, um das Spiegelgewicht auszubalancieren. Für die beiden Körnerspitzen b werden in das Material mittels eines eigens dazu gemachten Doppelkörners K kleine Körnerlöcher eingeschlagen, damit das Meßgerät eine bestimmte Lage beibehält und nicht abrutschen kann. Das Meßgerät selbst wird mittels einer Schnur (s. Abb. 1) oder einer Blattfeder (s. Abb. 2) und kleinen Gewindestangen an den zu untersuchenden Maschinenteil befestigt. Letztere Befestigung hat sich besser bewährt; eine Schnur kann, wenn es sich um Messungen in feuchten oder heißen Räumen oder an vom Kühlwasser bestrichenen Stellen handelt, durch den Wechsel des Feuchtigkeitsgehaltes locker

Abb. 2.

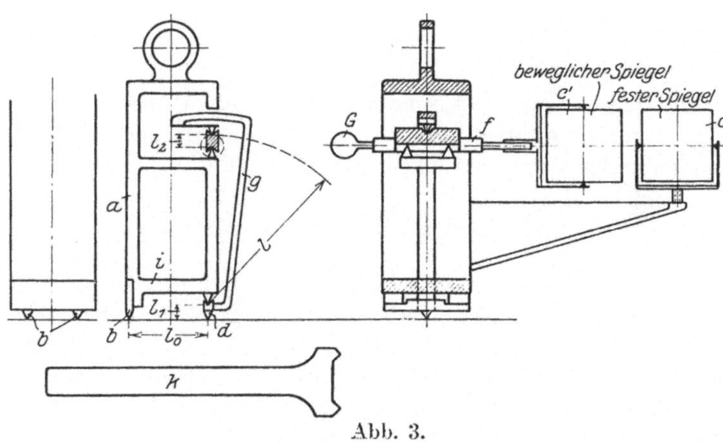

Abb. 3.

werden. Der Druck, den die Befestigung auf das Meßgerät ausübt, ist genau über der Mitte der drei Körnerspitzen, so daß sich der Druck gleichmäßig verteilt.

Beim Befestigen des Meßgerätes ist darauf zu achten, daß der Übertragungshebel g mittels eines Fixierstiftes in der Mittellage gehalten wird, wie dies aus Abb. 2 ersichtlich ist. Erst nach erfolgter Befestigung und Einstellung der Spiegel ist der Fixierstift herauszunehmen. Bei dem abgebildeten Instrument ist die Meßlänge 14,8 mm.

Es ist klar, daß Beanspruchungen nur Längenveränderungen in der Größenordnung von $^1/_{1000}$ mm auf diese kurze Strecke zur Folge haben; deshalb wird diese geringe Längenveränderung zunächst mechanisch durch die Hebel d und g, sodann mit Hilfe von Spiegeln und Fernrohren gewaltig vergrößert. Die Vergrößerungen erstrecken sich etwa von 20 000—200 000fach. Sie sind also weitaus stärker als bei den sonstigen bekannten Apparaten. Die Übertragung vom Spiegel auf das Fernrohr geschieht nach Skizze 4: Es wird ein Maßstab beleuchtet und Lichtstrahlen von diesem auf den beweglichen Spiegel geleitet. Ein Fernrohr wird in gleichem Abstande aufgestellt und so eingestellt, daß die Mitte des Maßstabes zu sehen ist. Wird nun der

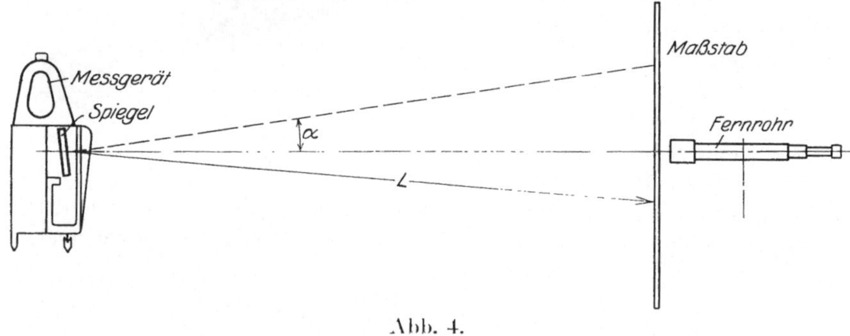

Abb. 4.

Spiegel bewegt, so wandert scheinbar der Maßstab höher bzw. tiefer, und zwar um den doppelten Ausschlag a/c (Abb. 4). Die Vergrößerung der Längenänderung von 1.48 cm Länge wird nun

$$\frac{l \cdot 2L}{l_1 \cdot l_2}$$

(s. Abb. 3 und 4). Die Längen l, l_1 und l_2 sind in Abb. 3 enthalten.

Bei dem abgebildeten Meßgerät ist die Vergrößerung $13{,}4 \cdot L$, wobei L in Millimeter zu setzen ist, also z. B. bei $L = 10$ m 134 000fach. Der feste Spiegel und der auch für diesen aufgestellten Maßstab mit Fernrohr haben den Zweck, Verschiebungen oder Verdrehungen des Meßobjektes während der Messung festzustellen und von den Ausschlägen des beweglichen Spiegels unter Berücksichtigung des Vorzeichens abzuziehen.

Zur Eichung des Meßgerätes wird ein Flacheisenstab, der mit Gewichten verschieden belastet werden kann, an einem erschütterungsfreien Ort vertikal aufgehängt und das Meßgerät daran befestigt. Aus der bekannten Zugbeanspruchung, dem bekannten Elastizitätsmodul und der Entfernung L wird dann die Vergrößerung V ausgerechnet. Diese Eichung ist in gewissen Zeitabständen zu wiederholen, je nach der Benutzung des Instrumentes, da sich die Schneiden durch den Druck zwar ganz minimal abnützen, aber diese Abnützung doch auf die Vergrößerung V einen Einfluß haben kann.

Um den Lichtstrahl ohne zeitraubendes Umstellen des Maßstabes oder Fernrohres richtig einstellen zu können, sind beide Spiegel, der feste und der bewegliche, nach allen Seiten hin drehbar angeordnet, aber etwas streng gehend, so daß sie durch etwaige Erschütterungen nicht verrückt werden.

Ferner sind alle beweglichen Teile durch Gitter vor Berührung geschützt mit Ausnahme des beweglichen Spiegels, der ja frei sein muß.

Bei Verwendung des Instrumentes für Schubspannungen sind die Körner b um 90° zu versetzen und ebenfalls eine Eichung vorzunehmen, die vorteilhaft an einer glatten Welle, durch die ein bekanntes Drehmoment geleitet wird, vorgenommen wird. Die Befestigung auf einer Welle kann nach Abb. 5 geschehen, ein gutes richtiges Sitzen des Instrumentes ist damit gewährleistet.

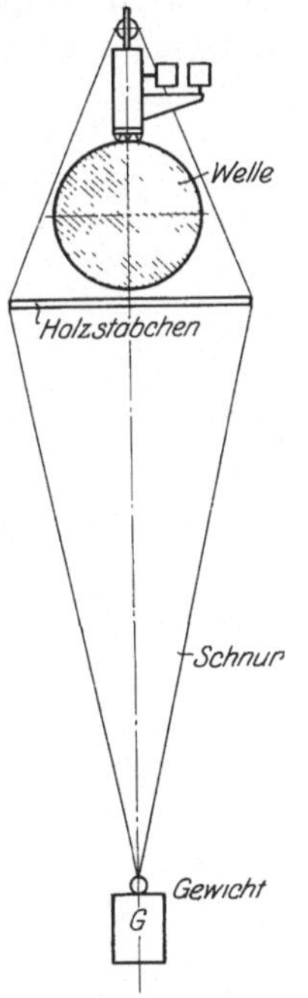

Abb. 5.

Bei Messungen von Wärmespannungen ist von größter Wichtigkeit, daß sowohl die Temperaturen des Maschinenteiles als auch die des Meßgerätes bei jeder Ablesung genau bestimmt werden. Die Temperatur des Meßgerätes interessiert hauptsächlich am Steg i (Abb. 3). Denn es ist leicht zu erkennen, daß eine Wärmeausdehnung dieses Aluminiumsteges Ausschläge bewirken kann, die das Resultat verfälschen.

Am sichersten werden die Temperaturen mittels Thermoelementen bestimmt, die einfach an die Materialoberfläche bzw. an den Steg i des Meßgerätes angekittet werden; selbstverständlich ist bei der Ausrechnung der reinen Wärmedehnung die Materialart zu berücksichtigen. Das Gehäuse a des Meßgerätes würde am vorteilhaftesten aus Nickelstahl von einer solchen Zusammensetzung, daß die Wärmedehnung verschwindend klein wird, sein, hierbei würde es allerdings teuerer in der Bearbeitung als aus Aluminium.

Meßresultate.

Es würde selbstverständlich viel zu weit führen, auf die sämtlichen mit diesem Meßgerät gewonnenen Resultate näher einzugehen. Es kann sich hier nur darum handeln, einen grundsätzlichen Fall zu schildern. Als solcher sei ein Kolbenoberteil einer 1750-PS_e-Dieselmaschine der M.A.N. gewählt (Abb. 6). Die Berechnung der Beanspruchung in einem gewölbten Boden von verschiedener Dicke ist reichlich schwierig und sehr langwierig. Dazu kommt die Versteifung durch die spiralförmig gewundenen Wasserführungsrippen und jene durch die zylindrische Wand am Rande. Mit dem obenbeschriebenen Meßgerät wurden sowohl die vom Gasdruck herrührenden Spannungen gemessen als auch die Wärmespannungen untersucht. Hier sei nur auf die Messung der Gasdruckspannungen eingegangen. Selbstredend konnte die Messung nicht am fertig zusammengebauten Motor, sondern

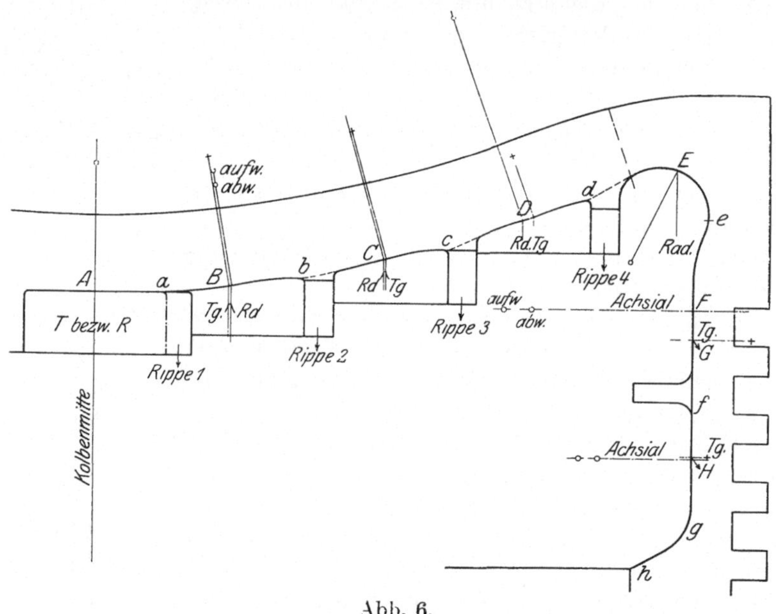

Abb. 6.

nur an einer Versuchseinrichtung erfolgen, bei der die innere, also vom Druckmedium nicht berührte Seite des Kolbenoberteiles zugänglich war.

Die Vorrichtung war so gebaut, daß der Kolben lediglich dort, wo die Verbindung des Oberteiles mit dem Unterteil stattfand, gehalten war, sich also genau wie im Betrieb sonst nach allen Seiten frei dehnen konnte. Die Versuche wurden in der Weise durchgeführt, daß mit einer hydraulischen Presse Wasserdruck auf den Kolben gegeben und der Druck allmählich in einer größeren Reihe von Stufen gesteigert wurde. Ringsum war der Kolben mit einer Stopfbüchspackung abgedichtet. Die Messungen wurden an acht verschiedenen Stellen vorgenommen und zwar wurden jeweils die Radial- und Tangentialspannungen gemessen. Ein Diagramm für eine Messung der

Radialdehnungen zeigt Abb. 7. ein solches für die Tangentialdehnungen Abb. 8. Das Kolbenoberteil ist in Abb. 6 dargestellt. Aus dieser

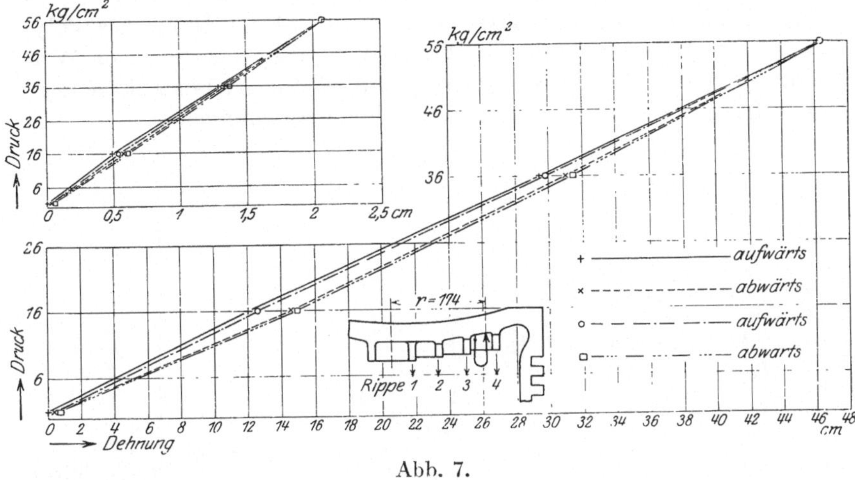

Abb. 7.

Abbildung ist auch die Lage der Meßstellen zu erkennen, auch sind die Beanspruchungen bereits durch Strecken aufgetragen. In Abb. 9

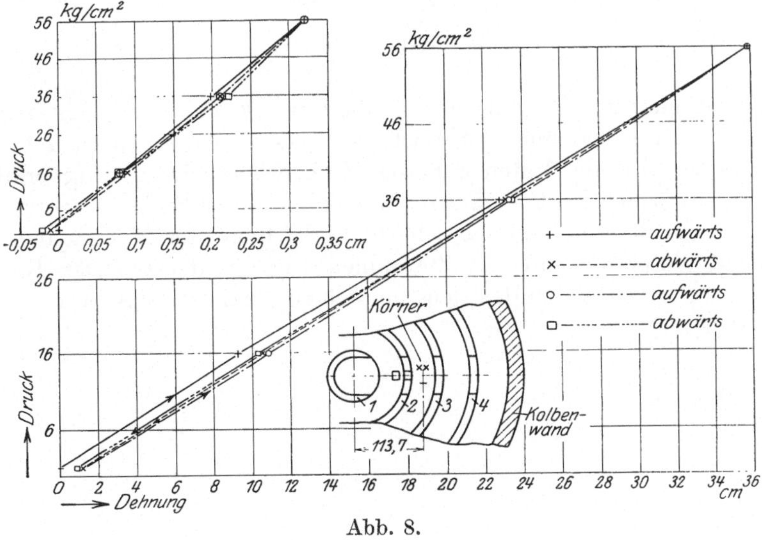

Abb. 8.

sind endlich die auf Grund der Dehnungen errechneten Beanspruchungen in Diagrammform abhängig von der abgewickelten inneren Oberflächenlinie wiedergegeben. Des Vergleiches wegen mit gewissen einfachen Berechnungsarten sind endlich die für dieselben sich ergebenden Werte ebenfalls eingetragen. Während die Rechnung als ebene Platte einen viel zu hohen und jene als Kugelboden viel zu niedrige Werte liefert, ergibt die Berechnungsweise nach Schüle (s. Dinglers Polyt. Journal 1900, Heft 42) für die Bodenmitte fast den gleichen Wert. Allerdings findet sich so weder die größte Beanspruchung noch deren Lage oder gar der ganze Verlauf der Beanspruchungen.

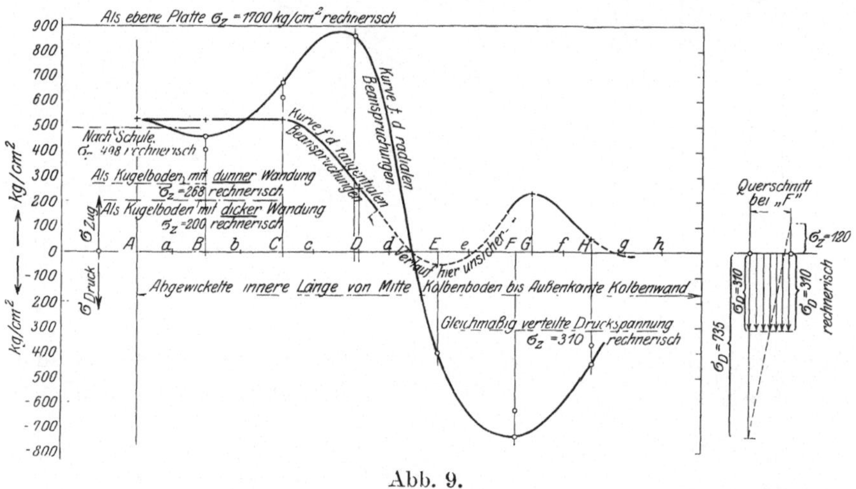

Abb. 9.

Bemerkenswert ist, daß der Kolben bei F eine verhältnismäßig sehr hohe Druckspannung aufweist; sie ist so hoch, daß sich auf der Außenseite, wo die Nuten für die Kolbenringe sitzen, Zug ergibt. Wenn man bedenkt, daß Kolben bereits an dieser Stelle durchrissen, wobei der Riß direkt auf die scharfe Einkerbung der Nut zuging, so erscheint dieser Umstand im Zusammenhang mit der scharfen Kerbe beachtenswert. Es würde sich empfehlen, letztere ein wenig abzurunden.

Die Schubspannungen im gebogenen I-Balken.

Von **Karl Huber**, Technische Hochschule in München.

Die Berechnung der Schubspannungen im I-Querschnitt eines auf Biegung beanspruchten Trägers erfolgt gewöhnlich mit Hilfe der für den rechteckigen Querschnitt abgeleiteten Formel[1])

$$\tau_{xy} = \frac{V}{b \cdot \Theta} \cdot S = \frac{V}{\Theta} \cdot \left(\frac{h^2}{8} - \frac{y^2}{2}\right). \tag{1}$$

Hierin ist τ_{xy} jene Schubspannung, die in Richtung der vertikalen Querschnittachse Y wirkt, wenn die Z-Richtung in der horizontalen Querschnittachse und die X-Richtung in der Stabachse liegt. V ist die in der Y-Achse wirkende Schubkraft, Θ das Trägheitsmoment, b und h Breite und Höhe des Querschnitts und S das statische Moment der Querschnittsfläche. Die Verteilung der Schubspannungen längs der Y-Achse erfolgt hiernach nach einer Parabellinie. τ_{xy} ist in der Mitte am größten und wird am oberen und unteren Querschnittsrand zu Null.

Diese Formel ist jedoch, streng genommen, nur eine Näherungsformel[2]). Sie genügt weder vollständig den statischen Anforderungen, weil die zur horizontalen Z-Achse parallel laufenden Schubspannungen τ_{xz} außer acht gelassen sind, noch den elastischen Bedingungen des Körpers, wie sie in den Verträglichkeitsgleichungen zum Ausdruck kommen. Diese aus der einfachen Theorie entspringende Formel ist um so ungenauer, je breiter der Querschnitt gegenüber der Höhe wird. Sie gibt jedoch die mittlere Spannung über die Querschnittsbreite richtig an und ist eine sehr gute Annäherung für die tatsächliche Schubspannung, je kleiner die Breite gegenüber der Höhe wird. Gefunden wurde die Gleichung (1) unter der Annahme, daß bei einer in die Y-Achse fallenden Lastrichtung die seitlichen $\tau_{xz} = 0$ sind und daß ferner die τ_{xy} unabhängig von der Abszisse z, also der Breite nach gleichförmig über die Fläche verteilt sind. Dadurch würde die resultierende Schubspannung überall vertikal sein. In der Nähe der oberen und unteren Kante ist sie jedoch nahezu horizontal. Die Randbedingung

[1]) Föppl, A.: Vorlesungen über techn. Mechanik. Bd. III, § 24.

[2]) Love - Timpe: Elastizität. 1907. Kapitel XV.

lautet wieder, daß die τ_{xy} und τ_{xz} in der Richtung der Tangente des Querschnittumfanges laufen. Dies bedeutet, daß τ_{xz} an den vertikalen Querschnittskanten und ferner τ_{xy} an den horizontalen Querschnittskanten zu Null werden muß.

Einfache Lösungen für rechteckige Querschnitte und andere ähnlicher Formen sind überhaupt nur möglich, wenn man die Verträglichkeitsbedingungen unbefriedigt läßt. Bei nichtrechteckigen Querschnitten wird es ferner von vornherein klar, daß τ_{xz} nicht Null sein kann. Nur beim sogenannten Grashofschen Querschnitt, der begrenzt wird von zwei zur Y-Achse parallelen Geraden und oben und unten durch zwei zur Y-Achse symmetrische Hyperbeläste, wird $\tau_{xz} = 0$.

Die Anwendung der Formel (1) auf den I-Querschnitt erscheint in mehrfacher Hinsicht als sehr fragwürdig. Sie kann nur Anspruch auf ungefähre Gültigkeit erheben, da sich die oben erwähnten Annahmen über die Verteilung der Spannungen τ besonders hier als viel unsicherer ergeben. Für die freie Innenkante der Flanschen ergäbe sich einmal für τ_{xy} ein von Null verschiedener Wert, was unmöglich ist, weil hierdurch diese Schubspannungen senkrecht zur Umfangslinie stehen würden. Bei der Übergangsstelle von Steg zu Flansch steht man ferner vor der Ungewißheit, welche Breite, ob Steg- oder Flanschbreite, in die Formel einzusetzen ist. Die am häufigsten vertretene Ansicht, daß die Schubkraft in der Hauptsache vom Steg zu übertragen ist und der Spannungsverlauf im Steg von dem Verlauf in den Flanschen nahezu unberührt bleibt, erscheint als die der Wahrheit am nächsten kommende. Der Gedanke liegt daher nahe, in die Formel für τ_{xy} nur das Trägheitsmoment und das statische Moment des Steges einzusetzen und die Flanschteile unberücksichtigt zu lassen. Dies ergibt jedoch viel größere Werte von τ als wirklich vorhanden sein können und diese Annahme erscheint im ganzen als zu ungünstig. Wie sich aber die Schubspannungen τ_{xy} gerade an der Übergangsstelle von Steg zu Flansch verhalten, darüber gibt die Formel (1) keinerlei Aufschluß, ob man nun in sie Stegbreite oder Flanschbreite einsetzt. Ihr Wert besteht hauptsächlich in der schätzungsweisen Bestimmung des Ortes der größten Beanspruchung und darin gibt sie vermutlich einen genügend genauen Überblick.

Vorher wurde schon erwähnt, daß die im I-Querschnitt in Richtung der Y-Achse laufenden Schubspannungskomponenten τ_{xy} an der oberen und unteren Flanschaußenkante und ebenso an den freien Flanschinnenkanten gleich Null sein müssen. Die seitlichen Spannungskomponenten τ_{xz} jedoch haben hier einen von Null verschiedenen Wert. Sie verschwinden nur an der zur Y-Achse parallelen Querschnittkante. Über ihre Größe läßt sich eine Näherungsformel auf ähnliche Art ableiten, wie sie für die τ_{xy} gefunden wurde.

Die τ_{xz} haben ebenso wie die τ_{xy} zugeordnete Schubspannungen τ_{zx}, die senkrecht hierzu in Richtung der Stabachse laufen. Wenn M das Biegungsmoment ist, so ist die mittlere Biegungsspannung im Flansch für eine Entfernung h_0

$$\sigma = \frac{M}{\Theta} h_0 .$$

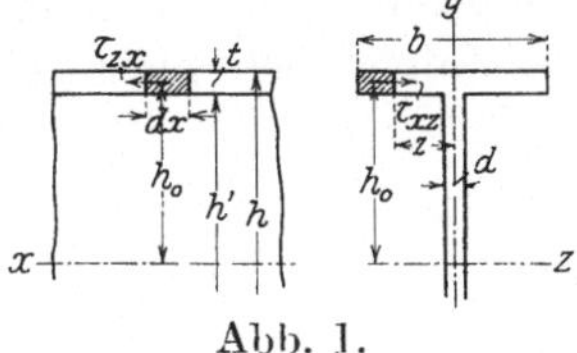

Abb. 1.

Der Unterschied der im Abstand dx voneinander auftretenden Biegungsspannungen ergibt sich demnach aus

$$\frac{\partial \sigma}{\partial x} = \frac{\partial M}{\partial x} \cdot \frac{h_0}{\Theta} = \frac{V}{\Theta} h_0 .$$

Für einen Flanschstreifen

$$dF = \left(\frac{b}{2} - z\right) \cdot t ,$$

wo t die Flanschdicke ist, wird

$$\int d\sigma \cdot dF = \frac{V}{\Theta} h_0 \cdot dx \left(\frac{b}{2} - z\right) t .$$

In der zur Y-Achse parallelen Schnittrichtung wirkt die Schubspannung τ_{zx} in horizontaler Richtung, und zwar über die Fläche $t \cdot dx$, die der obigen Differenz der Biegungsspannungen das Gleichgewicht gegen Verschieben hält. Danach ist

$$\tau_{zx} \cdot t\, dx = \frac{V}{\Theta} h_0 \left(\frac{b}{2} - z\right) t\, dx .$$

Damit ist τ_{zx} und mit dieser auch die ihr zugeordnete Schubspannung τ_{xz} gefunden und es ist für eine Querschnittshälfte

$$\tau_{xz} = \frac{V}{\Theta} \cdot h_0 \left(\frac{b}{2} - z\right) . \tag{2}$$

Für $z = \frac{b_1}{2}$, also an den zur Y-Achse parallelen Querschnittsseiten, wird $\tau_{xz} = 0$ und leistet damit der Randbedingung Genüge. In der Y-Achse muß τ_{xz} aus Symmetriegründen gleich Null werden. Links und rechts der Y-Achse und ferner oberhalb und unterhalb der Z-Achse haben die Schubspannungen verschiedene Vorzeichen.

Die Gleichung (2) ist aufgestellt unter der Annahme, daß die Schubspannungen längs der Flanschdicke t gleich groß sind. Außerdem ist dabei keine Rücksicht auf die vertikalen Schubspannungen τ_{xy} und auf die Verträglichkeitsbedingungen genommen. Sie soll nur einen schätzungsweisen Überblick über die seitlichen Spannungen τ_{xz} geben. Im Steg hat τ_{xz} (für eine Breite d hier) keine Bedeutung. Im Flansch der Normalprofilträger und noch mehr der Breitflanschträger wird sie jedoch schon Werte von größerer Bedeutung erreichen.

In dem bekannten Ingenieurtaschenbuch „Hütte“ findet man für den I-Querschnitt (Bezeichnungen in Abb. 1) noch folgende Formel für die größte Schubbeanspruchung, welche an der Stelle $y = 0$, dem Ort der reinen Schubbeanspruchung, auftritt.

$$\tau_{\max} = \frac{3}{4} \frac{V}{d} \cdot \frac{b \cdot \left(\frac{h}{2}\right)^2 - (b - d) \cdot \left(\frac{h'}{2}\right)^2}{b \cdot \left(\frac{h}{2}\right)^3 - (b - d) \cdot \left(\frac{h'}{2}\right)^3} \,. \tag{3}$$

Diese Formel gibt etwas größere Schubspannungswerte als Formel (1), und zwar ist die Abweichung beim Normalprofilquerschnitt etwas größer als beim Breitflanschenquerschnitt.

Zur Gewinnung eines Urteils, wie weit diese Formeln der Wirklichkeit nahekommen, wurden im mechanisch-technischen Laboratorium der Technischen Hochschule München Versuche an zwei I-Trägern zur Bestimmung der Winkeländerung γ und damit der Schubspannungen τ vorgenommen. Dem Vorstande des Laboratoriums, Herrn Geheimrat Professor Dr. A. Föppl, bin ich für die Genehmigung zur Ausführung dieser Versuche und der dabei gewährten Unterstützung zu größtem Danke verpflichtet.

Der eine Träger von 30 cm Höhe hatte einen von der Normalprofilform etwas abweichenden I-Querschnitt; die Innenseiten der Flanschen waren nämlich parallel zu den Außenkanten zugehobelt. Außerdem waren an dem einen Ende des 1,20 m langen Trägers, und zwar an Steg und Flanschen, Winkeleisen von 6 cm Schenkellänge angenietet, die früher zum Anschrauben des Trägers an einer eisernen Platte gedient hatten; diese Abänderungen waren für früher damit ausgeführte Verdrehungsversuche vorgenommen worden. Ein anderer passender Träger zur Vornahme dieser Versuche stand gerade im Laboratorium nicht zur Verfügung. Der zweite Träger war ein parallelflanschiger I-Träger des Peiner Walzwerkes mit 20 cm Höhe und Breite. Seine Länge war rund 4 m. Die Ausmaße der beiden I-Querschnitte gehen aus den beigefügten Abb. 2 und 3 hervor. Ihre Trägheitsmomente betrugen 8200 und 5722 cm^4.

Beide Träger lagen auf zwei halbkreisförmig abgerundeten Stützlagern auf, während in der Mitte zwischen den beiden Stützen unter Zwischenschaltung zweier gekreuzter Stahlwalzen die Belastung, in beiden Fällen 35 000 kg, ausgeübt wurde. Sonach kam bei diesem Belastungsfall für sämtliche Querschnitte der beiden Trägerhälften eine Schubkraft von 17 500 kg in Betracht. Die Stützweite betrug beim I-Träger mit 30 cm Höhe 84 cm. Dieser war derart aufgelagert, daß über das eine Stützl ger ein 31 cm langes Stück und über das andere Stützlager ein 5 cm langes Stück hinausragte, wie es in Abb. 2

auch gezeichnet ist. Beim Peiner Träger war die Stützweite 2 m; die Auflagerung war symmetrisch, so daß über beide Auflager zwei 1 m lange Stücke hinausragten, die jedoch die an diesem Träger ausgeführten Messungen nicht behinderten. Die Versuche wurden in der hydraulischen 80-Tonnen-Presse des Laboratoriums ausgeführt.

Zur Messung der Schubspannungen an den verschiedenen Querschnittstellen wurde das neue Feinmeßgerät des Verfassers, „der Schubmesser", benützt [1]). Mit diesem Apparat können die Winkeländerungen γ, die ein Probestück unter einer Belastung erfährt, gemessen werden, die dann die Schubspannungen τ unter Zuhilfenahme der bekannten Beziehung $\tau = \gamma \cdot G$ ergeben. Ausführlich beschriebene anderweitige Versuche mit diesem Instrument wurden vor kurzem an anderer Stelle veröffentlicht [2]).

Bei dem I-Querschnitt mit 30 cm Höhe errechnet sich bei einem Skalenabstand von 2 m und einem Schubmodul $G = 830\,000$ kg/cm² für 1 mm Skalenablesung eine Schubspannung von $\tau = 9{,}88$ kg/cm². Bei dem Peiner Träger wird bei einem Skalenabstand von 3 m und einem früher besonders an einem Rundstab dieses Trägers bestimmten Schubmodul $G = 815\,000$ kg/cm² für 1 mm Skalenablesung $\tau = 6{,}47$ kg/cm².

Das Meßgerät arbeitete bei dieser neuen Anwendungsart vollkommen zufriedenstellend. Die bei früheren Versuchen [2]) noch aufgetretenen Mängel waren in der Zwischenzeit durch Verbesserung des Instruments behoben worden.

Die Belastung der Träger erfolgte in 2 Stufen. Man ging zunächst auf 17 500 kg, sodann auf 35 000 kg, hierauf wieder auf Null. Dies wiederholte man alsdann nochmals. Der aus den 2 Spannungswerten für die Höchstlast gebildete Mittelwert war für die Versuchsauswertung maßgebend. Auf diese Weise war man über das Arbeiten des Meßgerätes vollständig im Bilde und der Richtigkeit der erhaltenen Ablesungen sicher. Die bei den 2 Laststufen erhaltenen Winkeländerungen waren proportional den Belastungen. Ferner war die Nullablesung nach Entlastung wieder dieselbe, soweit dies die nie vollständig zu vermeidenden Schätzungsfehler beim Ablesen zuließen.

Die Meßstellen am Querschnitt sind auf den Abb. 2 und 3 ersichtlich. Leider konnte die Größe der Schubspannungen in den Ecken zwischen Flansch und Steg nicht bestimmt werden, da die Bauart des Feinmeßgerätes dies nicht ganz gestattete. Näher an die Ecken heran,

---

[1]) Föppl, A.: Der Schubmesser, ein neues Feinmeßgerät für Festigkeitsversuche. Sonderabdruck der Sitzungsberichte der Bayr. Akademie der Wissenschaften, München 1923.

[2]) Huber, K.: Die Ermittelung der Schubspannungen und des Schubmoduls mit Hilfe eines neuen Feinmeßgeräts. Zeitschr. d. Ver. dtsch. Ing. 1923.

als in diesen Abbildungen angegeben, konnte nicht gegangen werden. Die an den zwei symmetrischen Meßstellen am Steg des Querschnittes erhaltenen Versuchswerte wurden zu einem Mittelwert zusammengezogen. In der Zahlentafel und den Diagrammen ist immer nur dieser eingetragen. Seine Einzelwerte weichen in den meisten Fällen nicht weit voneinander ab; in den übrigen Fällen betrug der Unterschied 10—20%. In einigen Ausnahmefällen, und zwar in der Nähe der Stützlager und der Lastangriffsstellen, waren die Abweichungen bedeutend und erreichten eine Höhe bis zu 100%. An den symmetrischen Meßpunkten der Flanschen wurden die Abweichungen der Einzelwerte stärker gefunden als am Steg. Dies dürfte darauf zurückzuführen sein, daß die gleichmäßige Verteilung der Last über den Querschnitt besonders in den Flanschen schwieriger zu erreichen ist. Die Messung der Schubspannungen erfolgte ferner an beiden Trägerhälften. Die Schubkraft ist in den beiden Hälften gleich groß. Die Schubspannungen verteilen sich aber in dem Raum zwischen der Lastangriffstelle und den Stützlagern über die einzelnen Querschnittsflächen sehr verschieden. In der Nähe der Trägermitte und an den Trägerenden ist die Verteilung der Schubspannungen über den Querschnitt, dem de St. Vénantschen Prinzip entsprechend, eine ganz andere als in größerer Entfernung von jenen Stellen und nur in genügend weit von den Lasten entfernten Querschnitten dürfte eine der Näherungstheorie nahekommende Spannungsverteilung stattfinden.

Außer der zahlenmäßigen Größe der Schubspannungen konnte mit dem Schubmesser auch noch ihre Richtung, wie sie im Querschnitte wirken, festgestellt werden. Dies äußerte sich jeweils in den umgekehrten Spiegelausschlägen des Instrumentes. Die links und rechts der Trägermitte befindlichen Querschnitte ergaben erwartungsgemäß zueinander entgegengesetzte Richtungen der Spannungen.

Beim I-Träger mit 30 cm Höhe wurden die Schubspannungen in den zur Trägermitte symmetrischen Querschnitten ∓ 6 cm, ferner -22 cm, dann $+40$ cm und schließlich -44 und -62 cm gemessen. Das $-$ und $+$ Zeichen deutet die links und rechts der Mitte befindlichen Querschnitte und die beigefügte Ziffer die Entfernung von der Trägermitte an. Bei den zwei links vom linken Auflager befindlichen Querschnitten -44 und -62 cm wurde festgestellt, wie weit sich die Spannungen über den hinausragenden unbelasteten Trägerteil noch bemerkbar machen, da sich erfahrungsgemäß die Schubspannungen im Gegensatz zu den Normalspannungen auch über den von äußeren Kräften freien Trägerteil auf eine gewisse Länge erstrecken und dort erst allmählich zu Null werden. Die für eine Last von 35000 kg entsprechend einer Biegungsspannung von rund 900 kg/cm² am Steg gemessenen Schubspannungen sind aus Zahlentafel 1 ersichtlich. Die

Bezeichnungen: 12,3, 9, 6 oben und unten geben die Entfernungen der Meßstellen in cm von der Stegmitte an.

Zahlentafel 1.

Querschnitt	Schubspannungen τ in kg/cm²						
	oben			Mitte	unten		
	12,3	9	6		6	9	12,3
— 6	902	1161	980	647	437	361	257
+ 6	918	1175	997	605	414	342	253
— 22	447	560	722	729	702	620	463
+ 22	474	630	701	738	708	548	391
22 gerechnet *a*	466	541	588	627	588	541	466
22 gerechnet *b*	268	528	698	820	698	528	268
— 40	305	334	393	448	583	691	1140
+ 40	263	347	395	494	590	782	1343
— 44	224	241	237	169	131	110	596
— 62	84	80	134	77	0	43	75

Bei Querschnitt 22 cm, der von der Lastangriffsstelle und den Stützlagern kaum mehr beeinflußt sein dürfte, sind zum Vergleich

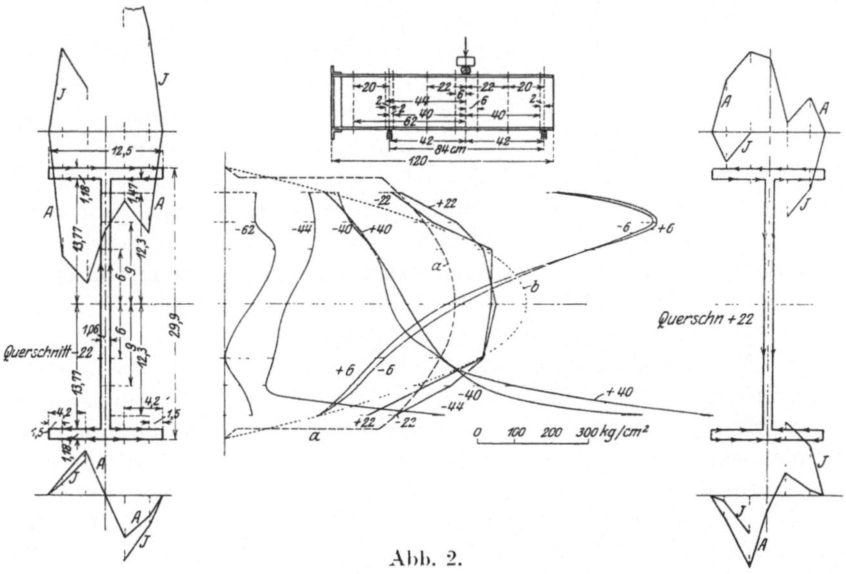

Abb. 2.

noch die durch Rechnung nach Formel (1) erhaltenen Schubspannungen eingetragen. Die mit *a* und *b* bezeichneten 2 Zahlenreihen werden erhalten, wenn man der Rechnung einmal den ganzen **I**-Querschnitt mit den Flanschen oder nur den Steg allein zugrunde legt. In den aus Abb. 2 ersichtlichen Diagrammen kommen diese beiden Rechenergebnisse in dem gestrichelten und dem punktierten Linienzug (letzterer zeigt die reine Parabelform) zum Ausdruck. Der gestrichelte Linienzug läßt den plötzlichen Knick für die Querschnittsecke erkennen, je nachdem man Stegdicke oder Flanschbreite in die Formel einsetzt. Die ausgezogenen Kurvenlinien stellen die Versuchsergebnisse dar.

Darnach lieferte die Messung für die Stegmitte des Querschnitts 22 cm eine höhere Schubspannung als die Rechnung, wenn in dieser der ganze I-Querschnitt berücksichtigt und eine kleinere Schubspannung, wenn dabei nur der Steg für die Lastübertragung vorausgesetzt wird. Der Versuchswert liegt also in der Mitte zwischen diesen beiden Rechnungswerten. Nach der Formel (3) erhält man ferner in der Stegmitte eine Schubspannung von 903 kg/cm². Dieser Wert ist hiernach von der Wahrheit noch weiter entfernt als die ersten zwei Annahmen. Gegen die Ecken zu nehmen die gemessenen Spannungen stetig nach einer Bogenlinie ab und kommen bei Meßpunkt 12,3 cm der ersten Annahme wieder sehr nahe. Die übrigen Querschnitte lieferten sehr wichtige Ergebnisse. Der Querschnitt 6 cm erfährt in der Nähe der Lastangriffsstelle eine sehr bedeutende Zunahme der Schubspannungen. Diese übertreffen die größte Schubspannung bei Querschnitt 22 cm noch um rund $^{1}/_{3}$. Auffallend an den Ergebnissen ist, daß die größte Spannung an Meßstelle 9 und nicht an Meßstelle 12,3 gefunden wurde. Der Querschnitt 40 cm, der nur 2 cm von den Stützlagern entfernt ist, zeigt wieder in der Nähe der Lastübertragungsstellen sehr hohe Spannungen und der Verlauf der Spannungskurve läßt für den unteren, nicht mehr zu messenden Querschnittsteil noch größere Schubspannungen vermuten. Die Spannungsabnahme in diesem Querschnitt geht nach oben hin stetig vor sich und die Kurve läuft in der oberen Begrenzung dem Nullwert zu, wie es für den vorher behandelten Querschnitt für die untere Begrenzung auch der Fall ist. Der Querschnitt —44 cm, der 2 cm jenseits des linken Auflagers sich befindet, läßt gegenüber seinem Nachbarquerschnitt 40 cm schon eine bedeutende Spannungsabnahme erkennen. Noch stärker ist dies der Fall bei Querschnitt —62 cm, obwohl hier der Spannungsausgleich durch die angenieteten Winkeleisen sehr stark beeinflußt sein dürfte und dadurch das Bild der reinen Spannungsabnahme getrübt wird. Der Mittelquerschnitt des Trägers, wo der Lastangriff erfolgt, ist aus Symmetriegründen frei von Schubspannungen. Seine Querschnittsfläche erfährt auch durch sie keine Wölbung. Sie bleibt im Gegensatz zu den übrigen Querschnitten vollkommen eben. Der an einer Meßstelle dieses Querschnittes angesetzte Schubmesser zeigte demgemäß keine Spannungen an. Die übrigen symmetrischen Querschnitte der linken und rechten Trägerhälfte ergaben, wie aus Zahlentafel 1 und den Diagrammen ersichtlich ist, gute übereinstimmende Werte.

Die von der Abszissenachse, den Kurven und ihren Endordinaten eingeschlossenen Flächen der drei Querschnitte 6, 22, 40 cm müssen einander inhaltsgleich sein, da jeder Querschnitt die gleiche Formänderungsarbeit aufzunehmen hat. Die in den Diagrammen ersichtlichen Flächen sind nicht ganz vollständig, da gegen die oberen und unteren Querschnittsbegrenzungen hin die Spannungsmessung nicht mehr möglich war. Das Abschätzen des Inhalts der hier vorliegenden Diagrammflächen läßt jedoch schon erkennen, daß diese Forderung auch hier erfüllt wird.

Bei den Querschnitten 22 und 40 cm wurden außerdem noch die Schubspannungen an den Innen- und Außenseiten der Flanschen, und zwar an den Meßstellen 1,5 und 4,2 cm ermittelt; die Zahlen bedeuten die Entfernung vom Außenrand. Für diese Punkte errechnen sich nach Formel (2) die Schubspannungen zu 46 und 129 kg/cm². Die Versuchswerte sind in Zahlentafel 2 eingetragen.

Zahlentafel 2.

Querschnitt	Meß-punkte	Schubspannungen in kg/cm²							
		Oberer Flansch				Unterer Flansch			
		Innen		Aussen		Innen		Aussen	
		links	rechts	links	rechts	links	rechts	links	rechts
−22	1,5	234	283	346	286	32	79	44	57
	4,2	120	584	422	191	99	179	122	120
+22	1,5	87	156	144	101	17	138	63	12
	4,2	0	237	220	26	111	204	207	63
−40	1,5	116	186	—	—	76	46	—	—
	4,2	70	230	—	—	105	310	—	—
+40	1,5	6	18	—	—	154	259	—	—
	4,2	43	64	—	—	543	627	—	—

In Abb. 2 sind für die Querschnitte 22 diese Versuchswerte ebenfalls graphisch aufgetragen. Die mit „J“ bezeichnete Kurve entspricht der Innenseite und die mit „A“ bezeichnete der Außenseite des Flansches. Die außerdem für die Mitte der Flanschaußenseiten noch gemessenen Schubspannungen waren bei Querschnitt —22 oben 275 kg und unten 10 kg/cm², ferner bei Querschnitt +22 oben 201 kg/cm² und unten 46 kg/cm². In Wirklichkeit muß die Schubspannung in der Flanschmitte aus Symmetriegründen zu Null werden. Nur beim unteren Flansch des Querschnitts —22 trifft dies praktisch zu und die an den anderen Meßpunkten erhaltenen Schubspannungen stimmen mit den gerechneten Werten nach Formel (2) gut überein. Beim unteren Flansch des symmetrischen Querschnitts +22 ist die Übereinstimmung schon schlechter. Der Richtungssinn dieser Schubspannungen, der in der Abb. 2 bei den Querschnittsprofilen durch Pfeile kenntlich gemacht ist, entspricht jedoch der Theorie. Bei den oberen Flanschen dieser zwei Querschnitte aber wurden ganz davon abweichende Werte gefunden. Sowohl Größe als Richtungssinn der Spannungen entsprechen nicht mehr der Rechnung. Die Ursache liegt darin, daß der obere Flansch durch die nicht genau in der Y-Achse angreifende Belastung noch eine Verdrehung erlitten hat, was durch die gemessene Pfeilrichtung der Schubspannungen auch bestätigt wird. Bei den Querschnitten 40 wurden nur die Schubspannungen an den Flanschinnenseiten gemessen. An den Flanschaußenseiten konnte der Schubmesser wegen der Nähe der Auflager nicht mehr angebracht werden. Die gemessenen Schubspannungen sind von den Stützlagern schon stark beeinflußt und die gefundenen Zahlenwerte wurden nur der Vollständigkeit halber noch angegeben.

Da an diesem Träger der Versuch zur Klärung der Schubspannungen im Flansch nicht gelungen war, so wurde noch ein zweiter Versuch mit einem breitflanschigen **I**-Träger durchgeführt, bei dem die für die Messung in Betracht kommenden Querschnitte weiter von den Lastangriffsstellen weg lagen und hierdurch keine störenden Einflüsse mehr von diesen zu befürchten waren. Bei dem hierzu benützten Peine-**I**-Träger mit 20 cm Höhe und Breite wurden die Schubspannungen nur an den zwei symmetrischen Querschnitten ± 50 cm gemessen. Das Vorzeichen deutet wieder linke und rechte Trägerhälfte und die Zahl die Entfernung von der Trägermitte an. Die Meßstellen waren am Steg in der Mitte, ferner 6,2 cm oben und unten von der Mitte, sodann in der Mitte der Schmalseiten der Flanschen und schließlich an den Innen- und Außenseiten der Flanschen in einer Entfernung von 1,5 und 7,2 cm vom Außenrand. Die für eine Last von 35000 kg entsprechend einer größten Biegungsspannung von rund 1500 kg/cm² gemessenen Schubspannungen sind aus Zahlentafel 3 ersichtlich.

Zahlentafel 3.

Querschnitt	Schubspannungen in kg/cm²													
	am Steg			Schmalseite der Flanschenmitte		Meßpunkte d. Flanschbreitseiten	Oberer Flansch				Unterer Flansch			
							Innen		Außen		Innen		Außen	
	6,2 oben	Mitte	6,2 unten	oben	unten		links	rchts.	links	rchts.	links	rchts.	links	rchts.
−50	1037	1069	1040	62	5	1,5	61	164	162	12	111	19	0	93
						7,2	149	336	294	113	296	184	39	218
+50	973	1038	1062	43	16	1,5	33	38	40	37	88	59	69	49
						7,2	185	131	196	181	235	164	208	224
50 ger. a	987	1044	987	26		1,5	43							
50 ger. b	810	1300	810	—		7,2	202							

Die letzten zwei horizontalen Zahlenreihen sind die durch Rechnung ermittelten Schubspannungen. Die mit *a* bezeichneten Zahlenwerte des Steges und der Flanschschmalseiten sind die nach Formel (1) durch Einsetzen des ganzen I-Querschnittes gerechneten Spannungen, während die mit *b* bezeichneten erhalten wurden, wenn man nur den Steg für die Lastübertragung berücksichtigt. Die bei den Flanschbreitseiten angegebenen Werte wurden wieder nach Formel (2) gerechnet. In Abb. 3 stellen die gestrichelten und punktierten Linienzüge die nach den Annahmen *a* und *b* gerechneten Spannungen dar. Die ausgezogenen Linienzüge bedeuten wieder die aus dem Versuch erhaltenen Spannungen.

Die gemessenen Schubspannungen am Steg zeigen gute Übereinstimmung mit den nach Annahme *a* errechneten Werten, während die

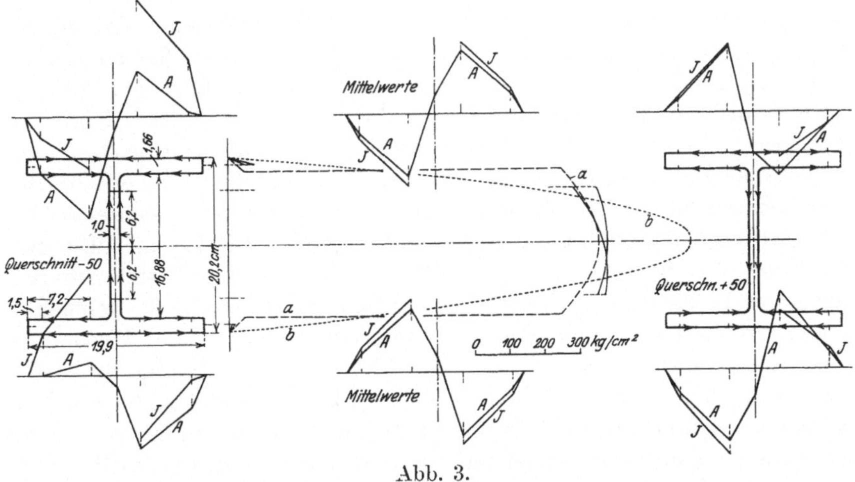

Abb. 3.

Annahme *b* schon sehr starke Abweichungen ergibt. Die Spannungen sind im Gegensatz zu dem vorher behandelten Träger längs der ganzen Steghöhe nahezu gleichgroß. Nach Formel (3) errechnet sich ferner für die Stegmitte nur eine Schubspannung von 961 kg/cm². Danach ist die Abweichung von der Wirklichkeit größer als bei der Annahme *a*. Die Übereinstimmung der an den Schmalseiten der Flanschen gemessenen Spannungen mit dem gerechneten Wert erscheint zuerst weniger gut. Es macht sich hier die für eine Flanschdicke von 1,66 cm schon zu große Spitzenentfernung von 1 cm des Schubmessers in ungünstiger Weise geltend, wodurch die Versuchsergebnisse etwas getrübt werden. Der aus den 4 Einzelwerten gebildete Mittelwert von rund 31 kg/cm² kommt dem gerechneten Wert von 26 kg/cm² wieder sehr nahe und bildet hierdurch eine weitere Stütze für die Annahme *a*.

Die an den Innen- und Außenseiten der Flanschen gemessenen Spannungen sind in Abb. 3 durch Linienzug verbunden und dort mit „*J*“ und „*A*“ wieder kenntlich gemacht. Die in der Mitte der

Flanschaußenseiten noch gefundenen Schubspannungen waren bei Querschnitt -50 cm oben 45 kg/cm² und unten 32 kg/cm², ferner bei Querschnitt $+50$ cm oben 118 kg/cm² und unten 80 kg/cm². Dies deutet auf nicht genaue Einstellung der Last in die Querschnittsmitte hin, da die Schubspannungen hier wieder zu Null werden müßten. Der Richtungssinn der auftretenden Schubspannungen entspricht in allen Fällen der Theorie. Aus den Diagrammen und den in den Querschnittsprofilen eingezeichneten Pfeilen ist dies auch zu ersehen. Hinsichtlich der Größe der gefundenen Werte zeigen sich jedoch beim Vergleich mit den nach Formel (2) gerechneten Werten größere Abweichungen. Gegen die Flanschmitte hin ist zwar überall Spannungszunahme zu verzeichnen, in einigen Fällen ist auch gute Annäherung vorhanden, doch überwiegen die von der Rechnung stärker abweichenden Fälle. Zum Teil ist dies auch auf die nicht überall genaue Querschnittsform zurückzuführen, zum größeren Teil wahrscheinlich auf die bei breiten Trägern schwieriger auszuführende gleichmäßige Lastübertragung. Bildet man für die beiden Meßstellen der Flanschen aus allen erhaltenen Versuchswerten die Mittelwerte, so erhält man für die Innenseiten 72 und 210 kg/cm² und für die Außenseiten 58 und 183 kg/cm². Die gerechneten Schubspannungen 43 und 202 kg/cm² sind nur Mittelwerte für die ganze Flanschdicke. Bei Berücksichtigung der durch die Versuchsschwierigkeiten bedingten Meßfehler und der Tatsache, daß Formel (2) nur eine Näherungsformel ist, ist die Übereinstimmung zwischen Rechnung und Versuch schon eine bessere. Die Mittelwerte aus den Versuchen sind in Abb. 3 in einem besonderen Diagramm nochmals aufgetragen und durch Linienzug verbunden, wodurch ein deutlicheres Bild hinsichtlich Größe und Vorzeichen der gemessenen Schubspannungen entsteht.

Das Gesamtergebnis der Versuche dürfte sein, daß die Formel (1) für praktische Zwecke noch genügt, wenn man in sie Trägheitsmoment und statisches Moment des ganzen Querschnitts einsetzt. Die Schubspannungen im Steg nahe an den Ecken stimmen mit der Rechnung noch überein. Ferner gibt die Formel (2) für die seitlichen Schubspannungen in den Flanschen gute Näherungswerte.

Betrachtung über den Wärmeübergang in der Verbrennungsmaschine.

Von **O. Mader**, Junkerswerke in Dessau.

Die Kenntnis der Wärmeübertragung ist für den Bau von Verbrennungskraftmaschinen wichtig. Wegen der sich überdeckenden Einflüsse von Leitung, Strahlung, Wirbelung und der physikalischen Eigenschaften der Gase und Wandungen, von Ort und Zeit des Wärmeüberganges besteht jedoch noch keine klare Erkenntnis, die eine annähernd richtige Vorausberechnung und eine Abschätzung der Anteile der einzelnen Einflüsse ermöglicht.

Als Beitrag zu diesem Problem sei eine, bewußt einseitige, Betrachtung gestattet, die von Strahlung und Wirbelung vollkommen absieht und ihr Hauptaugenmerk auf das Maß der reinen Leitung bei dem periodischen Arbeitsprozeß der zeitweise mit hohen Drücken, Dichten und Temperaturen arbeitenden Verbrennungskraftmaschine richtet.

Bei dem Wärmeaustausch zwischen Gas und Wandung ist kennzeichnend, daß die Temperatur der Wand nur wenig schwankt, trotz des großen Wärmeflusses in derselben, daß bei der Verbrennung jedoch die absolute Gastemperatur sehr rasch um ein Vielfaches zunimmt.

Die üblichen Wärmeleitungsrechnungen — die von der Gleichung $\lambda \frac{d^2 T}{dx^2} = c\gamma \frac{dT}{d\tau}$ ausgehen — nehmen nun an, daß Dichte γ und Wärmeleitfähigkeit λ als gleichbleibend angenommen werden können. Dafür erhält man z. B. für den einfachen Fall[1]) einer plötzlichen Temperaturerhöhung im Augenblick der Zeit $\tau = 0$ von der gleichbleibenden Wandtemperatur T_w um t_d auf T_0 in einem an die Wand grenzenden, unendlichen Gasraum nach der Zeit $\tau = \tau'$ eine Gastemperatur im Abstande x von der Wand von

$$T_x = T_w + t_d \frac{2}{\sqrt{\pi}} \int_{\eta=0}^{\eta=\frac{-x}{\sqrt{4a\tau}}} e^{-\eta^2}\, d\eta, \quad \text{wobei} \quad a = \frac{\lambda}{c\gamma}$$

[1]) Gröber, H.: „Die Grundgesetze der Wärmeleitung und des Wärmeüberganges. S. 66, Aufg. 5. Berlin: Julius Springer 1921.

und eine in der Zeiteinheit durch die Wandoberfläche O fließende Wärmemenge

$$\frac{dQ}{d\tau} = -O\,t_d \sqrt{\frac{\lambda\,c\,\gamma}{\pi\,\tau}}\,.$$

Von dem Augenblicke $\tau = 0$ an ist eine Gesamtwärmemenge

$$Q = -2\,O\,t_d \sqrt{\frac{\lambda\,c\,\gamma\,\tau}{\pi}}$$

abgeflossen.

In der Verbrennungsmaschine treten jedoch so große Temperaturdifferenzen auf, daß die Änderung der Massenverteilung und auch der Wärmeleitfähigkeit nicht mehr außer acht gelassen werden dürfen. Diese Änderungen sind vor allem in der Grenzschicht an der Wand groß. In unserem einfachen Falle z. B. wird sich die Grenzschicht durch Abkühlung von T_0 auf T_w zusammenziehen. Die Dichte vergrößert sich daher von γ_0 auf $\gamma_w = \gamma_0 \frac{T_0}{T_w}$, das Temperaturgefälle an der Wand wird dementsprechend größer, und für kurze Zeiten können wir einen Grenzwert der Wärmeübertragung von

$$\frac{dQ}{d\tau} = -O \cdot t_d \cdot \frac{T_0}{T_w} \cdot \sqrt{\frac{\lambda\,c\,\gamma_w}{\pi\,\tau}}$$

vermuten (Abb. 1). Technisch rechnen wir mit dem Drucke p in kg/qcm. Dafür läßt sich obiger Wert auch schreiben:

$$\frac{dQ}{d\tau} = -O\,t_d \frac{T_0}{T_w} \sqrt{\frac{p}{\tau}} \cdot \sqrt{\frac{10^4 \cdot \lambda\,c_p}{\pi\,R\,T_w}}$$

$$= -O\,t_d \cdot \frac{T_0}{T_w} \cdot \sqrt{\frac{p}{\tau}} \cdot C_{\text{Leitung}}.$$

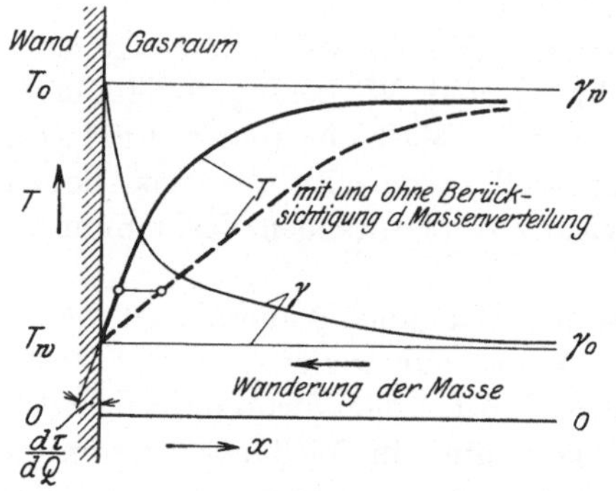

Abb. 1.

Die Abgase bestehen meist aus Luft, Wasser und Kohlensäure mit einem mittleren Werte von $\frac{\text{Spez. Wärme } c_p}{\text{Gaskonstante } R} = 8{,}5 \cdot 10^{-3}$. Die Wärmeleitfähigkeit wird etwa $\lambda = 6{,}5 \cdot 10^{-5}\,T$, woraus sich als zu erwartender Zahlenwert für unsere Konstante: $C_{\text{Leitung}} \approx 4{,}2 \cdot 10^{-2}$ ergibt, falls alle Werte außer p in m, St, kg und ° Cels. eingesetzt werden.

Einen ähnlichen Einfluß wie die Wandabkühlung hat eine durch Expansion (bzw. Kompression) oder durch örtliche Verbrennung hervorgerufene Druckänderung. Eine Expansion zieht die Grenzschicht und damit das Temperaturgefälle an der Wand auseinander und vermindert dadurch den Wärmeübergang. Bei schneller Expansion kann so eine Umkehrung des Wärmeflusses an der Wand eintreten.

Bei Kompression tritt das Gegenteil ein. Praktisch tritt der Hauptteil der Wärme in der Zeit der langsamen Kolbenbewegung über, für die Totraumoberfläche zur Zeit der Verbrennung, für das Auslaßorgan während des Vorauspuffes. Für einen qualitativen Überschlag genügt daher, wie Nachrechnung von Versuchen zeigt, unser obiger Grenzwert, wobei dem Expansionseinfluß durch Einsetzen des Augenblickswertes von p in einem gewissen Maße Rechnung getragen wird.

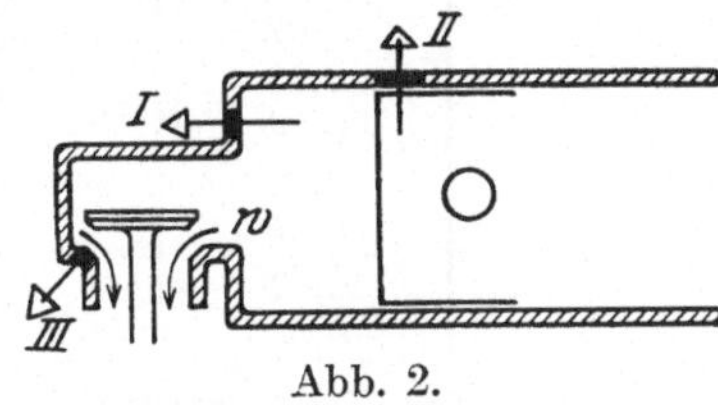

Abb. 2.

Zur Erläuterung der Methode mögen zwei nur ganz roh durchgeführte **Beispiele** beitragen.

1. Ungefähre Vorausberechnung des Wärmeüberganges im Zylinder einer **Viertakt-Dieselmaschine** (Abb. 2, 3 und 4).

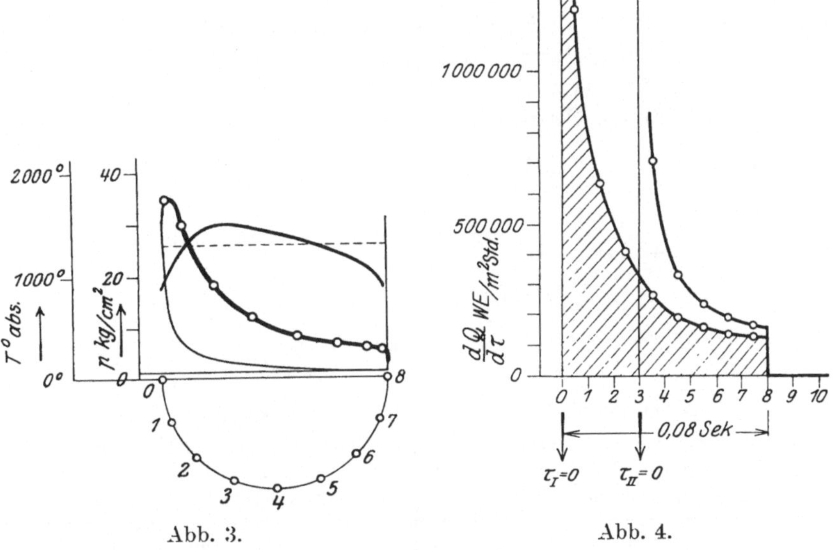

Abb. 3. Abb. 4.

Daten: $n = 375$ i. d. Min. Temperatur T_0 dabei als konstant $= 1600°$ angenommen, $T_w = 350°$. Wärmeübergang nur während der Expansion 0 — 8.

Oberfläche I: Im Totraum.

" II: Bei Kurbelstellung 3 erst freigelegte Zylinderwandstelle.

" III: Am Ventil. Die Wärmeübertragung dafür wäre in ähnlicher Weise unter Berücksichtigung der Gasgeschwindigkeit w ($\tau = 1/w \times$ Weglänge) während des Auspuffes zu rechnen.

Kurbelstellung	τ Sek.	p kg/qcm	$\frac{dQ}{d\tau}$ in WE/qm Std. im Totraum I	$\frac{dQ}{d\tau}$ in WE/qm Std. an Zylinderstelle II
0	0,00	35	1 200 000	
1	0,01	30	630 000	
2	0,02	18	390 000	
3	0,03	12	265 000	705 000
4	0,04	8	190 000	330 000
5	0,05	7	160 000	230 000
6	0,06	6	135 000	185 000
7	0,07	6	130 000	165 000
8	0,08			
Mittlere Gesamt-Wärmeübertragung (von 0—32)			97 000	50 000

2. Ungefähre Nachrechnung zweier extremer Bombenversuche (Abb. 5 und 6).

Quelle: The Pressure of Explosions-Experiments on Solid and Gaseous Explosives. Parts I and II von J. E. Petavel (London 1905, Royal Society).

Daten: als Ladung: Cordit

$$R = 30, \quad \varkappa = 1{,}35, \quad p_{\tau=\infty} = \frac{\gamma\, R\, T_w}{10000}, \quad T_w = 291^0,$$

$$Q = \frac{p \cdot V}{42{,}7(\varkappa - 1)} \quad \text{teils angegeben, teils geschätzt.}$$

$$\text{Errechnet} \quad C_{\text{Leitung}} = \frac{\Delta Q}{\Delta\tau \cdot O t_d \sqrt{\frac{p}{\tau} \cdot \frac{T}{T_w}}}.$$

Rekord Nr. F 73.
(Zyl.-Bombe, 0,55 l Inhalt, 0,0709 qm Oberfläche, Abgasdichte = 150,5 kg/cbm.

τ Sek.	p kg/qcm	$C_{\text{Leitung}} \cdot 10^2$
0,07	1587 (1660)	4,7
0,08	1547 (1570)	3,7
0,1	1461	2,7
0,15	1322	3,2
0,2	1207	3,7
0,3	1051	4,7
0,5	843	7,7
0,7	688	11,3
0,9	579	
∞	131 (errechnet)	

Rekord Nr. F 59.
(Kugelbombe 0,556 l Inhalt, 0,0327 qm Oberfläche, Abgasdichte = 99 kg/cbm.

τ Sek.	p kg/qcm	$C_{\text{Leitung}} \cdot 10^2$
0,05	1024 (1090)	0,83
0,10	1062	1,5
0,20	993	2,2
0,40	883	2,7
0,60	804	2,8
0,80	746	3,8
1,00	689	
∞		

Die ()-Werte sind extrapoliert.

Die vorstehende Betrachtung macht nicht den Anspruch auf Exaktheit, Nachrechnung der verschiedenartigsten Versuche hat jedoch dem Verfasser die Überzeugung verschafft, daß die Wärmeleitungsvorgänge in der Wandungsgrenzschicht des Gases prozentual den größten

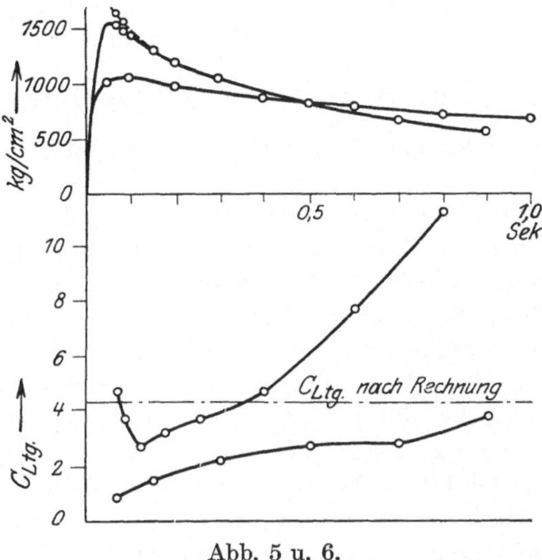

Abb. 5 u. 6.

Einfluß bei allen zeitlich rasch verlaufenden Wärmeübergangserscheinungen haben und daß bei großen Temperaturunterschieden die Massenbewegungen ins Auge zu fassen sind. Sind sie streng rechnerisch nicht zu erfassen, so müßten Näherungsmethoden versucht werden. Der Einfluß von Strahlung und Wirbelung bleibt daneben natürlich bestehen.

Spannungen in dünnen zylindrischen Gefäßwänden[1]).

Von **D. Thoma**, Technische Hochschule, München.

Im Maschinenbau werden oft Kessel, Rohre oder, allgemeiner gesagt, Gefäße von kreiszylindrischer Form verwendet, die eine im Verhältnis zum Durchmesser kleine Wandstärke aufweisen. Besonders bei den aus Blech hergestellten Gefäßen ist ein Verhältnis zwischen Wandstärke und Durchmesser von 1 : 200 und mehr nichts Außergewöhnliches. Die Festigkeitseigenschaften derartiger Gefäße werden vollständig beherrscht durch den Umstand, daß die Widerstandsfähigkeit der Wand gegen Biegung sehr gering ist: allen Formänderungen, die eine Zerrung der Fläche bewirken, d. h. die Länge der Linien verändern würden, die man sich auf der in der Mitte der Wandstärke verlaufenden Mittelfläche gezogen denken kann, wird ein großer Widerstand entgegengestellt; gegen eine zerrungslose Verbiegung ist eine solche Gefäßwand dagegen fast gar nicht widerstandsfähig. Auch noch bei verhältnismäßig etwas größeren Wandstärken, wie sie z. B. bei großen gußeisernen Gefäßen vorkommen, ist die Biegungssteifigkeit der Gefäßwand für die Aufnahme der Belastung vielfach nur von untergeordneter Bedeutung.

Diese Lage der Dinge wird in ganz sinnfälliger Weise durch die Eindrücke bestätigt, die wir beim Anblick eines Gefäßes der geschilderten Art empfangen. Um ein Beispiel aus meinem engeren Arbeitsbereich zu nennen, möchte ich auf die sog. Stirnkessel für große Wasserturbinen hinweisen: die Durchmesser gehen hier bis etwa 6 m, die Blechstärken bis etwa 25 mm hinauf bei einem Innendruck von einigen Atmosphären. Wenn man so ein gewaltiges Gebilde in der Werkstatt vor sich sieht, empfindet man sofort, daß die Kesselwand nur eine dünne, schwanke Haut ist im Vergleich zu den großen Kräften, die der vorn sichtbare starke Deckelflansch ahnen läßt und im Vergleich zu den großen Hebelarmen, die bei den großen Abmessungen des Ganzen für diese Kräfte in Frage kommen.

Die im folgenden zugrunde gelegte Annahme, daß die Gefäßwand absolut biegsam sei, schließt allerdings eine Anwendung der Ergebnisse

[1]) Auszug aus einem am 16. II. 1920 vor dem Ausschuß für technische Mechanik des Berliner Bezirksvereins Deutscher Ingenieure gehaltenen Vortrage.

auf diejenigen Fälle aus, in denen die Belastung ohne Inanspruchnahme der Biegungsfestigkeit überhaupt nicht aufgenommen werden kann. Die dadurch bedingte Beschränkung des Gültigkeitsbereiches der Folgerungen ist aber nicht empfindlich. Denn die Inanspruchnahme der Biegungsfestigkeit verhältnismäßig dünner Wände erzeugt stets sehr hohe Beanspruchungen, so daß man zum Zwecke vollkommener Ausnutzung des Baustoffes immer bestrebt sein sollte, die Konstruktion derart auszubilden, daß die Belastung ohne Inanspruchnahme der Biegungsfestigkeit aufgenommen werden kann. Wie man solche Konstruktionsformen findet, wird sich im Verlauf der Untersuchung von selbst ergeben.

Bevor ich mich der rechnerischen Behandlung zuwende, muß ich noch kurz auf einen Umstand eingehen, der sonst vielleicht zu Bedenken Anlaß geben würde. Wenn ein Gefäß so gebaut ist, daß es auch ohne Inanspruchnahme der Biegungsfestigkeit der Wände die Belastung aufnehmen kann und wenn auch sichergestellt ist, daß Biegungsbeanspruchungen zur Aufnahme der Belastung nichts Wesentliches beitragen können, so ist damit noch nicht gesagt, daß tatsächlich keine Biegungsspannungen auftreten. Im Gegenteil, über das aus Zug- und Druckspannungen bestehende Hauptspannungsbild, das im Wesentlichen die Belastung aufnimmt, wird sich im allgemeinen noch ein Biegungsspannungsbild überlagern, das zwar zur Aufnahme der Belastung nicht merklich beiträgt, wohl aber unter Umständen große Beanspruchungen des Baustoffes hervorruft. Auf den ersten Blick möchte es so vielleicht scheinen, daß deswegen die Vernachlässigung der Biegungssteifigkeit unzulässig sei. Das ist aber nicht der Fall, wenigstens nicht bei einem zähen Baustoff, wie z. B. Blech: die zusätzlichen Biegungsspannungen gefährden hier in Wirklichkeit die Haltbarkeit der Konstruktion in den meisten Fällen nicht. Ein Fall, bei dem die zusätzlichen Biegungsbeanspruchungen rechnerisch erfaßbar sind und beträchtliche Größe annehmen, liegt beispielsweise bei jedem aus mehreren Schüssen zusammengenieteten, durch Innendruck belasteten Rohr vor: die Rundnähte sind Stellen geringerer Nachgiebigkeit und erzeugen Einschnürungen in dem durch den Innendruck aufgeblähten Rohr; gleichwohl sind erfahrungsgemäß diese Stellen Brüchen nicht besonders ausgesetzt. Wenn an einer Stelle die Elastizitätsgrenze überschritten wird, so gibt eben der Baustoff nach, und schon ein geringes „Fließen" genügt, um die betreffende Stelle von der übermäßigen Beanspruchung zu entlasten. Es ist hier wie in so vielen anderen Fällen: die Konstruktion hält, wenn nur auf irgendeine Weise das Gleichgewicht zustande kommen kann, wenigstens sofern die dazu erforderlichen, bleibenden Formänderungen klein bleiben und der Baustoff zäh ist. Dies ist übrigens eine Tatsache, die meines Erachtens in der Festigkeitslehre allgemeiner hervorgehoben zu werden verdient, vielleicht oft auch nur absichtlich deswegen verschwiegen wird, weil eine kritiklose Anwendung der Folgerungen auf Fälle droht, bei denen ein Fließen des Baustoffes nicht zugelassen werden sollte — wie z. B. bei sehr häufig oder außerordentlich schnell wechselnder Belastung. Sieht man von solchen Ausnahmefällen ab, so darf man deswegen behaupten, daß dünnwandige Gefäße aus zähem Baustoff den Festigkeitsanforderungen genügen, wenn sie so konstruiert sind, daß die Belastungen auch bei absolut biegsam gedachter Wand mit genügender Sicherheit aufgenommen werden können

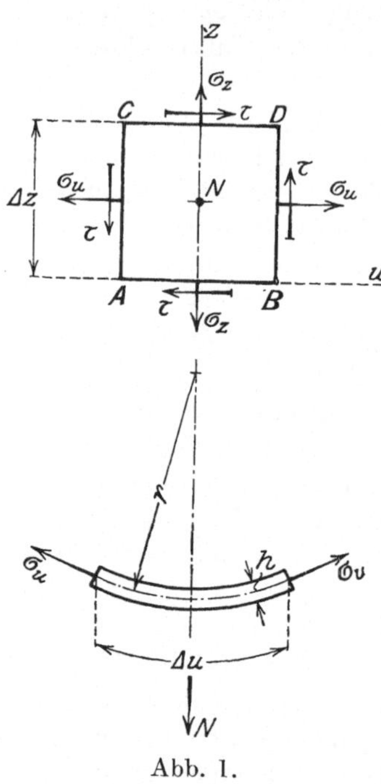

Abb. 1.

Nachdem ich die grundlegende Annahme — verschwindende Biegungssteifigkeit der Gefäßwände — begründet und gerechtfertigt habe, gehe ich zur rechnerischen Behandlung der Aufgabe über. Einen Angriffspunkt für diese gewinnt man durch die Betrachtung des Gleichgewichtes eines Elementes der Gefäßwand. In Abb. 1 ist ein solches aus der Wandung durch vier Schnitte herausgetrenntes Wandelement $ABCD$ im Aufriß und Grundriß gezeichnet. Die Ebenen, nach denen die „Seitenflächen“ A—C und B—D (Länge $= \Delta z$) geschnitten sind, gehen durch die Zylinderachse; die Ebenen, nach denen die „Stirnflächen“ A—B und C—D (Länge $= \Delta u$) geschnitten sind, stehen senkrecht auf ihr. An den Seitenflächen greifen die in der Umfangsrichtung u wirkenden Normalspannungen σ_u, an den Stirnflächen die in der Achsenrichtung z wirkenden Normalspannungen σ_z an. Da wir nicht voraussetzen, daß σ_u und σ_z Hauptspannungen sind, treten an den Schnittflächen im allgemeinen auch noch Schubspannungen auf. Wir hatten vorausgesetzt, daß keine Biegungsmomente auftreten; eine notwendige Folge davon ist bekanntlich, daß die Schubspannung in Schnittflächen, welche die Wand senkrecht durchsetzen, keine Komponente senkrecht zur Wandfläche aufweist. Die an den Seitenflächen und die an den Stirnflächen angreifenden Schubspannungen sind deswegen parallel zur Wandoberfläche gerichtet; sie sind überdies als zugeordnete Schubspannungen einander gleich und können beide mit τ bezeichnet werden.

Wenn man zunächst das Gleichgewicht gegen Verschiebungen in Richtung der auf der Fläche in der Mitte des Elementes errichteten

Normalen N betrachtet, so ist festzustellen, daß die Schubspannungen keine Kraftkomponente in dieser Richtung liefern. Unmittelbar einleuchtend ist dies allerdings nur bezüglich der an den Seitenflächen AC und BD angreifenden Schubspannungen, die senkrecht zu N stehen. Die Schubspannungen an den Stirnflächen AB und CD haben dagegen wechselnde Richtungen. Man überzeugt sich jedoch leicht, daß die Resultierende beim Grenzübergang auf unendlich kleines $\varDelta u$ und $\varDelta \varphi$ unendlich klein von höherer Ordnung als die übrigen Kräfte wird.

Im Grundriß (Abb. 1) decken sich die Stirnflächen AB und CD; in je zwei Teilen der Stirnflächen, die in gleichem Abstande von der Mittellinie liegen, haben die Schubspannungen gleiche Richtung. Bezeichnet man die Schubspannung in der Mitte der Stirnfläche AB ($u = 0$, $z = 0$) mit τ_0 und nimmt von der Taylorschen Entwicklung für τ noch ein Glied mehr hinzu als sonst üblich ist, so ergibt sich, daß die Schubspannung an irgend einer durch u gekennzeichneten Stelle von CD um den Betrag

$$\frac{\partial \tau}{\partial z}\varDelta z + u\frac{\partial^2 \tau}{\partial u\,\partial z}\varDelta z + \frac{1}{2}\frac{\partial^2 \tau}{\partial z^2}\varDelta z^2$$

größer als an der entsprechenden Stelle von AB mit gleichem u ist. Die in die Richtung von N fallende Komponente der Resultierenden ergibt sich dann zu

$$-h\int_{+\frac{\varDelta u}{2}}^{+\frac{\varDelta u}{2}}\left(\frac{\partial \tau}{\partial z}\varDelta z + u\frac{\partial^2 \tau}{\partial u\,\partial z}\varDelta z + \frac{1}{2}\frac{\partial^2 \tau}{\partial z^2}\varDelta z^2\right)\frac{u}{r}\,du = -\frac{h}{12r}\frac{\partial^2 \tau}{\partial u\,\partial z}\varDelta z\,\varDelta u^3$$

und wird somit beim Übergang zur Grenze ($\varDelta u = 0$, $\varDelta z = 0$) klein von vierter Ordnung, während die Resultierenden der anderen Kräfte nur von zweiter Ordnung klein werden.

Die Schubspannungen sind übrigens auch bei einer allgemeinen Fläche bedeutungslos für das Gleichgewicht gegen Verschiebungen in Richtung der Normalen, sofern das Flächenelement durch Hauptnormalschnitte begrenzt wird.

Die Spannungen σ_z stehen senkrecht zu N und ergeben keine Komponente in dieser Richtung. Die Spannungen σ_u liefern in der Richtung von N eine Kraftkomponente, die bis auf Größen höherer Ordnung gleich $-\frac{\varDelta u}{r}\varDelta z\,\sigma_u h$ ist, wobei h die Wandstärke und r den Zylinderradius bezeichnen. Die durch den inneren Überdruck p erzeugte, in die Richtung von N fallende Kraft ist — bis auf Größen höherer Ordnung — gleich $p\,\varDelta u\,\varDelta z$. Sieht man vom Gewicht des Wandelementes ab, so sind damit die wirkenden Kräfte erschöpft. Die Gleichgewichtsbedingung lautet also $p\,\varDelta u\,\varDelta z - \frac{\varDelta u}{r}\varDelta z\,\sigma_u h = 0$ oder:

$$\sigma_u = \frac{p\,r}{h}. \tag{1}$$

Auf den ersten Blick mag es scheinen, als sei hiermit lediglich die bekannte Formel für die bei einem zylindrischen, durch inneren

Überdruck beanspruchten Rohre in der Umfangsrichtung auftretende Spannung auf einem umständlichen Wege hergeleitet worden; es ist aber zu bedenken, daß bei der üblichen Ableitung eine große Zahl einschränkender Annahmen gemacht wird: der Innendruck muß unveränderlich (die Flüssigkeit also gewichtslos) sein. das Rohr muß sehr lang, die Wand darf nirgends mit Ausschnitten versehen sein usw. Im Gegensatz dazu wurden bei der obigen Herleitung außer der Voraussetzung, daß die Wand biegsam sei, keinerlei einschränkende Annahmen gemacht; die Beziehung (1) gilt also ganz allgemein, auch für verwickelte Belastungsfälle und für Stellen der Rohrwand in der Nähe von Ausschnitten, welche die Spannungsverteilung stören.

Die Bedingung, daß das Wandelement auch gegen Verschiebungen in der Umfangsrichtung und in der Achsenrichtung im Gleichgewicht sein muß, liefert, wenn man wieder das Gewicht des Wandelementes vernachlässigt, die Beziehungen

$$\frac{\partial \sigma_u}{\partial u} + \frac{\partial \tau}{\partial z} = 0 \tag{2}$$

und

$$\frac{\partial \sigma_z}{\partial z} + \frac{\partial \tau}{\partial u} = 0\,. \tag{3}$$

welche ganz den Gleichgewichtsbedingungen für den ebenen Spannungszustand entsprechen und leicht auf demselben Wege wie diese abgeleitet werden können.

Um nicht die Wandstärke h durch alle Formen durchschleppen zu müssen, setzt man zweckmäßig $h\,\sigma_u = s_u$, $h\,\sigma_z = s_z$ und $h\,\tau = t$. Die Größen s_u, s_z und t sollen ebenfalls als „Spannungen" bezeichnet werden: es sind die Kräfte, die auf die Längeneinheit einer entsprechenden Schnittfläche entfallen. Man erhält dann aus Gleichungen (1) bis (3) die übrigens auch für veränderliche Wandstärke gültigen Gleichungen:

$$s_u = p\,r\,, \tag{1'}$$

$$\frac{\partial s_u}{\partial u} + \frac{\partial t}{\partial z} = 0\,, \tag{2'}$$

$$\frac{\partial s_z}{\partial z} + \frac{\partial t}{\partial u} = 0\,. \tag{3'}$$

Der Umstand, daß die Spannung s_u nur von dem Innendruck an der betreffenden Stelle, nicht aber von der Belastung anderer Stellen abhängt, erteilt dem Spannungsbild ein eigentümliches Gepräge und ermöglicht zugleich die Lösung von zuerst recht verwickelt erscheinenden Aufgaben, was an einigen Beispielen gezeigt werden soll.

Wenn der Überdruck p als überall gleich angesehen werden kann, ist nach Gleichung (1′) s_u konstant, also $\frac{\partial s_u}{\partial u}$ überall gleich Null. Aus Gleichung (2′) folgt dann, daß überall auch $\frac{\partial t}{\partial z} = 0$ ist, d. h. die Schubspannung ist längs jeder Zylindererzeugenden unveränderlich; da dann auch $\frac{\partial t}{\partial u}$ längs jeder Erzeugenden unveränderlich ist, folgt aus Gleichung (3′) dasselbe für $\frac{\partial s_z}{\partial z}$; somit ist s_z längs jeder Erzeugenden linear veränderlich.

Ein Sonderfall liegt vor, wenn die zylindrische Wand nur als Tragkonstruktion verwendet wird, der Überdruck also Null ist. Als Beispiel diene eine Zylinderfläche, die am oberen Rande befestigt, am unteren Rande frei ist; ein Bereich des unteren Randes möge einer stetig verteilten Belastung in achsialer Richtung ausgesetzt sein (Abb. 2). Am ganzen unteren Rande ist dann $t = 0$; nach obigem ist dann aber auch in der ganzen Wand $t = 0$ und $\frac{\partial t}{\partial u} = 0$. Aus Gleichung (3′) folgt, daß s_z längs jeder Erzeugenden unveränderlich ist. Von der Angriffsstelle der Belastung pflanzt sich also die Spannung geradlinig, ohne sich seitlich zu verbreitern, zum oberen Rande fort; in Abb. 3, welche den abgewickelten Zylindermantel zeigt, ist der Spannungsverlauf durch gestrichelte

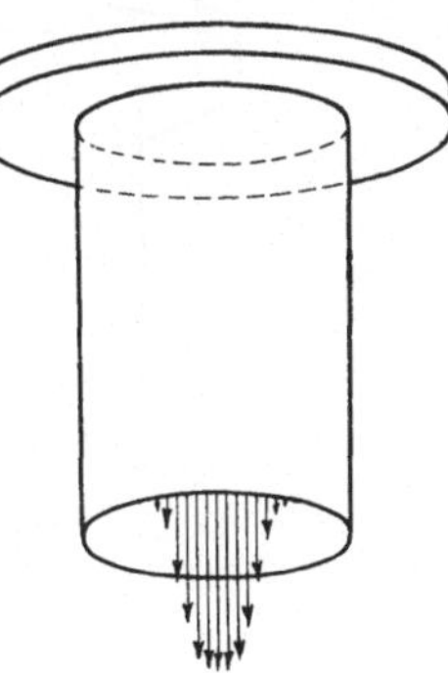

Abb. 2.

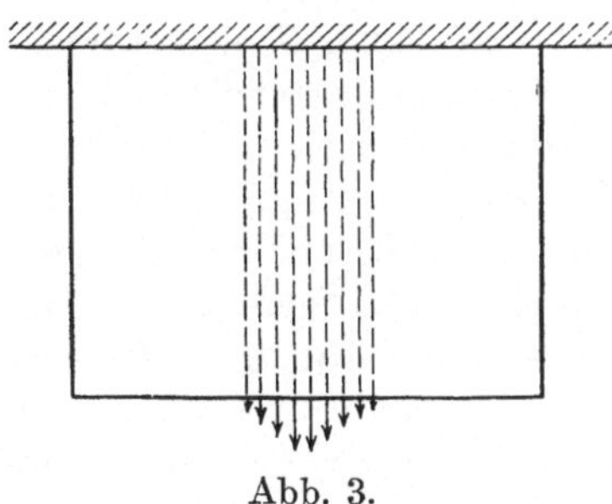

Abb. 3.

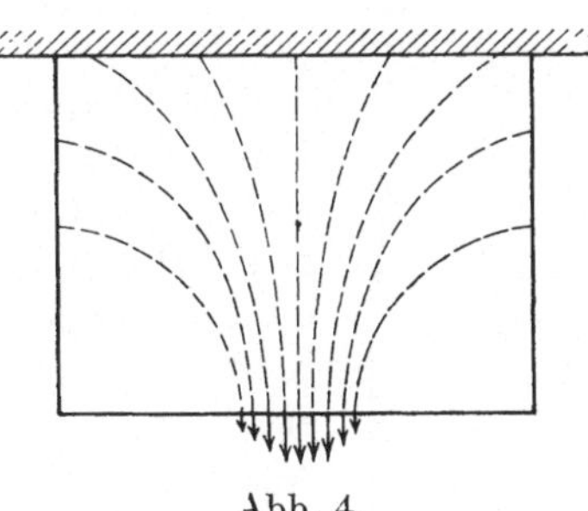

Abb. 4.

Linien angedeutet. Das über dem unbelasteten Teil des Randes liegende Gebiet bleibt ganz spannungsfrei. Alle Spannungen sind statisch bestimmt.

Dieses Ergebnis mag überraschen, da bei einer ebenen Wand, welche als zylindrische Wand mit unendlich großem Radius angesehen werden kann, die Spannung sich über die ganze Wand ausbreitet (Abb. 4). In der Tat gelten die im vorigen Absatz hergeleiteten Behauptungen nur unter gewissen einschränkenden Bedingungen. Eine nähere Untersuchung der Formänderungen der Wand zeigt nämlich, daß diese nur dann klein bleiben, wenn die Belastung des unteren Randes stetig verteilt und überdies nicht zu schnell veränderlich ist; wenn die Formänderungen groß werden, erlangt aber die geringe Biegungssteifigkeit, welche jede Wand aufweist, erheblichen Einfluß, und überdies würden auch bei einer theoretisch absolut biegsam gedachten Wand die Ergebnisse dadurch getrübt, daß sie dann nach dem Aufbringen der Belastung nicht mehr als zylindrisch angesehen werden dürfte. Als maßgebende Länge, innerhalb deren sich die Belastung des Randes nicht zu sehr verändern darf, ergibt sich die mittlere Proportionale

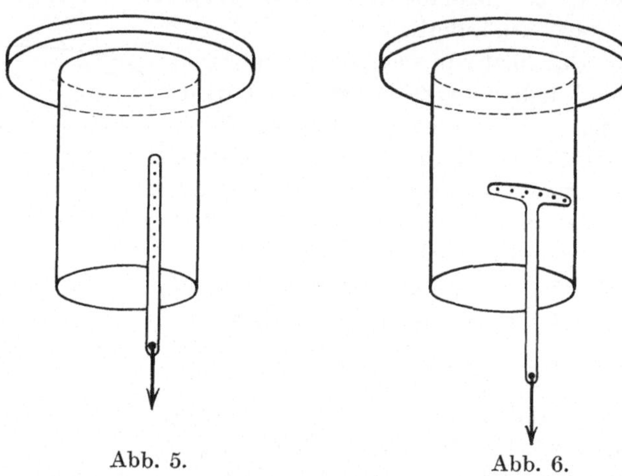

Abb. 5. Abb. 6.

zwischen Wandstärke und Zylinderradius; bei einem Zylinder mit unendlich großem Radius ist diese auch unendlich groß, die einschränkende Bedingung daher — außer natürlich bei gleichbleibender Belastung des Randes — niemals erfüllt.

Aus den obigen Darlegungen lassen sich bereits einige Konstruktionsregeln ableiten. Wenn beispielsweise an den Zylindermantel eine achsenparallele Last angehängt werden soll, ist eine Konstruktion nach Abb. 5 falsch; der über der Angriffsstelle liegende Bereich der Wandung und besonders die Verbindungsstelle mit dem Deckel sind gefährdet. Die richtige Konstruktion ergibt sich aus Abb. 6. — Ebenso erhellt ohne weiteres, daß eine zylindrische Wand zur Aufnahme einer Belastung nach Art der in Abb. 7 angedeuteten durchaus ungeeignet ist.

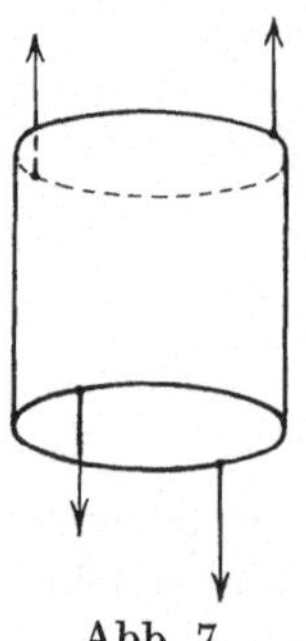

Abb. 7.

Im allgemeinen läßt sich die Spannungsverteilung in einer an einem Rande befestigten Wand für beliebige stetige Belastungen des Mantels und des freien Randes aus den Gleichungen (1′) bis (3′) durch einfache Quadraturen ermitteln. Auch bei Befestigung beider Ränder gelingt dies in vielen technisch wichtigen Fällen verhältnismäßig leicht, beispielsweise bei freitragenden, gefüllten Rohren, die durch das Gewicht der Flüssigkeit beansprucht werden. Ich habe darüber an anderer Stelle berichtet [1]).

Die gewonnene Einsicht gestattet aber nicht nur die Spannungen bei vorgegebener Konstruktion zu errechnen, sie wird darüber hinausgehend oft eine grundsätzliche Änderung der Konstruktion nahelegen. Der auf eine genaue Kenntnis der Festigkeitseigenschaften verhältnismäßig biegsamer Wände gegründete Entwurf wird gegenüber heute noch üblichen Ausführungsformen häufig eine Erhöhung des Sicherheitsgrades bei gleichzeitiger sehr bedeutender Verringerung des Baustoffaufwandes gestatten.

Ebenso wie bei der Belastung eines freien Randes gewisse einschränkende Bedingungen zu beachten sind, bestehen hinsichtlich der Belastung des Mantels gewisse Ausnahmefälle. Aus dem Gleichungen (2′) und (3′) folgt durch Elimination von t:

$$\frac{\partial^2 s_u}{\partial u^2} = \frac{\partial^2 s_z}{\partial z^2},$$

Wenn $\frac{\partial^2 s_u}{\partial u^2}$ längs einer Zylindererzeugenden unendlich groß wird, ergeben sich unendlich große Spannungen s_z, d. h. die Wandung vermag eine derartige Belastung nur unter Inanspruchnahme ihrer Biegungsfestigkeit aufzunehmen. Ein Beispiel dafür bildet ein nur teilweise mit Wasser gefülltes Rohr mit wagerechter Achse; hier ist in der Höhe des Wasserspiegels $\frac{\partial^2 p}{\partial u^2}$ und damit nach Gleichung (1) auch $\frac{\partial^2 s_u}{\partial u^2}$ unendlich groß. Wenn die Rohrachse schräg ist, konzentriert sich die Unstetigkeit von $\frac{\partial^2 s_u}{\partial u^2}$ nicht auf eine Erzeugende, alle Spannungen bleiben endlich; die Berechnung derselben ist ohne prinzipielle Schwierigkeiten möglich [2]).

Eine besondere Aufgabe entsteht, wenn die Schwächung ausgeglichen werden soll, die sich durch in die Rohrwand eingeschnittene Öffnungen ergibt, die beispielsweise zum Anschluß einer seitlich abgehenden Rohrleitung dienen sollen. Die nähere Untersuchung, auf die hier nicht eingegangen werden kann, ergibt, daß der Ausgleich durch ein längs der Durchdringungskurve der beiden Zylinder aufgenietetes Band erfolgen kann — die Bezeichnung „Band“ ist gewählt, um anzudeuten, daß dieser Konstruktionsteil nur Zugspannungen, aber keine Biegungswerte aufnehmen muß. Wenn das Hauptrohr und der Abzweig gleichen Durchmesser haben (T-Stück), läßt sich die Berechnung auch zahlenmäßig durchführen.

Schließlich sei noch der Fall besprochen, daß eine als Tragkonstruktion dienende zylindrische Fläche an dem einen Ende festgelegt, an dem anderen aber schräg oder irgendwie unregelmäßig abgeschnitten ist.

[1]) Zeitschrift für das gesamte Turbinenwesen 1920, Heft 5.

[2]) Das Ergebnis einer von mir für eine große freitragende Rohrleitung durchgeführten Rechnung ist in der Zeitschrift „Licht und Kraft“ 1922, S. 114 u. f., veröffentlicht.

Ein Teil der Fläche ist in Abb. 8 in der Abwicklung gezeichnet. In der Nähe des freien Randes ist dann notwendigerweise ein einachsiger Spannungszustand in Richtung des Randes vorhanden. Die Fläche möge irgendeiner stetig verteilten, überall senkrecht zu ihr gerichteten Belastung p ausgesetzt sein, der Rand selbst sei unbelastet. Die allgemeinen Gleichgewichtsbedingungen des ebenen Spannungszustandes liefern für die Stellen unmittelbar an dem belasteten Rande die Beziehungen

$$s_z = s_u \operatorname{tg}^2 \alpha ,$$
$$t = s_u \operatorname{tg} \alpha ,$$

Abb. 8.

wobei α der Winkel zwischen der Tangente an die Randlinie und der Zylindererzeugenden ist. Da s_u durch die Belastung p des Mantels vorgegeben ist, folgt, daß die Spannungen s_z und t bei steilem Verlauf des Randes groß, bei achsenparallelem Verlauf sogar unendlich groß werden; im letzteren Falle kann dann die Belastung nur durch Inanspruchnahme der Biegungsfestigkeit aufgenommen werden.

Dieses Rechnungsergebnis wird durch eine alltägliche Erfahrung bestätigt: Wickelt man nämlich irgendeinen Gegenstand von Hohlzylinderform in Papier ein und legt dabei das Papier so, daß der Papierrand achsenparallel verläuft (Abb. 9), so wird der Rand durch die geringsten zufälligen Beanspruchungen, z. B. einen Luftzug, sehr leicht ausgebogen, und dadurch wird das Zusammenhalten des ganzen Papieres gestört. Wickelt man dagegen das Papier so, daß der übrigbleibende Rand eine nicht zu geringe Neigung gegen die Zylindererzeugenden hat (Abb. 10), so ist das Ganze viel widerstandsfähiger.

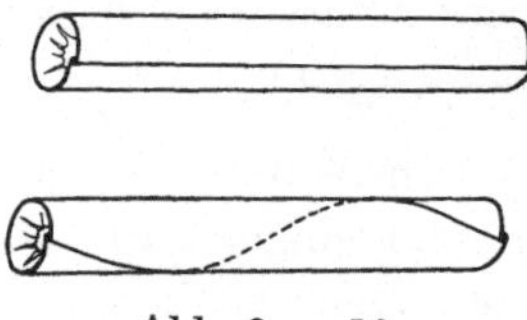
Abb. 9 u. 10.

Aber auch technische Anwendungen sind möglich. Handelt es sich beispielsweise darum, in einen Rohrkrümmer eine mittlere Führungswand aus Blech einzuspannen, wie dies bisweilen aus hydraulischen Gründen wünschenswert ist (Abb. 11), so wird die zylindrische Führungswand an der parallel zu einer Zylindererzeugenden verlaufenden Eintrittskante wenig widerstandsfähig sein, dort durch die Unregelmäßigkeit der Wasserbewegung leicht in Vibration geraten und dadurch die Haltbarkeit des Ganzen gefährden. Schneidet man dagegen die Eintrittkante so aus, wie in dem Grundriß (Abb.12) angedeutet ist, so ist sie ungleich widerstandsfähiger, da jetzt nirgends eine Formänderung ohne erhebliche Zerrung der Blechmittelfläche möglich ist.

Zum Schluß möge noch darauf hingewiesen werden, daß immer eine gewisse Vorsicht geboten ist, wenn verhältnismäßig dünne Bleche in

Druckspannung versetzt werden sollen. Eine absolut biegsame Fläche ist einer solchen Beanspruchung nicht gewachsen, sondern faltet sich zusammen. Die Sicherheit, welche gegen das Eintreten des Zusammenfaltens besteht, läßt sich auf Grund theoretischer Untersuchungen (von Timoschenko und anderen) hinreichend beurteilen, zumal neuere zu diesem Zwecke von mir veranlaßte Versuche eine gute Übereinstimmung mit jenen Theorien ergeben haben. Immerhin bleibt die Tatsache bestehen, daß man die Biegungssteifigkeit der Wand in die Rechnung einführen muß, obgleich man sie bei der Ermittlung der Spannungen vernachlässigt hat; dieses Vorgehen ist aber nichts Außergewöhnliches; ganz ähnlich liegen die Dinge bei der Berechnung der Eisenfachwerke, zu welcher das hier dargelegte Berechnungsverfahren auch in anderer Hinsicht starke Analogien aufweist. Hier wie dort geht das Bestreben dahin, Konstruktionen zu schaffen, welche die Belastungen allein durch Zug- und Druckbeanspruchung der Konstruktionsglieder — sei es der Blechwand, sei es der Fachwerkstäbe — aufzunehmen vermögen und die deswegen unvergleichlich viel widerstandsfähiger sind als Konstruktionen, bei denen die Biegungsfestigkeit herangezogen werden muß; hier wie dort vernachlässigt man zuerst die Biegungssteifigkeit — bei den Fachwerkstäben durch die Annahme, daß die Stabkräfte mit den Mittellinien der Stäbe zusammenfallen, obgleich die Stäbe an den Knotenpunkten nicht gelenkig miteinander verbunden, sondern zusammengenietet sind; hier wie dort muß man sich schließlich wieder auf die Biegungssteifigkeit verlassen — bei dem gedrückten Fachwerkstab hinsichlich der Knicksicherheit.

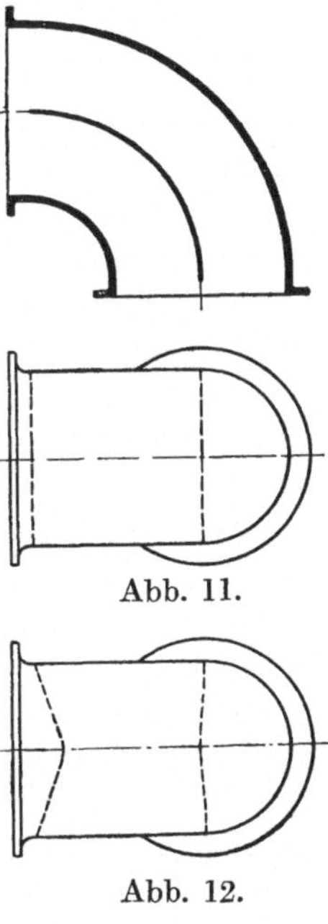

Abb. 11.

Abb. 12.

Bei den Fachwerken sind die Fehler, die durch dieses Verfahren zugelassen werden, erfahrungsgemäß in den meisten Fällen unerheblich; sie verschwinden vollends im Vergleich zu den außerordentlichen Vorteilen, welche nach diesem Verfahren entworfene Fachwerke gegen andere, ohne theoretische Einsicht und mehr oder minder willkürlich zusammengestellte Stabverbände aufweisen; ein Gleiches darf man hinsichtlich der nach dem hier dargelegten Verfahren entworfenen Konstruktionen erwarten. Die Ermittlung und gegebenenfalls Berücksichtigung der zusätzlichen Biegungsbeanspruchungen wird — ganz wie bei den Eisenfachwerken — einer späteren Verfeinerung des Verfahrens vorbehalten sein, die aber erst dann mit Erfolg in Angriff genommen werden kann, wenn die Grundlage nach allen Richtungen ausgebaut und gesichert ist.

Elastisch bestimmte und elastisch unbestimmte Systeme.

Von **Ludwig Prandtl,** Universität Göttingen.

1. In der Theorie der elastischen Systeme trifft man neben solchen Fällen, bei denen sich irgendein zusammengesetzter Belastungszustand mit völlig genügender Annäherung durch Überlagerung der einfachen Belastungszustände aufbauen läßt, aus denen er besteht, auch Fälle von solcher Art an, bei denen ein derartiges Verfahren in keiner Weise zulässig wäre. Ich bin mir völlig bewußt, mit den folgenden Ausführungen nichts grundsätzlich Neues zu bringen, denn Beispiele für die zweite Art von Fällen sind bereits vielfach behandelt, ich nenne nur das Ausnahmefachwerk, die dünne ebene Platte, den auf gleichzeitige Biegung und Knickung beanspruchten Stab. Trotzdem schien mir eine Behandlung von solchen Fällen von einem gemeinsamen Gesichtspunkt aus wünschenswert. Neu dürfte das zweite der behandelten Beispiele sein.

Ein wesentliches Merkmal der hier zu behandelnden besonderen Systeme ist, daß die zu irgendwelchen Lasten gehörigen Formänderungen und Spannungen von etwa vorhandenen Vorspannungen (Herstellungsspannungen, Wärmespannungen usw.) ganz wesentlich beeinflußt werden[1]). Formänderungs- und Spannungszustand bleiben also bei gegebenen Lasten unbestimmt, wenn man über die Vorspannungen nicht zahlenmäßige Angaben zu machen vermag. Ich schlage deshalb vor, Systeme dieser Art „elastisch unbestimmt" zu nennen, im Gegensatz zu den „elastisch bestimmten Systemen", bei denen eine etwa vorhandene Vorspannung auf die durch die Wirkung der Lasten neu hinzukommenden Spannungen einen nennenswerten Einfluß nicht hat, d. h. sich den Lastspannungen einfach überlagert. Als Beispiele für die letztere Art kann man die meisten praktisch vorkommenden statisch unbestimmten Bauwerke anführen (bei den statisch bestimmten treten keine Vorspannungen auf). Beim Zweigelenkbogen z. B. überlagern sich die durch die Lasten hervorgerufenen Spannungen denen, die durch eine Entfernungsänderung der Auflager hervorgerufen werden, vollkommen, wenigstens innerhalb der üblichen Genauigkeitsgrenzen,

[1]) Im Falle der „Knickungsbiegung" spielen die in der Richtung der Stabachse wirkenden Kräfte die Rolle der „Vorspannung".

wobei alle Formänderungswege so klein vorausgesetzt werden, daß die Kräftezerlegung am deformierten Bauwerk durch die am undeformierten ersetzt werden darf. Bei endlichen Formänderungswegen hört die Überlagerung in jedem Falle völlig auf; unsere Unterscheidung bezieht sich demnach ganz wesentlich auf die (praktisch meist allein vorkommenden) kleinen Formänderungen. — Als elastisch unbestimmtes Gegenbeispiel zum Zweigelenkbogen sei hier der gerade Balkon mit zwei unverrückbaren gelenkigen Auflagern genannt, bei dem die Durchbiegung und das Biegungsmoment unter senkrechter Last von der Längskraft abhängt, die zwischen den Auflagern je nach der Balkentemperatur vorhanden ist und die von der Durchbiegung mit beeinflußt wird.

2. Um zu einem formelmäßigen Merkmal für die elastisch bestimmten und die elastisch unbestimmten Systeme zu gelangen, betrachten wir das Verhalten der Formänderungsarbeit bzw. der mit dieser im wesentlichen identischen elastischen Energie. Diese soll hier allerdings nicht, wie in der Statik gewöhnlich, als Funktion der Kräfte, sondern als Funktion der Formänderungswege der Kraftangriffspunkte behandelt werden. (Das erstere Verfahren eignet sich nur für die elastisch bestimmten Systeme!) Das System sei frei von Reibungen und unverschieblich gelagert. Sind n unabhängig voneinander elastisch verschiebliche Kraftangriffsstellen vorhanden — die festgelagerten Stellen liefern keine Verschiebungen, die von anderen kinematisch abhängigen sind zu eliminieren —, so wird die elastische Energie eine Funktion der Wege $y_1, y_2 \ldots y_n$: $\quad H = H(y_1 \ldots y_n)$[1].

Die Änderung der elastischen Energie, wenn y_i um δy_i geändert wird, während alle anderen y fest bleiben sollen, ist nun

$$\delta H = \frac{\partial H}{\partial y_i}\,\delta y_i\,;$$

die äußere Arbeit, die dabei geleistet wird, ist aber $= P_i\,\delta y_i$, weil alle übrigen Kraftangriffsstellen in Ruhe bleiben: da die äußere Arbeit der Änderung der aufgespeicherten Energie gleich sein muß, ist also

$$\frac{\partial H}{\partial y_i} = P_i\,. \tag{1}$$

P_i erscheint hier natürlich auch als Funktion der $y_1 \ldots y_n$. Im Falle der Überlagerbarkeit (Superposition) muß es eine lineare Funktion sein.

[1]) Es empfiehlt sich, für die zwei Größen $A(P_1 \ldots P_n)$ und $H(y_1 \ldots y_n)$, die sich allerdings höchstens um eine additive Konstante unterscheiden, zwei verschiedene Buchstaben einzuführen; besonders bei Rechnungen, in denen von dem einen zum anderen System übergegangen werden soll, ist dies zweckmäßig.

Dann ist aber jedes $\frac{\partial P_i}{\partial y_k} = \frac{\partial^2 H}{\partial y_i\, \partial y_k} = \text{const}$.

Dies ist die Bedingung für elastische Bestimmtheit. Umgekehrt ist ein System elastisch unbestimmt, wenn irgendein zweiter Differentialquotient der elastischen Energie nach den Formänderungswegen sich als stark veränderlich erweist.

Genau genommen sind streng konstante $\frac{\partial^2 H}{\partial y_i\, \partial y_k}$ fast niemals vorhanden, sobald die Wege nicht unendlich klein sind, also müßte die Unterscheidung danach getroffen werden, ob die $\frac{\partial^2 H}{\partial y_i\, \partial y_k}$ alle nur schwach veränderlich oder einige auch stark veränderlich sind, wenn man den $y_1 \ldots y_n$ Werte innerhalb der zulässigen Grenzen erteilt. Daß wir hier auf ein „stark" oder „schwach" kommen, statt auf ein „ja" oder „nein", darf uns nicht wundern, da ja bei endlichen Formänderungen, wie schon erwähnt, die Grenzen beider Gebiete ineinanderfließen. Bei der Kleinheit der Formänderungen, wie sie bei den praktischen Baustoffen vorkommen, scheiden sich die beiden Gebiete aber in durchaus auffälliger Weise.

3. Zu den einfachsten Beispielen für elastisch unbestimmte Systeme gehört das Gelenkviereck mit Federn an den Gelenken, die die beiden durch das Gelenk verbundenen Glieder in einem bestimmten Winkel zueinander zu halten streben. Elastisch unbestimmt ist ein solches Gelenkviereck dann, wenn drei Gelenke nahezu in einer Geraden liegen und außerdem gewisse Größenordnungsbeziehungen bezüglich der Federstärken bestehen. Die Federn brauchen übrigens nicht gerade in der erwähnten Art angeordnet zu werden; die Anordnung nach Abb. 1 ergibt, ohne die Allgemeinheit der Lösung wesentlich zu beeinträchtigen, besonders übersichtliche Verhältnisse und sei daher den folgenden Rechnungen zugrunde gelegt.

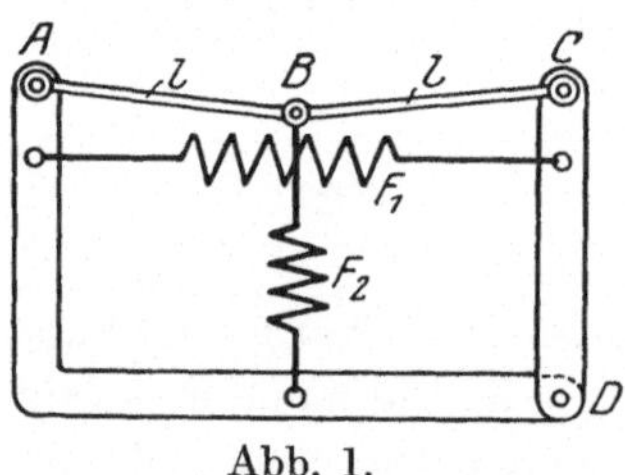

Abb. 1.

Der senkrechte Weg des Punktes B von der Durchschlagslage nach unten sei y, der wagrechte von C nach links sei x (beide also in Richtung einer Verkürzung der Federn positiv). Wird, was für kleine x genügend genau zutrifft, eine Führung des Punktes C auf der Wagrechten $\overline{AC}$ angenommen, so liefert der kinematische Zusammenhang

$$x = 2\,l - 2\sqrt{l^2 - y^2} = 2\,l\left(1 - \sqrt{1 - \left(\frac{y}{l}\right)^2}\right).$$

Wird die Wurzel binomisch entwickelt, so erhält man

$$x = \frac{y^2}{l} + \frac{1}{4}\,\frac{y^4}{l^3} + \ldots \qquad (1)$$

Die beiden Federn mögen nun, für sich allein genommen, Gleichgewichtslagen bei $x = a$ bzw. $y = b$ ergeben; die Federkräfte seien $= F_1(x-a)$ und $= F_2(y-b)$ (F_1 und F_2 = Federkonstanten); die elastische Energie ist dann, wenn die Glieder sämtlich als starr angesehen werden, einfach

$$H = \tfrac{1}{2} F_1 (x-a)^2 + \tfrac{1}{2} F_2 (y-b)^2 .$$

Wir müssen hierin noch eine der beiden kinematisch voneinander abhängigen Größen fortschaffen; wenn wir uns für lotrechte Kräfte am Punkte B interessieren, werden wir daher x mittels Gleichung (1) durch y ausdrücken und erhalten

$$H = \text{const} - F_2 b y + \frac{y^2}{2}\left(F_2 - \frac{2 F_1 a}{l}\right) + \frac{F_1 y^4}{2 l^2}\left(1 - \frac{a}{2l}\right) + \dots \quad (2)$$

und damit

$$P = \frac{\partial H}{\partial y} = F_2 (y-b) - \frac{2 F_1 a y}{l} + \frac{2 F_1 y^3}{l^2}\left(1 - \frac{a}{2l}\right) + \dots, \quad (3)$$

also

$$\frac{dP}{dy} = \frac{d^2 H}{dy^2} = F_2 - \frac{2 F_1 a}{l} + \frac{6 F_1 y^2}{l^2}\left(1 - \frac{a}{2l}\right) + \dots \quad (4)$$

Aus Gleichung (4) ist zu erkennen, daß elastische Unbestimmtheit dann vorliegt, wenn das dritte Glied gegen die Summe der beiden ersten in Betracht kommt. Dies trifft vor allem zu, wenn $F_2 - \frac{2 F_1 a}{l} = 0$ ist. In diesem Fall tritt dieselbe Wackeligkeit auf, wie man sie durch die Untersuchungen von A. Föppl beim Ausnahmefachwerk kennt; für $y = 0$ ist $\frac{\partial P}{\partial y} = 0$, und im Falle $b = 0$ ist P der dritten Potenz von y proportional.

Die elastische Unbestimmtheit tritt auch ohne genaue Einhaltung der Wackeligkeitsbedingung auf, wenn die Federkonstante F_1 sehr groß gegen F_2 und gegen $\frac{2 F_1 a}{l}$ ist, so daß das dritte Glied in Gleichung (3) und (4) bereits bei mäßigen y-Werten ins Gewicht fällt (in diesem Fall ist $\frac{a}{2l}$ im dritten Glied auch vernachlässigbar klein gegen 1!). Höhere Glieder der Reihe (3) kommen hier wegen der angenommenen Kleinheit von y/l nicht mehr in Betracht, für die zu einem gegebenen Werte von P gehörige Gleichgewichtslage y ergibt sich damit aus (3) eine Gleichung dritten Grades, die eine oder aber auch drei reelle Wurzeln hat, je nach dem Wert der Vorspannungen a und b. Am einfachsten sind die Verhältnisse für $P = -F_2 b$ (daher auch für

$P = 0$; $b = 0$). Hier ist eine Wurzel $y = 0$; die anderen lauten genähert

$$y_{2,3} = +\sqrt{al - \frac{F_2}{2F_1}l^2}\,.$$

Das Verschwinden der Wurzel führt wieder auf unsere Wackeligkeitsbedingung. Sind drei reelle Wurzeln vorhanden, dann sind die beiden äußeren stabil $\left(\frac{dP}{dy}\ \text{positiv}\right)$, die mittlere labil $\left(\frac{\partial P}{\partial y}\ \text{negativ}\right)$, wie Gleichung (4) ausweist; ist nur eine reelle Wurzel vorhanden, dann ist diese stabil.

Die Bedingung für Wackeligkeit läßt sich übrigens auch noch anders deuten. Die Kraft in der vorgespannten Feder F_1 ist in der Durchschlagslage $(y = 0) = F_1 a$; diese Kraft kann auch durch eine wagrechte Druckkraft D von gleicher Größe am Punkte C unter Fortlassung der Vorspannung der Feder ersetzt werden. Die Wackeligkeitsbedingung kann jetzt auch $D = \frac{F_2 l}{2}$ geschrieben werden. D ist der Druck, der die von der Feder F_2 herrührende Steifigkeit des Gelenkes B aufhebt, also nichts anderes als die „Knicklast", unter der kleine Durchbiegungen y in unbestimmter Größe auftreten. Daß für Überschreitung dieses kritischen Wertes von D (bzw. des entsprechenden von a) endliche, wenn auch recht beträchtliche Werte von y gefunden werden, entspricht auch dem Verhalten von genügend schlanken auf Knickung belasteten Stäben. Die Betrachtung von von Null verschiedenen Kräften P in unserem Beispiel führt zu Beziehungen, die denen bei der Knickungsbiegung völlig analog sind; eine nähere Untersuchung mag hier unterbleiben.

Setzt man beide Vorspannungen a und b gleich Null (nur a ist von elastisch unbestimmten Charakter, d. h. hat wesentlichen Einfluß auf $\frac{dP}{dy}$; b tritt in Gleichung (4) nicht auf und ist somit elastisch bestimmter Natur), so wird Gleichung (3)

$$P = F_2 y + \frac{2F_1}{l^2}y^3:$$

dies ist dieselbe Art von Zusammenhang zwischen Kraft und Durchbiegung, wie sie bei der ursprünglich spannungslosen elastischen Platte in der Theorie der Durchbiegungen von der Größenordnung der Plattendicke auftritt. Die Wirkungen von inneren Spannungen der Platten lassen sich im einfachsten Fall durch Hinzunahme eines positiven oder negativen a in unserem Beispiel veranschaulichen. Allerdings ist die Zuordnung der zu vergleichenden Größen wegen der ganz anderen geometrischen Anordnung schwer auszuführen; es soll sich hier aber auch nicht um einen Ersatz für quantitative Lösungen handeln, sondern um eine rein qualitative Veranschaulichung (die aber immerhin dazu dienen kann, für die Ordnung von Versuchsergebnissen Richtlinien zu liefern).

4. Für die besondere Aufgabe der Platte mit Vorspannung mag ein zweites Beispiel dienen, bei dem allerdings auch wieder die Vereinfachung des Mechanismus so weit getrieben wurde, als dies irgend möglich war. Das unbelastete Gebilde soll ein einfach statisch unbestimmtes Fachwerk von der in Abb. 2 gegebenen Form sein, jedoch mit Gelenken, die eine räumliche Bewegung aus der Fachwerkebene heraus gestatten. Die Gelenke am mittleren Knotenpunkt (5) sollen dabei mit Blattfedern ausgerüstet sein, die dem Eintreten einer Winkelabweichung zwischen den Richtungen der Stäbe *e* und *g* und denen der Stäbe *f* und *i* widerstreben. Weiter sollen alle Stäbe elastisch dehnbar sein, und in einem der Außenstäbe soll sich ein Spannschloß befinden, durch das übrigens die Dehnbarkeit dieses Stabes gegenüber den anderen Außenstäben der Einfachheit halber nicht geändert sein soll. Das so beschriebene Gebilde wird, wenn es außen irgendwie aufgelagert und in der Mitte senkrecht zu seiner Ebene belastet wird, durch die Wirkung der Blattfedern sich bei sehr kleinen Durchbiegungen ähnlich wie eine elastische Platte verhalten. Bei größeren Durchbiegungen wird es jedoch durch die Dehnung der radialen Stäbe (wegen ihrer schrägen Lage) und die gleichzeitige Verkürzung der Umfangsstäbe Abweichungen vom einfachen Elastizitätsgesetz von der gleichen Art wie bei den Platten zeigen. Wird durch das Spannschloß eine (positive oder negative) Vorspannung in dem Fachwerk erzeugt, so zeigen sich die Durchbiegungen durch diese in derselben Weise beeinflußt, wie man das bei dünnen Platten sehen kann, denen man durch ungleichmäßiges Hämmern (entweder vorwiegend in der Mitte oder vorwiegend am Rande) Vorspannungen beigebracht hat.

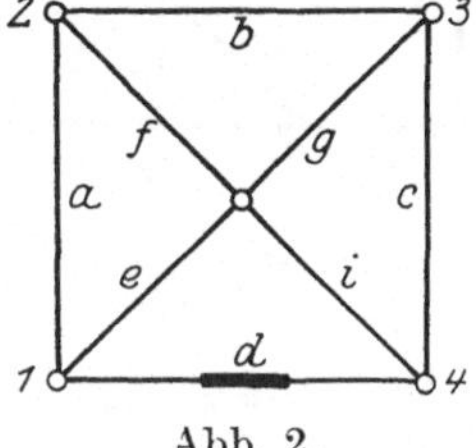

Abb. 2.

Für die Durchführung dieser Aufgabe sind zunächst die kinematischen Verhältnisse aufzuklären. Die Längenänderungen der Stäbe *a* bis *i* mögen $\Delta a \ldots \Delta i$ heißen. Die Änderungen der Projektionen der Stäbe auf die Fachwerksebene seien entsprechend $\Delta a' \ldots \Delta i'$ genannt. Um zunächst den Zusammenhang dieser letzteren zu ermitteln (die ebene Fachwerksfigur ist einfach geometrisch überbestimmt), sei ein Verschiebungsplan gezeichnet. Die Strecken $\Delta a' \ldots \Delta i'$ können dabei bis auf eine beliebig angenommen werden; der Übersichtlichkeit halber seien sie hier alle positiv angenommen. Geht man z. B. vom Knotenpunkt 5 aus und hält die Richtung des Stabes $52 = f$ fest, so erhält man eine Figur nach Abb. 3.

Statt $\Delta a'$ usw. sei dabei zur Vereinfachung a usw. geschrieben. Vergleicht man nun die Diagonalstrecken mit den Projektionen der senkrechten und wagrechten Strecken auf sie, so lassen sich aus Abb. 3 leicht die folgenden Beziehungen ablesen:

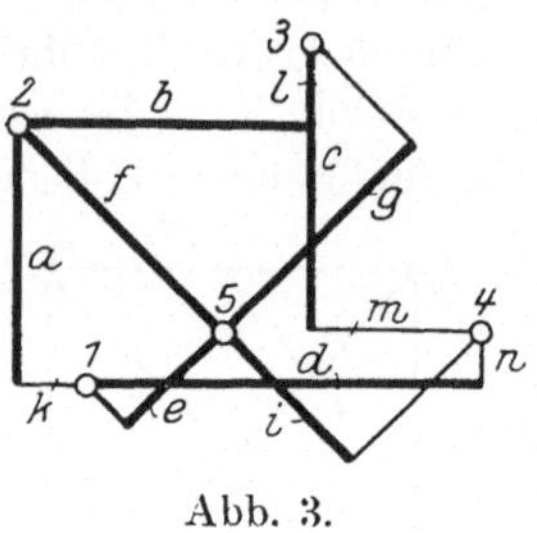

Abb. 3.

$$e + g = (a + b - k + l)/\sqrt{2},$$
$$e + g = (c + d + n - m)/\sqrt{2},$$
$$f + i = (b + c - l + m)/\sqrt{2},$$
$$f + i = (a + d + k - n)/\sqrt{2}.$$

Addiert man diese vier Gleichungen, so heben sich die Strecken k, l, m und n fort, und es ergibt sich die gesuchte Beziehung

$$e + f + g + h = (a + b + c + d)/\sqrt{2}, \quad (5)$$

wobei, wie gesagt, a usw. für $\Delta a'$ usw. steht. Der Zusammenhang von $\Delta a'$ und Δa ergibt sich nun ähnlich wie früher: es ist

$$(l + \Delta a)^2 = (l + \Delta a')^2 + (y_1 - y_2)^2$$

oder

$$2l\,\Delta a + \Delta a^2 = 2l\,\Delta a' + \Delta a'^2 + (y_1 - y_2)^2$$

oder bei kleinem $y_1 - y_2$, da jetzt der Unterschied von Δa und $\Delta a'$ klein von zweiter Ordnung ist, unter Vernachlässigung von $\Delta a^2 - \Delta a'^2$

$$\Delta a' = \Delta a - \frac{(y_1 - y_2)^2}{2l} \quad (6)$$

und entsprechend für Δb bis Δi, wobei bei den Radialstäben $l\sqrt{2}$ an Stelle von $2l$ tritt.

Weiter sind noch die statischen Verhältnisse der Stabspannungen zu klären, von denen die $\Delta a \ldots \Delta i$ durch das Elastizitätsgesetz abhängen. Da wir uns auf kleine Formänderungen beschränken wollen, genügt es, das Gleichgewicht an dem undeformierten Fachwerk an Stelle des an dem räumlichen Gebilde zu betrachten. Da an den Knotenpunkten Kräfte in der Fachwerkebene nicht angreifen, liefert der Kräfteplan sofort, daß

$$S_a = S_b = S_c = S_d$$

und

$$S_e = S_f = S_g = S_i = -S_a\sqrt{2}$$

ist.

Führt man die Abkürzungen

$$k_1 = \frac{EF_1}{l} \quad \text{und} \quad k_2 = \frac{EF_2}{l'}$$

ein (E = Elastizitätsmodul, F_1 und F_2 bzw. l und $l' = l/\sqrt{2}$ Querschnitte und Längen der Umfangsstäbe und der Radialstäbe), so wird

$S_a = k_1 \Delta a$ usw.; $S_e = k_2 \Delta e$ usw. Wegen der obigen Beziehungen über die Spannungen wird daher

$$\Delta b = \Delta c = \Delta a, \tag{7a}$$

$$\Delta e = \Delta f = \Delta g = \Delta i = -\frac{k_1}{k_2} \Delta a \sqrt{2}; \tag{7b}$$

eine Ausnahme macht der Stab mit dem Spannschloß, das um den Betrag s verlängert sei; hierfür wird

$$S_d = k_1(\Delta d - s),$$

also wegen $S_d = S_a$

$$\Delta d = \Delta a + s. \tag{7c}$$

Über die senkrechten Formänderungswege der Knotenpunkte 1—5 wollen wir, da wir nur symmetrische Belastungsfälle betrachten wollen, zur Vereinfachung der Rechnungen gleich solche Annahmen machen, daß die zu erwartende Symmetrie darin zum Ausdruck kommt. Die Bezeichnungen mögen dabei gleich so gewählt werden, wie es für die Rechnung am zweckmäßigsten ist. Wir setzen

$$y_1 = y_3 = 0; \qquad y_2 = y_4 = 2h; \qquad y_5 = h + z. \tag{8}$$

(Mit $h = 0$, $z \neq 0$ erhalten wir also lediglich in der Mitte eine Einsenkung, das Gebilde deformiert sich zu einer Pyramide; mit $z = 0$, $h \neq 0$ ergibt sich dagegen eine Gestalt, bei der die Knotenpunkte 1 und 3 um ebensoviel über dem mittleren Knotenpunkt 5 liegen, wie 2 und 4 darunter, was eine Art Sattelform ergibt.)

Führt man die Annahmen (8) in die Gleichungen (6) ein und drückt vermöge der Beziehungen (7) alle Stabdehnungen durch Δa aus, so ergibt sich aus Gleichung (5) nach kurzer Rechnung:

$$\Delta a = \frac{k_2}{k_2 + 2k_1}\left(\frac{h^2 - z^2}{l} - \frac{s}{4}\right). \tag{9}$$

Nun ist die elastische Energie zu formulieren. Die Umfangsstäbe tragen dazu $4 \cdot \frac{1}{2} k_1 \Delta a^2$ bei, die Radialstäbe $4 \cdot \frac{1}{2} k_2 \Delta e^2$ oder mit (7b) $4 \frac{k_1^2}{k_2} \Delta a^2$. Dies gibt zusammen, wenn (9) berücksichtigt wird, $K \cdot \left(\frac{h^2 - z^2}{l} - \frac{s}{4}\right)^2$, wobei K abkürzend für $\frac{2k_1k_2}{k_2 + 2k_1}$ steht. Hierzu kommt noch die Energie der Blattfedern am Knotenpunkt 5. Der Knickwinkel zwischen den Stäben e und g ist auf 1. Ordnung durch

$$\frac{y_5 - y_1}{l'} + \frac{y_5 - y_3}{l'} = \frac{2}{l'}(h + z)$$

gegeben, entsprechend ist der Winkel zwischen f und i

$$\frac{y_5 - y_2}{l'} + \frac{y_5 - y_4}{l'} = \frac{2}{l'}(h - z).$$

Die Energie der Blattfedern kann demnach

$$= \frac{F}{2}\left[(h+z)^2+(h-z)^2\right] = F(h^2+z^2)$$

geschrieben werden. Damit ist also die gesamte elastische Energie

$$H = K\left(\frac{h^2-z^2}{l} - \frac{s}{4}\right)^2 + F(h^2+z^2)\,. \tag{10}$$

Von den mannigfaltigen möglichen Belastungsfällen seien hier die folgenden untersucht:

a) Alle 4 Ecken aufgelagert, die Mitte mit P belastet. Hier ist $h = 0$ und daher $y_5 = z$, also

$$P = \frac{dH}{dz} = z\left(\frac{Ks}{l} + 2F\right) + z^3\cdot\frac{4K}{l^2}\,. \tag{11}$$

Der Bau dieser Gleichung ist völlig analog zu dem von Gleichung (3), es gilt daher alles dort Gesagte entsprechend. Verschwindet die Klammer in (11), ist also $s = -\frac{2Fl}{K}$, so tritt Wackeligkeit ein. Wird das Spannschloß noch weiter verkürzt, so ergeben sich außer der Mittellage, die jetzt labil ist, noch zwei weitere stabile Gleichgewichtslagen des unbelasteten Gebildes bei

$$z = \pm\sqrt{-\frac{sl}{4} - \frac{Fl^2}{2K}}\,. \tag{12}$$

b) 2 Ecken aufgelagert, die beiden anderen gleichstark belastet, Mitte frei. Hier sind h und z beide von Null verschieden. Bei der Ausführung der Differentiation ist zu beachten, daß h und z nicht unmittelbar die Formänderungswege sind. Die Kraft in der Mitte ist $P_5 = \frac{\partial H}{\partial y_5}$ bei festgehaltenem $y_2 = y_4$ ($y_1 = y_3$ war $= 0$). Dabei ist $y_2 = 2h$ und $y_5 = h + z$. Man muß nun entweder vor dem Differenzieren h und z durch y_2 und y_5 ausdrücken, oder man verfährt wie folgt:

Es ist $\frac{\partial H}{\partial y_5} = \frac{\partial H}{\partial h}\cdot\frac{dh}{dy_5} + \frac{\partial H}{\partial z}\cdot\frac{dz}{dy_5}$, bei $y_2 = \text{const}$. Damit ist aber wegen (8) auch $h = \text{const}$ und daher $\frac{dh}{dy_5} = 0$; weiter ist $\frac{dz}{dy_5} = 1$, also $\frac{\partial H}{\partial y_5} = \frac{\partial H}{\partial z}$. Ferner ist $P_2 + P_4 = 2P_2 = \frac{\partial H}{\partial y_2}$ bei $y_5 = \text{const}$; $h + z = \text{const}$ gibt aber $\frac{\partial z}{\partial y_2} = -\frac{dh}{dy_2}$; ferner ist $\frac{dh}{dy_2} = \frac{1}{2}$, also wird

$$2P_2 = \frac{1}{2}\left(\frac{\partial H}{\partial h} - \frac{\partial H}{\partial z}\right).$$

Soll die Kraft in der Mitte gleich Null sein, so ist also $\frac{\partial H}{\partial z} = 0$ zu setzen, d. h.

$$0 = z\left[K\left(\frac{s}{l} - \frac{4h^2}{l^2}\right) + 2F\right] + z^3\cdot\frac{4K}{l^2}\,. \tag{13}$$

d. h. entweder $z = 0$ oder

$$z = \pm\sqrt{h^2 - \frac{s\,l}{4} - \frac{F\,l^2}{2\,K}}\,. \tag{14}$$

Falls diese Wurzel reell ist, gibt es also wieder zwei stabile Lagen. Je nachdem die Spannschloßverkürzung $-s \lesseqgtr 2\,F\,l/K$ ist, wird dabei $|z| \lesseqgtr |h|$, d. h. die verbogene Form ist unsymmetrisch sattelförmig oder dachförmig oder unsymmetrisch pyramidenförmig.

Die Kraft P_2 wird wegen $\frac{\partial H}{\partial z} = 0$

$$P_2 = \frac{1}{4}\,\frac{\partial H}{\partial h} = h\left[\frac{F}{2} - K\left(\frac{s}{4\,l} + \frac{z^2}{l^2}\right)\right] + h^3\,\frac{K}{l^2}\,.$$

Je nachdem z den Wert Null oder den in (14) angegebenen Wert hat, erhält man

$$P_2 = h\left(\frac{F}{2} - \frac{K\,s}{4\,l}\right) + \frac{K\,h^3}{l^2} \tag{15a}$$

oder

$$P_2 = h\,F\,, \tag{15b}$$

also im Falle $z \neq 0$ (unsymmetrische Verbiegung) P_2 unabhängig von der Vorspannung s immer gleich dem doppelten Betrag, der durch die Blattfedern allein herauskäme (d. h. für $K = 0$, wobei z immer $= 0$ wäre).

Für genügend große s kann gemäß (15a) beim symmetrisch verbogenen Gebilde $P_2 = 0$ werden; dabei ist dann

$$h = +\sqrt{\frac{s\,l}{4} - \frac{F\,l^2}{2\,K}}\,. \tag{16}$$

Es ergibt sich also als stabile Lage des unbelasteten Gebildes gemäß (12) und (16) für $|s| < \frac{2\,F\,l}{K}$ die ebene Lage ($z = h = 0$); für negative s, d. h. Verkürzungen des Spannschlosses, die den Betrag $2\,F\,l/K$ übersteigen, ergibt sich ein Heraustreten der Mitte ($z \neq 0$, $h = 0$); für positive s, d. h. Verlängerungen des Spannschlosses, die den Betrag $2\,F\,l/K$ übersteigen, tritt die Sattelform ein ($z = 0$, $h \neq 0$). Dieses Verhalten ist in der Tat dem einer dünnen Platte analog, die durch Hämmern in Vorspannung versetzt ist. Sie wölbt sich in der Mitte vor, wenn die inneren Teile durch Hämmern hinreichend gestreckt sind; sie wölbt sich sattelförmig, wenn die Randpartien gestreckt sind. Die ebene Lage ist dann in beiden Fällen labil. Unser Modell liefert demnach wirklich die hauptsächlichsten Erscheinungen bei ebenen Platten mit und ohne Vorspannung in qualitativ richtiger Weise; dabei ist der Mechanismus der Erscheinungen hier sehr durchsichtig. Es dürfte sich daher empfehlen, das Modell zu Vorführungszwecken im Unterricht praktisch auszuführen.

Über ein einfaches Näherungsverfahren zur Bestimmung des Spannungszustandes in rechteckig begrenzten Scheiben, auf deren Umfang nur Normalspannungen wirken.

Von **Heinrich Hencky**, Technische Hochschule in Delft.

Obgleich wir in der Airyschen Spannungsfunktion ein wertvolles Hilfsmittel zur Bestimmung ebener Spannungs- und Verzerrungszustände haben, bringt es die Eigenart der Randbedingungen, welche praktischen Wert haben, mit sich, daß selbst bei bekannter Spannungsfunktion[1]) eine brauchbare und vor allem rechnerisch bequem durchführbare Lösung des Spannungsproblems sehr schwer zu ermitteln ist.

Die Näherungsmethode, welche wir im folgenden entwickeln wollen, führt das Spannungsproblem an einer rechteckig begrenzten, normal zu den Rändern beanspruchten Scheibe zurück auf die Berechnung einer an gerade aufliegenden Rändern eingespannten Platte mit gegebener Auflast.

Für dieses letztere Problem stehen uns zwei gleichwertige und mit ganz elementaren Mitteln durchführbare Methoden zur Verfügung, so daß die Zurückführung auf das Problem der eingespannten Platte tatsächlich wesentliche Vorteile mit sich bringt.

I. Die Spannungsfunktion und das Problem der gebogenen Platte.

Sowohl der ebene Verzerrungszustand, der als Grenzfall eines rotationssymmetrischen Spannungszustandes betrachtet werden kann, wie auch der ebene Spannungszustand einer Scheibe, wobei wir unter Spannung in diesem Fall die mittlere Spannung über die Scheibendicke verstehen, kann durch eine Spannungsfunktion dargestellt werden.

Ist F diese Funktion, so sind die Gleichgewichtsbedingungen erfüllt, wenn

$$\sigma_x = \frac{\partial^2 F}{\partial y^2}; \qquad \sigma_y = \frac{\partial^2 F}{\partial x^2}; \qquad \tau = -\frac{\partial^2 F}{\partial x \, \partial y}. \tag{1}$$

---

[1]) Literaturangaben finden sich in der Enzyklopädie der math. Wissenschaften Bd. IV, 4. Teilband, Tedone-Timpe, O.: S. 161, und Grüning, M.: S. 462; vergleiche auch hinsichtlich Näherungsmethoden Föppl, A. u. L.: „Drang und Zwang" Bd. I, S. 321—328.

Die elastischen Eigenschaften in Form des Hookeschen Gesetzes liefern eine weitere Gleichung durch die Forderung, daß die Dilatation eine harmonische Funktion sein muß, d. h. in den Spannungen ausgedrückt

$$\left(\frac{\partial^2}{\partial x^2} + \frac{\partial^2}{\partial y^2}\right)(\sigma_x + \sigma_y) = 0\,,$$

und mit Gleichung (1) hieraus

$$\frac{\partial^2 F}{\partial x^4} + 2\,\frac{\partial^4 F}{\partial x^2\,\partial y^2} + \frac{\partial^4 F}{\partial y^4} = 0\,. \tag{2}$$

Ist am Rande der Scheibe $\tau = 0$, so wird $\frac{\partial^2 F}{\partial x\,\partial y} = 0$, d. h. die Verwindung verschwindet am Plattenrande und es muß bei einer rechteckigen Scheibe

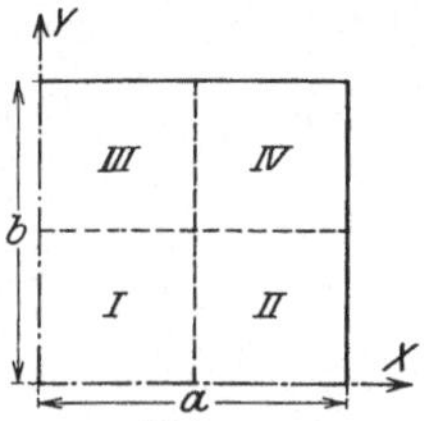

$$\frac{\partial F}{\partial x} \quad \text{konstant sein für} \quad x = +a\,,$$

$$\frac{\partial F}{\partial y} \quad \text{konstant sein für} \quad y = +b\,,$$

wenn wir uns der Einfachheit halber auf die symmetrischen Fälle beschränken.

Abb. 1.

Die unbekannte Funktion F zerlegen wir nun in zwei Bestandteile

$$F_0 \quad \text{und} \quad F_1\,, \qquad F = F_0 + F_1\,,$$

welche einzeln für sich der Differentialgleichung (2) nicht genügen.

Wir fordern aber, daß F_0 für sich alle Randbedingungen befriedigt, und ebenso, daß auch die Kombination $F = F_0 + F_1$ alle Randbedingungen befriedigt.

Hat z. B. F_0 die gegebenen Randspannungen

$$\sigma_y = \varphi(x) \quad \text{und} \quad \sigma_x = \psi(y)$$

zur Folge, so muß demgemäß F_1 die Randspannungen 0 ergeben.

Also wegen $\frac{\partial^2 F}{\partial x\,\partial y} = 0$

$$\frac{\partial^2 F_1}{\partial x^2} = 0\,, \quad \frac{\partial F_1}{\partial y} = \text{Const} \quad \text{für} \quad y = +b\,,$$

$$\frac{\partial^2 F_1}{\partial y^2} = 0\,, \quad \frac{\partial F_1}{\partial x} = \text{Const} \quad \text{für} \quad x = \pm a\,.$$

Wegen des stetigen Übergangs in den Ecken ist das nur möglich, wenn

$$\frac{\partial F_1}{\partial y} = 0 \quad \text{für} \quad y = \pm b \quad \text{und} \quad \frac{\partial F_1}{\partial x} = 0 \quad \text{für} \quad x = \pm a\,.$$

F_1 kann also als Ordinate einer eingespannten Platte, vorläufig wenigstens den Randbedingungen nach, betrachtet werden. Diese Plattenanalogie läßt sich noch weiter durchführen, wenn wir die Funktion F_0 einmal gewählt haben. Es muß nämlich dann sein

$$\frac{\partial^4(F_0+F_1)}{\partial x^4}+2\frac{\partial^4(F_0+F_1)}{\partial x^2\,\partial y^2}+\frac{\partial^4(F_0+F_1)}{\partial y^4}=0$$

oder

$$\frac{\partial^4 F_1}{\partial x^4}+2\frac{\partial^4 F_1}{\partial x^2\,\partial y^2}+\frac{\partial^4 F_1}{\partial y^4}=-\left\{\frac{\partial^4 F_0}{\partial x^4}+2\frac{\partial^4 F_0}{\partial x^2\,\partial y^2}+\frac{\partial^4 F_0}{\partial y_4}\right\}. \tag{3}$$

Führen wir noch die Koordinatentransformation aus:

$$\xi=\frac{x}{a},\qquad \eta=\frac{y}{b},\qquad \nu=\frac{b^2}{a^2}, \tag{3a}$$

wobei a und b die halben Rechteckseiten, so können wir die Differentialgleichung (3) einfacher schreiben

$$\nu^2\frac{\partial^4 F_1}{\partial \xi^4}+2\nu\frac{\partial^4 F_1}{\delta\xi^2\,\partial\eta^2}+\frac{\partial^4 F_1}{\partial\eta^4}=-\left\{\nu^2\frac{\partial^4 F_0}{\partial\xi^4}+2\nu\frac{\partial^4 F_0}{\partial\xi\,\partial\eta^2}+\frac{\partial^4 F_0}{\partial\eta^4}\right\} \tag{3b}$$

und die rechte Seite als Plattenbelastung betrachten.

II. Methoden zur angenäherten Lösung der Plattengleichung.

1. Die Methode von Galerkin[1]).

Zur Abkürzung der Operation

$$\nu^2\frac{\partial^4}{\partial\xi^4}+2\nu\frac{\partial^4}{\partial\xi^2\,\partial\eta^2}+\frac{\partial^4}{\partial\eta^4}$$

setzen wir das Zeichen $\nabla\nabla$, dann wird Gleichung (3b)

$$\nabla\nabla F_1=-\nabla\nabla F_0\ldots \tag{3c}$$

Als Näherungslösung setzen wir unter Beschränkung auf 4 Glieder

$$F_1=f_{11}\varphi_{11}+f_{22}\varphi_{22}+f_{12}\varphi_{12}+f_{21}\varphi_{21}, \tag{4}$$

wobei $f_{11}, f_{22}, f_{12}, f_{21}$ konstante Werte und $\varphi_{11}, \varphi_{22}, \varphi_{12}, \varphi_{21}$ irgendwelche Funktionen, welche einzeln die Randbedingungen einer eingespannten Platte befriedigen.

Die Durchbiegung bei $f_{11}=1$, $f_{22}=f_{12}=f_{21}=0$, die wir virtuelle Durchbiegung nennen wollen, bringt eine virtuelle Arbeit mit sich, die wir auf zwei Arten ausdrücken können. Durch Gleichsetzen dieser beiden Ausdrücke erhalten wir eine Bedingungsgleichung für f_{11}. Da man für jede Konstante eine Bedingungsgleichung erhält, entspricht die Zahl

[1]) Galerkin, B. G.: Reihenentwicklungen für Gleichgewichtsprobleme an Platten und Balken. Wjestnik Ingenerow Petrograd 1915, Nr. 19 (in russischer Sprache).

der Gleichungen der Anzahl der Unbekannten. In Formeln

$$\left.\begin{aligned}
\int_0^1\!\!\int_0^1 (\nabla\nabla F_1)\varphi_{11}\,d\xi\,d\eta &= -\int_0^1\!\!\int_0^1 (\nabla\nabla F_0)\varphi_{11}\,d\xi\,d\eta\,,\\
\int_0^1\!\!\int_0^1 (\nabla\nabla F_1)\varphi_{22}\,d\xi\,d\eta &= -\int_0^1\!\!\int_0^1 (\nabla\nabla F_0)\varphi_{22}\,d\xi\,d\eta\,,\\
\int_0^1\!\!\int_0^1 (\nabla\nabla F_1)\varphi_{12}\,d\xi\,d\eta &= -\int_0^1\!\!\int_0^1 (\nabla\nabla F_0)\varphi_{12}\,d\xi\,d\eta\,,\\
\int_0^1\!\!\int_0^1 (\nabla\nabla F_1)\varphi_{21}\,d\xi\,d\eta &= -\int_0^1\!\!\int_0^1 (\nabla\nabla F_0)\varphi_{21}\,d\xi\,d\eta\,.
\end{aligned}\right\} \tag{5}$$

F_0 ist hier als gegeben anzusehen und für F_1 ist der Ausdruck Gleichung (4) einzusetzen.

Wie Galerkin an zahlreichen Beispielen belasteter Platten und Balken durch Vergleich mit den bekannten Ergebnissen der strengen Lösungen in der zitierten Abhandlung gezeigt hat, kann diese Methode in jeder Beziehung an Genauigkeit dem Ritzschen Verfahren gleichgestellt werden, erfordert aber keine so unübersichtlichen Rechnungen wie dieses letztere. Mathematisch ist das Verfahren von Galerkin natürlich nichts anderes als eine Ausdehnung des Verfahrens bei Fourierschen Entwicklungen auf beliebige Funktionenfolgen. Es eignet sich besonders dann, wenn die Lasten konzentriert in Linien und Punkten auftreten, sowie dann, wenn die Funktionen φ_{11}, $\varphi_{22}\,\ldots$ trigonometrische Funktionen sind, weil dann die Integrationen weniger Rechenarbeit erfordern.

2. Die Methode von C. B. Biezeno und I. I. Koch[1]).

Das Verfahren von Biezeno und Koch ist noch einfacher als das eben geschilderte, ist oft bei Verwendung rationaler Funktionen φ_{11}, φ_{22} usw. zweckmäßiger und eignet sich besonders für nichtkonzentrierte, wenn auch nicht gleichmäßig verteilte Belastungen.

Bei diesem Verfahren teilt man die Platte oder den Quadranten in 1 bzw. 4, 9, 16 gleiche Rechtecke. Man verzichtet nun auf die Gültigkeit der Gleichung (3b) in unendlich kleinen und begnügt sich mit der Forderung, daß für jedes Rechteck

$$\int_{\alpha_1}^{\alpha_2}\!\!\int_{\beta_1}^{\beta_2} (\nabla\nabla F_1)\,d\xi\,d\eta = -\int_{\alpha_1}^{\alpha_2}\!\!\int_{\beta_1}^{\beta_2} (\nabla\nabla F_0)\,d\xi\,d\eta\,. \tag{6}$$

Unter Benutzung des Näherungsansatzes Gleichung (4) hat man den Quadranten in 4 Teile einzuteilen und erhält 4 Bedingungsgleichungen

[1]) In der holländischen Wochenschrift „De Ingenieur" vom 13. Jan. 1923, Nr. 2, S. 25—26.

nach Gleichung (6). Auch diese Methode, verglichen mit den Ergebnissen der strengen Lösungen, steht den bisher bekannten Verfahren in keiner Weise nach, wie C. B. Biezeno und Koch in der zitierten Abhandlung an dem Beispiel einer freigelagerten, einer eingespannten und einer nach Art der Pilzdecke gelagerten Platte gezeigt haben. Seine Berechtigung läßt sich nach dem Äquivalenzprinzip von St. Venant auch theoretisch gut begründen.

Da wir von diesem Verfahren zur Lösung eines speziellen Falles Gebrauch machen wollen, seien die Formeln etwas ausführlicher angeschrieben. Wir setzen

$$\left.\begin{aligned} \varphi_{11} &= (1-\xi^2)^2(1-\eta^2)^2, & \varphi_{22} &= \xi^2\eta^2(1-\xi^2)^2(1-\eta^2)^2, \\ \varphi_{12} &= (1-\xi^2)^2\eta^2(1-\eta^2)^2, & \varphi_{21} &= \xi^2(1-\xi^2)^2(1-\eta^2)^2. \end{aligned}\right\} \quad (7)$$

Die Gleichungen (6) liefern, ausführlich angeschrieben, wobei wir mit römischen Ziffern das Rechteck bezeichnen wollen, über welches sich die Integration erstreckt, und mit $d\mu = d\xi\, d\eta$ das Flächenelement:

$$\left.\begin{aligned} & f_{11}\int_I \nabla\nabla\varphi_{11}\,d\mu + f_{22}\int_I \nabla\nabla\varphi_{22}\,d\mu + f_{12}\int_I \nabla\nabla\varphi_{12}\,d\mu + f_{21}\int_I \nabla\nabla\varphi_{21}\,d\mu \\ & \qquad = -\int_I \nabla\nabla F_0\,d\mu, \\ & f_{11}\int_{II} \nabla\nabla\varphi_{11}\,d\mu + f_{22}\int_{II} \nabla\nabla\varphi_{22}\,d\mu + f_{12}\int_{II} \nabla\nabla\varphi_{12}\,d\mu + f_{21}\int_{II} \nabla\nabla\varphi_{21}\,d\mu \\ & \qquad = -\int_{II} \nabla\nabla F_0\,d\mu, \\ & f_{11}\int_{III} \nabla\nabla\varphi_{11}\,d\mu + f_{22}\int_{III} \nabla\nabla\varphi_{22}\,d\mu + f_{12}\int_{III} \nabla\nabla\varphi_{12}\,d\mu + f_{21}\int_{III} \nabla\nabla\varphi_{21}\,d\mu \\ & \qquad = -\int_{III} \nabla\nabla F_0\,d\mu, \\ & f_{11}\int_{IV} \nabla\nabla\varphi_{11}\,d\mu + f_{22}\int_{IV} \nabla\nabla\varphi_{22}\,d\mu + f_{12}\int_{IV} \nabla\nabla\varphi_{12}\,d\mu + f_{21}\int_{IV} \nabla\nabla\varphi_{21}\,d\mu \\ & \qquad = -\int_{IV} \nabla\nabla F_0\,d\mu. \end{aligned}\right\} \quad (8)$$

Ist das Problem unsymmetrisch, so kann man die Randbedingungen in einem symmetrischen und einem antisymmetrischen Teil zerlegen und diese Fälle besonders behandeln.

Das Gleichungssystem (8) ist von Biezeno und Koch für alle Werte von ν berechnet worden. Für die quadratische Platte lautet das System ($\nu = 1$)

$$\left.\begin{aligned}
+14.65\,f_{11} - 0.475\,f_{22} - 4.00535\,f_{12} - 4.00535\,f_{21} &= -\int_{I} \nabla\nabla F_0\,d\mu\,,\\
+\ 1.9\,f_{11} + 1.9697\,f_{22} - 0.06785\,f_{12} + 35{,}36965\,f_{21} &= -\int_{II} \nabla\nabla F_0\,d\mu\,,\\
+\ 1.9\,f_{11} + 1.9697\,f_{22} + 35.36965\,f_{12} - 0{,}06785\,f_{21} &= -\int_{III} \nabla\nabla F_0\,d\mu\,.\\
+\ 7{,}15\,f_{11} + 7.507\,f_{22} + 8{,}93215\,f_{12} + 8{,}93215\,f_{21} &= -\int_{IV} \nabla\nabla F_0\,d\mu\,.
\end{aligned}\right\} \qquad (9)$$

III. Anwendung der letzteren Methode auf den Fall einer quadratischen Scheibe, welche durch zwei Einzellasten zusammengepreßt wird (Abb. 2).

Wir entfernen zunächst die Dimensionsgrößen, indem wir die mittlere Spannung $\sigma_0 = \frac{P}{2a}$ einführen.

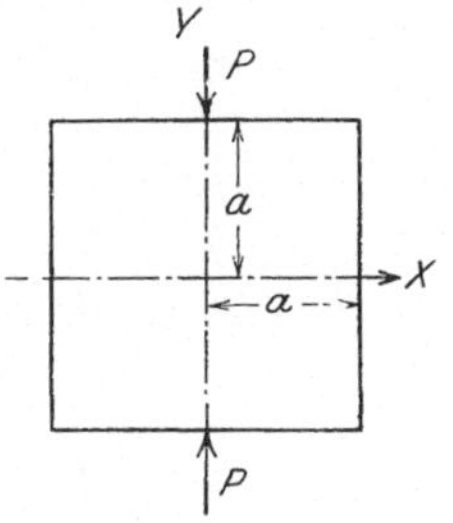

Dann wird mit $F_0 = \varphi_0\,\sigma_0$ und $F_1 = \varphi_1\,\sigma_0$

$$\sigma_x = \sigma_0 \frac{\partial^2 \varphi}{\partial \eta^2}\,, \qquad \sigma_y = \sigma_0 \frac{\partial^2 \varphi}{\partial \xi^2}\,, \qquad \tau = -\sigma_0 \frac{\partial^2 \varphi}{\partial \xi\,\partial \eta}\,.$$

$$\varphi = \varphi_0 + \varphi_1\,.$$

Für φ_0 wählen wir die folgende Form, von der wir nachweisen können, daß sie allen Randbedingungen der gestellten Aufgabe genügt:

Abb. 2.

$$\varphi_0 = \frac{1}{\psi}\left\{1 - \sqrt{1 - \psi(1 - \xi^2)}\right\}, \tag{10a}$$

$$\psi = 1 - \tfrac{1}{2}(1 - \eta^2)^4\,. \tag{10b}$$

Die vierte Potenz ist nötig, damit auch für $\xi = 0$ und $\eta = \pm 1$ $\frac{\partial \varphi_0}{\partial \eta}$ verschwindet.

Zum Zweck der Abkürzung setzen wir noch

$$w = 1 - \psi(1 - \xi^2)\,. \tag{10c}$$

Für $\eta = +1$ wird rechts $\varphi_0 = 1 - \xi$, also $\frac{\partial \varphi_0}{\partial \xi} = -1$,

links $\varphi_0 = 1 + \xi$, also $\frac{\partial \varphi_0}{\partial \xi} = +1$.

An den Stellen $\xi = 0$, $\eta = \pm 1$ haben wir also eine Unstetigkeit im ersten Differentialquotienten, es muß an diesen Punkten gelten

$$\int\limits_{\text{links von } \xi=0}^{\text{rechts von } \xi=0} \sigma_y\,dx = \frac{P}{2a}\int \frac{\partial^2 \varphi_0}{\partial \xi^2}\,dx = \frac{P}{2}\left\{\left(\frac{\partial \varphi_0}{\partial \xi}\right)_{\substack{\text{rechts von}\\ \xi=0}} - \left(\frac{\partial \varphi}{\partial \xi}\right)_{\substack{\text{links von}\\ \xi=0}}\right\} = -P\,.$$

Für die Differentialquotienten der Funktion φ_0 bekommen wir, wenn wir noch zur Abkürzung von den folgenden Formeln Gebrauch machen wollen:

$$\left.\begin{aligned} \frac{\partial \psi}{\partial \eta} &= +4\,\eta(1-\eta^2)^3, \\ \frac{\partial^2 \psi}{\partial \eta^2} &= +4\,\eta(1-7\,\eta^2)(1-\eta^2)^2, \\ \frac{\partial^3 \psi}{\partial \eta^3} &= -24\,\eta(3-7\,\eta^2)(1-\eta^2). \end{aligned}\right\} \tag{11a}$$

$$\left.\begin{aligned} &\frac{\partial \ln \psi}{\partial \eta} = \frac{1}{\psi}\frac{\partial \psi}{\partial \eta}, \qquad \frac{\partial^2 \ln \psi}{\partial \eta^2} = \frac{1}{\psi}\frac{\partial^2 \psi}{\partial \eta^2} - \frac{1}{\psi^2}\left(\frac{\partial \psi}{\partial \eta}\right)^2, \\ &\frac{\partial^3 \ln \psi}{\partial \eta^3} = \frac{1}{\psi}\frac{\partial^3 \psi}{\partial \eta^3} - \frac{3}{\psi^2}\frac{\partial^2 \psi}{\partial \eta^2}\frac{\partial \psi}{\partial \eta} + \frac{2}{\psi^3}\left(\frac{\partial \psi}{\partial \eta}\right)^3. \end{aligned}\right\} \tag{11b}$$

Die ersten Differentialquotienten werden

$$\left.\begin{aligned} &\frac{\partial \varphi_0}{\partial \xi} = -\xi w^{-\frac{1}{2}} \quad \text{für} \quad \underset{\eta \text{ beliebig}}{\xi = +1}, \quad \frac{\partial \varphi_0}{\partial \xi} = +1, \\ &\frac{\partial \varphi_0}{\partial \eta} = \frac{\partial \ln \psi}{\partial \eta}\left\{\frac{1}{2}(1-\xi^2) w^{-\frac{1}{2}} - \varphi_0\right\} \quad \text{für} \quad \underset{\xi \text{ beliebig}}{\eta = +1}, \quad \frac{\partial \varphi_0}{\partial \eta} = 0. \end{aligned}\right\} \tag{12a}$$

Für die zweiten Differentialquotienten ergibt sich

$$\left.\begin{aligned} \frac{\partial^2 \varphi_0}{\partial \xi^2} &= (1-\psi) w^{-\frac{3}{2}}, \\ \frac{\partial^2 \varphi_0}{\partial \eta^2} &= \frac{\partial^2 \ln \psi}{\partial \eta^2}\left\{\frac{1}{2}(1-\xi^2) w^{-\frac{1}{2}} - \varphi_0\right\} \\ &\quad + \frac{\partial \ln \psi}{\partial \eta}\left\{\frac{1}{4}(1-\xi^2)^2 w^{-\frac{3}{2}} \frac{\partial \psi}{\partial \eta} - \frac{\partial \varphi_0}{\partial \eta}\right\}, \\ \frac{\partial^2 \varphi_0}{\partial \xi \partial \eta} &= -\frac{\partial \psi}{\partial \eta} \cdot \xi \cdot \frac{1}{2}(1-\xi^2) w^{-\frac{3}{2}}, \end{aligned}\right\} \tag{12b}$$

ebenso für die dritten

$$\left.\begin{aligned} \frac{\partial^3 \varphi_0}{\partial \xi^3} &= +3\,\psi(1-\psi)\,\xi\, w^{-\frac{5}{2}}, \\ \frac{\partial^3 \varphi_0}{\partial \eta^3} &= \frac{\partial^3 \ln \psi}{\partial \eta^3}\left\{\frac{1}{2}(1-\xi^2) w^{-\frac{1}{2}} - \varphi_0\right\} \\ &\quad + 2\,\frac{\partial^2 \ln \psi}{\partial \eta^2}\left\{\frac{1}{4}(1-\xi^2)^2 w^{-\frac{3}{2}} \frac{\partial \psi}{\partial \eta} - \frac{\partial \varphi_0}{\partial \eta}\right\} \\ &\quad + \frac{\partial \ln \psi}{\partial \eta}\left\{\frac{3}{8}(1-\xi^2)^3 w^{-\frac{5}{2}}\left(\frac{\partial \psi}{\partial \eta}\right)^2 - \frac{\partial^2 \varphi_0}{\partial \eta^2}\right. \\ &\quad \left. + \frac{1}{4}(1-\xi^2)^2 w^{-\frac{3}{2}} \frac{\partial^2 \psi}{\partial \eta^2}\right\}, \\ \frac{\partial^3 \varphi_0}{\partial \xi^2 \partial \eta} &= \frac{\partial \psi}{\partial \eta}\left\{w^{-\frac{3}{2}} - \frac{3}{2}(1-\psi)(1-\xi^2) w^{-\frac{5}{2}}\right\}. \end{aligned}\right\} \tag{12c}$$

Wir können nunmehr dazu übergehen, die Integrale auf der rechten Seite der Gleichungen (9) zu berechnen.

Ein besonderer Vorzug der Methode von **Biezeno** und **Koch** ist es, daß sie erlaubt, das Integral sofort in ein einfaches Integral umzuwandeln.

Es wird

$$\left.\begin{aligned}\int\limits_{\alpha_1}^{\alpha_2}\int\limits_{\beta_1}^{\beta_2} \Gamma\Gamma\,\varphi_0\,d\xi\,d\eta &= \int\limits_{\eta=\beta_1}^{\eta=\beta_2} d\eta\left\{\left(\frac{\partial^3\varphi_0}{\partial\xi^3}\right)_{\xi=\alpha_2} - \left(\frac{\partial^3\varphi_0}{\partial\xi^3}\right)_{\xi=\alpha_1}\right\}\\ &+ 2\int\limits_{\xi=\alpha_1}^{\xi=\alpha_2} d\xi\left\{\left(\frac{\partial^3\varphi_0}{\partial\xi^2\,\partial\eta}\right)_{\eta=\beta_2} - \left(\frac{\partial^3\varphi_0}{\partial\xi^2\,\partial\eta}\right)_{\eta=\beta_1}\right\}\\ &+ \int\limits_{\xi=\alpha_1}^{\xi=\alpha_2} d\xi\left\{\left(\frac{\partial^3\varphi_0}{\partial\eta^3}\right)_{\eta=\beta_2} - \left(\frac{\partial^3\varphi_0}{\partial\eta^3}\right)_{\eta=\beta_1}\right\}.\end{aligned}\right\} \quad (13)$$

Bei der Berechnung dieses Integrals verlangt aber der Punkt $\xi = 0$, $\eta = +1$ eine besondere Behandlung. Dieser Punkt liegt in dem in Abb. 1 mit *III* bezeichneten Integrationsgebiet. Die Integrale über *I*, *II* und *IV* können ohne weiteres gebildet werden.

Das Integral über *III* bilden wir zunächst von

$$\xi = \varepsilon_1 \quad \text{bis} \quad \xi = \tfrac{1}{2}\,,$$
$$\eta = \tfrac{1}{2} \quad \text{bis} \quad \eta = 1 - \varepsilon_2\,,$$

wobei ε_1 und ε_2 sehr kleine, aber doch zunächst endliche Zahlen.

Wir haben in dem Intervall *III*

$$\left.\begin{aligned}J(\varepsilon_1, \varepsilon_2) &= \int\limits_{\varepsilon_1}^{\frac{1}{2}}\int\limits_{\frac{1}{2}}^{1-\varepsilon_2} \Gamma\Gamma\,\varphi_0\,d\xi\,d\eta = \int\limits_{\frac{1}{2}}^{1-\varepsilon_2}\left(\frac{\partial^3\varphi_0}{\partial\xi^3}\right)_{\xi=\frac{1}{2}} d\eta - 2\int\limits_{\varepsilon_1}^{\frac{1}{2}}\left(\frac{\partial^3\varphi_0}{\partial\xi^2\,\partial\eta}\right)_{\eta=\frac{1}{2}} d\xi\\ &- \int\limits_{\varepsilon_1}^{\frac{1}{2}}\left(\frac{\partial^3\varphi_0}{\partial\eta^3}\right)_{\eta=\frac{1}{2}} d\xi - J_1 + 2J_2 + J_3\,,\end{aligned}\right\} \quad (14)$$

wobei

$$J_1 = \int\limits_{\frac{1}{2}}^{1-\varepsilon_2}\left(\frac{\partial^3\varphi_0}{\partial\xi^3}\right)_{\xi=\varepsilon_1} d\eta\,;$$

$$J_2 = \int\limits_{\varepsilon_1}^{\frac{1}{2}}\left(\frac{\partial^3\varphi_0}{\partial\xi^2\,\partial\eta}\right)_{\eta=1-\varepsilon_2} d\xi\,,$$

$$J_3 = \int\limits_{\varepsilon_1}^{\frac{1}{2}}\left(\frac{\partial^3\varphi_0}{\partial\eta^3}\right)_{\eta=1-\varepsilon_2} d\xi\,.$$

Die ersten drei Ausdrücke in Gleichung (14) ändern ihren Wert für sehr kleine ε_1 und ε_2 nicht mehr, so daß man hier zur Grenze $\varepsilon_1 = \varepsilon_2 = 0$ ohne weiteres übergehen kann.

Die beiden Integrale I_2 und I_3 lassen sich in geschlossener Form auswerten und ergeben beide einen verschwindenden Wert für

$$\varepsilon_1 = \varepsilon_2 = \varepsilon \qquad \text{und} \qquad \varepsilon = 0.$$

Das Integral I_1 gibt ebenfalls den Wert Null für jeden endlichen, wenn auch noch so kleinen Wert von ε_2, für $\varepsilon_2 = 0$ wird dagegen das Integral ∞. Dies war auch zu erwarten da ja unsere Platte bei $\xi = 0$, $\eta = +1$ einen Knick hat, welcher nur durch eine Einzellast, und zwar eine unendlich große Einzellast, in einer Platte erzeugt werden kann.

Da aber diese Einzellast sich auf den Punkt $\xi = 0$, $\eta = +1$ beschränkt und die Platte am Rand fest eingespannt ist, kommt ihre Wirkung für unseren Zweck nicht in Betracht. Wir könnten uns ja beispielsweise die Platte nicht quadratisch, sondern um $1 - \eta = 10^{-100000}$ in der $+$- und $-\eta$-Richtung zu kurz vorstellen, dann wären die Spannungen σ_η am Rande bei $\eta = 1 - 10^{-100000}$ nur um außerordentlich kleine Beträge von den Spannungen einer konzentrierten Last verschieden und das Integral I_1 würde doch verschwinden.

Wir erhalten sonach für das Intervall *III*, welches den Punkt $0, +1$ enthält:

$$J(0{,}0) = \int_{\frac{1}{2}}^{1} \left(\frac{\partial^3 \varphi_0}{\partial \xi^3}\right)_{\xi = \frac{1}{2}} d\eta - 2\int_{0}^{\frac{1}{2}} \left(\frac{\partial^3 \varphi_0}{\partial \xi^2 \partial \eta}\right)_{\eta = \frac{1}{2}} d\xi - \int_{0}^{\frac{1}{2}} \left(\frac{\partial^3 \varphi}{\partial \eta^3}\right)_{\eta = \frac{1}{2}} d\xi. \qquad (14a)$$

Die Werte der dritten Differentialquotienten werden

für $\xi = 0$ $\qquad \dfrac{\partial^3 \varphi_0}{\partial \xi^3} = 0,$

für $\xi = 1$ $\qquad \dfrac{\partial^3 \varphi_0}{\partial \xi^3} = 3\varphi'(1 - \varphi');$

für $\xi = \frac{1}{2}$ $\qquad \dfrac{\partial^3 \varphi_0}{\partial \xi^3} = \dfrac{3\varphi'(1 - \varphi')}{2(1 - \frac{3}{4}\varphi')^{\frac{5}{2}}};$

ferner für $\eta = 0$ $\qquad \dfrac{\partial^3 \varphi_0}{\partial \eta^3} = 0;$

und $\eta = 1$ $\qquad \dfrac{\partial^3 \varphi_0}{\partial \xi^2 \partial \eta} = 0,$

für $\eta = \frac{1}{2}$

$$\frac{\partial^3 \varphi_0}{\partial \xi^2 \partial \eta} = \frac{27}{32}\left[1 - \frac{1105}{1024}(1 - \xi^2)\right]\left[1 - \frac{431}{512}(1 - \xi^2)\right]^{-\frac{1}{2}}.$$

Die Ermittlung von $\dfrac{\partial^3 \varphi}{\partial \eta^3}$ für $\eta = \frac{1}{2}$ ist etwas umständlicher und erfordert einige Hilfswerte.

Es wird für $\eta = \frac{1}{2}$

$$\psi = \frac{431}{512}, \qquad \frac{1}{\psi} = 1{,}18793, \qquad \frac{1}{\psi^2} = 1{,}41118,$$

$$\frac{\partial \psi}{\partial \eta} = +\frac{27}{32}, \qquad \frac{\partial \ln \psi}{\partial \eta} = +1{,}00232.$$

$$\frac{\partial^2 \psi}{\partial \eta^2} = -\frac{27}{16}, \qquad \frac{\partial^2 \ln \psi}{\partial \eta^2} = -3{,}00929,$$

$$\frac{\partial^3 \psi}{\partial \eta^3} = -\frac{45}{4}, \qquad \frac{\partial^3 \ln \psi}{\partial \eta^3} = -5{,}32245,$$

$$\frac{\partial \varphi_0}{\partial \eta} = \frac{1}{\psi} \frac{\partial \ln \psi}{\partial \eta} \left\{ \frac{1 - \frac{1}{2}\psi(1-\xi^2)}{[1-\psi(1-\xi^2)]^{\frac{1}{2}}} - 1 \right\},$$

$$\frac{\partial^2 \varphi_0}{\partial \eta^2} = \frac{1}{\psi} \frac{\partial^2 \ln \psi}{\partial \eta^2} \left\{ \frac{1 - \frac{1}{2}\psi(1-\xi^2)}{[1-\psi(1-\xi^2)]^{\frac{1}{2}}} - 1 \right\}$$
$$+ \frac{\partial \ln \psi}{\partial \eta} \left\{ \frac{1-\xi^2}{4[1-\psi(1-\xi^2)]^{\frac{3}{2}}} \cdot \frac{\partial \psi}{\partial \eta} - \frac{\partial \varphi_0}{\partial \eta} \right\},$$

$$\frac{\partial^3 \varphi_0}{\partial \eta^3} = \frac{1}{\psi} \frac{\partial^3 \ln \psi}{\partial \eta^3} \left\{ w^{-\frac{1}{2}} \left[1 - \frac{1}{2}\psi(1-\xi^2) \right] - 1 \right\}$$
$$+ 2 \frac{\partial^2 \ln \psi}{\partial \eta^2} \frac{\partial \psi}{\partial \eta} \left\{ \frac{1}{4}(1-\xi^2)^2 - w^{-\frac{3}{2}} - \frac{1}{\psi^2} \left[1 - \frac{1}{2}\psi(1-\xi^2) \right] w^{-\frac{1}{2}} + \frac{1}{\psi^2} \right\}$$
$$+ \frac{\partial \ln \psi}{\partial \eta} \left\{ \frac{3}{8}(1-\xi^2)^3 \left(\frac{\partial \psi}{\partial \eta}\right)^2 w^{-\frac{5}{2}} + \frac{1}{4}(1-\xi^2)^2 \frac{\partial^2 \psi}{\partial \eta^2} w^{-\frac{3}{2}} \right.$$
$$- \frac{1}{\psi} \frac{\partial^2 \ln \psi}{\partial \eta^2} \left[w^{-\frac{1}{2}} \left(1 - \frac{1}{2}\psi(1-\xi^2) \right) - 1 \right]$$
$$\left. - \frac{\partial \psi}{\partial \eta} \frac{\partial \ln \psi}{\partial \eta} \left[\frac{1}{4}(1-\xi^2)^2 w^{-\frac{3}{2}} - \frac{1}{\psi^2} \left(1 - \frac{1}{2}\psi(1-\xi^2) \right) w^{-\frac{1}{2}} + \frac{1}{\psi^2} \right] \right\}.$$

Nach Einsetzen der Zahlenwerte ergibt sich schließlich mit $\eta = \frac{1}{2}$

$$\frac{\partial^3 \varphi}{\partial \eta^3} = 5{,}62282(w^{-\frac{1}{2}} - 1) - 2{,}36672 \frac{1-\xi^2}{w} \sqrt{w} - 1{,}90431 \left(\frac{1-\xi^2}{w}\right)^2 \sqrt{w}$$
$$+ 0{,}267587 \left(\frac{1-\xi^2}{w}\right)^3 \sqrt{w},$$

wobei $w = 0{,}158203 + 0{,}841797\,\xi^2$.

Damit finden wir nunmehr für die Integrale der Gleichung (12) auf 3 Stellen genau

$$\int_0^{\frac{1}{2}} \left(\frac{\partial^3 \varphi_0}{\partial \xi^3}\right)_{\xi=\frac{1}{2}} d\eta = +0{,}866, \qquad \int_0^{\frac{1}{2}} \left(\frac{\partial^3 \varphi_0}{\partial \xi^3}\right)_{\xi=1} d\eta = +0{,}329,$$

$$\int_{\frac{1}{2}}^{1} \left(\frac{\partial^3 \varphi_0}{\partial \xi^3}\right)_{\xi=\frac{1}{2}} d\eta = +0{,}500, \qquad \int_{\frac{1}{2}}^{1} \left(\frac{\partial^3 \varphi_0}{\partial \xi^3}\right)_{\xi=1} d\eta = +0{,}0555,$$

$$\int\limits_0^{\frac{1}{2}} \left(\frac{\partial^3 \varphi_0}{\partial \xi^2 \partial \eta}\right)_{\eta=\frac{1}{2}} d\xi = -0{,}710\,, \qquad \int\limits_{\frac{1}{2}}^{1} \left(\frac{\partial^3 \varphi_0}{\partial \xi^2 \partial \eta}\right)_{\eta=\frac{1}{2}} d\xi = +0{,}708\,.$$

$$\int\limits_0^{\frac{1}{2}} \left(\frac{\partial^3 \varphi_0}{\partial \eta^3}\right)_{\eta=\frac{1}{2}} d\xi = -1{,}697\,. \qquad \int\limits_{\frac{1}{2}}^{1} \left(\frac{\partial^3 \varphi_0}{\partial \eta^3}\right)_{\eta=\frac{1}{2}} d\xi = -0{,}413\,.$$

Es wird nun

$$\int\limits_{I} \nabla\nabla \varphi_0 d\xi d\eta = \int\limits_0^{\frac{1}{2}} \left\{\left(\frac{\partial^3 \varphi_0}{\partial \xi^3}\right)_{\frac{1}{2}} - \left(\frac{\partial^3 \varphi_0}{\partial \xi^3}\right)_0\right\} d\eta$$

$$+ 2\int\limits_0^{\frac{1}{2}} \left\{\left(\frac{\partial^3 \varphi_0}{\partial \xi^2 \partial \eta}\right)_{\frac{1}{2}} - \left(\frac{\partial^3 \varphi_0}{\partial \xi^2 \partial \eta}\right)_0\right\} d\xi + \int\limits_0^{\frac{1}{2}} \left\{\left(\frac{\partial^3 \varphi_0}{\partial \eta^3}\right)_{\frac{1}{2}} - \left(\frac{\partial^3 \varphi_0}{\partial \eta^3}\right)_0\right\} d\xi$$

$$= 0{,}866 - 2 \cdot 0{,}710 - 1{,}697 = -2{,}251\,.$$

$$\int\limits_{II} \nabla\nabla \varphi_0 d\xi d\eta = \int\limits_0^{\frac{1}{2}} \left\{\left(\frac{\partial^3 \varphi_0}{\partial \xi^3}\right)_1 - \left(\frac{\partial^3 \varphi_0}{\partial \xi^3}\right)_{\frac{1}{2}}\right\} d\eta$$

$$+ 2\int\limits_{\frac{1}{2}}^{1} \left\{\left(\frac{\partial^3 \varphi_0}{\partial \xi^2 \partial \eta}\right)_{\frac{1}{2}} - \left(\frac{\partial^3 \varphi_0}{\partial \xi^2 \partial \eta}\right)_0\right\} d\xi + \int\limits_{\frac{1}{2}}^{1} \left\{\left(\frac{\partial^3 \varphi_0}{\partial \eta^3}\right)_{\frac{1}{2}} - \left(\frac{\partial^3 \varphi_0}{\partial \eta^3}\right)_0\right\} d\xi$$

$$= 0{,}329 - 0{,}866 + 2 \cdot 0{,}708 - 0{,}413 = +0{,}466\,.$$

Für das Intervall *III* nach Gleichung (14a)

$$\int\limits_{III} \nabla\nabla \varphi_0 d\xi d\eta = \int\limits_{\frac{1}{2}}^{1} \left(\frac{\partial^3 \varphi_0}{\partial \xi^3}\right)_{\frac{1}{2}} d\eta - 2\int\limits_0^{\frac{1}{2}} \left(\frac{\partial^3 \varphi_0}{\partial \xi^2 \partial \eta}\right)_{\frac{1}{2}} d\xi - \int\limits_0^{\frac{1}{2}} \left(\frac{\partial^3 \varphi_0}{\partial \eta^3}\right)_{\frac{1}{2}} d\xi$$

$$= 0{,}500 + 2 \cdot 0{,}710 + 1{,}697 = +3{,}617\,,$$

$$\int\limits_{IV} \nabla\nabla d\xi d\eta = \int\limits_{\frac{1}{2}}^{1} \left\{\left(\frac{\partial^3 \varphi_0}{\partial \xi^3}\right)_1 - \left(\frac{\partial^3 \varphi_0}{\partial \xi^3}\right)_{\frac{1}{2}}\right\} d\eta + 2\int\limits_{\frac{1}{2}}^{1} \left\{\left(\frac{\partial^3 \varphi_0}{\partial \xi^2 \partial \eta}\right)_1 - \left(\frac{\partial^3 \varphi}{\partial \xi^2 \partial \eta}\right)_{\frac{1}{2}}\right\} d\xi$$

$$+ \int\limits_{\frac{1}{2}}^{1} \left\{\left(\frac{\partial^3 \varphi_0}{\partial \eta^3}\right)_1 - \left(\frac{\partial^3 \varphi_0}{\partial \eta^3}\right)_{\frac{1}{2}}\right\} d\xi = 0{,}0555 - 0{,}5 - 2 \cdot 0{,}708 + 0{,}413$$

$$= -1{,}448\,.$$

Damit ergeben die Gleichungen (8)

$$f_{11} = +0{,}1191\,.$$
$$f_{22} = +0{,}2680\,,$$
$$f_{12} = -0{,}1236\,,$$
$$f_{21} = -0{,}0347\,.$$

Wir wollen die Spannungen σ_y für die Ordinate $\eta = 0$ berechnen. Es wird

$$\sigma_y = \sigma_0\left(\frac{\partial^2 \varphi_0}{\partial \xi^2} + \frac{\partial^2 \varphi_1}{\partial \xi^2}\right)$$

speziell für $\eta = 0$,

$$\sigma_y = \sigma_0\left\{-\frac{\sqrt{2}}{(1+\xi^2)^{\frac{3}{2}}} + 0{,}4764\,(3\xi^2 - 1) - 0{,}0694\,(1 - 12\xi^2 + 15\xi^4)\right\}$$

also in der Mitte

$$\sigma_{\max} = -1{,}958\,\sigma_0\,;$$

am Rande

$$\sigma_{\min} = +0{,}175\,\sigma_0$$

(vgl. Abb. 3).

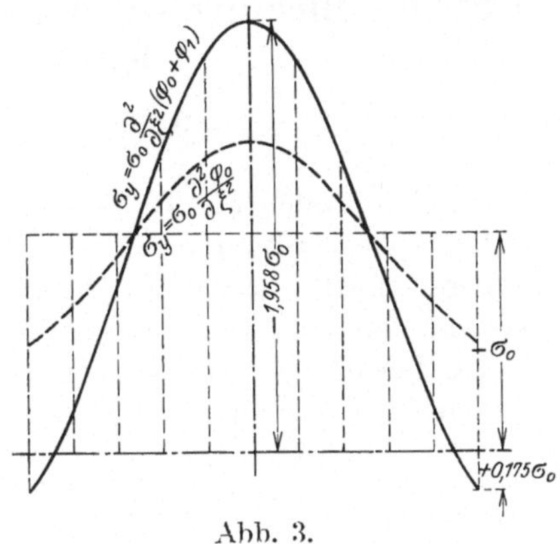

Abb. 3.

Im Punkte $0_1 + 1$ wird natürlich $\sigma_y\ \infty$ groß.

Da aus Symmetriegründen $\tau = 0$ für $\eta = 0$, so haben wir gleichzeitig den Druck auf die Unterlage gefunden, welcher entstehen würde, wenn eine Scheibe von Seitenverhältnis 1 : 2 durch eine konzentrierte Last in der Mitte der einen Seite mit der anderen Langseite auf eine vollkommen glatte und unzusammendrückbare Unterlage aufgepreßt würde.

Da bei dieser Art der Randbedingung ein Zug an den Enden der Auflagelinie nicht übertragen werden kann, müssen sich die Enden etwas abheben, was man an einem Gummimodell leicht bestätigen kann.

Es ist nicht nötig, daß die Grundlösung φ_0 als eine mit allen Differentialquotienten stetige Funktion angenommen wird. Es lassen sich vielmehr noch andere Beispiele angeben, bei welchen $\nabla\nabla\varphi_0$ oder sogar die dritten Differentialquotienten linienförmige Unstetigkeitsstellen haben. Bemerkt sei noch, daß der dem Näherungsverfahren von Biezeno und Koch zugrunde liegende Gedanke sich auch mit Vorteil zur Lösung von Aufgaben verwenden läßt, bei welchen sich die Bedingungen am Rande der Platte nicht von vornherein befriedigen lassen. Zu diesen letzteren Problemen gehören diejenigen, bei welchen nicht nur Randspannungen, sondern auch Randverschiebungen vorgeschrieben sind.

Über die Biegung von Stäben, die eine kleine anfängliche Krümmung haben.

Von **S. Timoschenko**, z. Z. in Pittsburg.

1. Hier wollen wir die Biegung eines Stabes AB betrachten, der eine anfängliche Krümmung in der Ebene xy (Abb. 1) der Wirkung der äußeren Kräfte hat, und nehmen an, daß diese Ebene eine der Hauptachsen der Querschnitte des Stabes enthält. Die anfänglichen kleinen Ordinaten der Achse des krummen Stabes bezeichnen wir mit y_0 und die Ordinaten nach der Deformation mit y. Die Durchbiegungen

$$y_1 = y - y_0$$

lassen sich jetzt aus der Differentialgleichung

$$EI\frac{d^2 y_1}{dx^2} = EI\left(\frac{d^2 y}{dx^2} - \frac{d^2 y_0}{dx^2}\right) = -M \tag{1}$$

berechnen.

Die Lösung der Gleichung (1) ist sehr einfach, wenn auf den Stab nur Kräfte in der Richtung der y-Achse wirken, d. h. wenn M eine bekannte Funktion von x ist. Die Aufgabe wird komplizierter, wenn längs wirkende Zug- oder Druckkräfte vorhanden sind und besonders wenn diese Kräfte unbekannt und aus den Bedingungen der Endbefestigungen des Stabes zu bestimmen sind. Im folgenden ist es gezeigt, wie man diese Aufgabe mit Hilfe des Satzes der virtuellen Verrückungen lösen kann. Indem wir die anfängliche Krümmung und die Durchbiegungen mit Hilfe trigonometrischer Reihen darstellen, können wir auf diese Weise brauchbare Näherungsformeln erhalten.

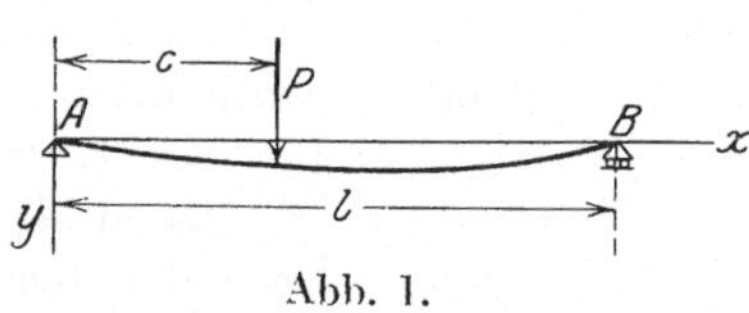

Abb. 1.

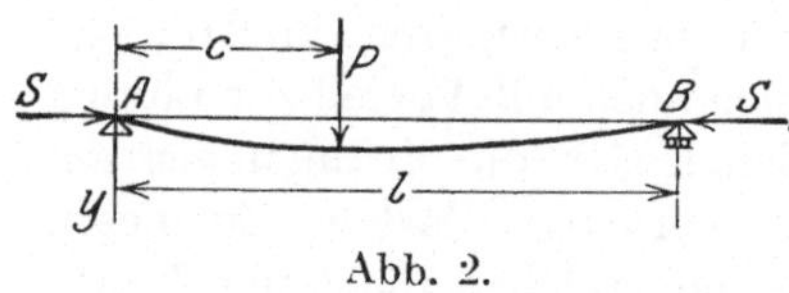

Abb. 2.

2. Die Methode wollen wir mit dem einfachsten Beispiele eines geraden Stabes mit unterstützten Enden erklären (Abb. 2). Die Biegungslinie läßt sich in diesem Falle in der Form solcher Reihen darstellen:

$$y = a_1 \sin\frac{\pi x}{l} + a_2 \sin\frac{2\pi x}{l} + \dots \tag{2}$$

Die Koeffizienten $a_1, a_2, \ldots$ spielen hier die Rolle der Koordinaten des Systemes.

Die potentielle Energie der Biegung wird

$$V = \frac{EI}{2}\int_0^l \left(\frac{d^2 y}{dx^2}\right)^2 dx = \frac{EI\pi^4}{4 l^3}\sum_{n=1}^{\infty} n^4 a_n^2 . \tag{3}$$

Geben wir jetzt einem der Koeffizierten a_n eine kleine Vergrößerung Δa_n, so wird die entsprechende Durchbiegung des Stabes

$$\Delta y = \Delta a_n \sin\frac{n\pi x}{l} .$$

Die Arbeit der Kraft P auf dieser Verrückung wird

$$P \Delta a_n \sin\frac{n\pi c}{l}$$

und die entsprechende Änderung der potentiellen Energie

$$\Delta V = \frac{\partial V}{\partial a_n}\Delta a_n = \frac{EI\pi^4}{2 l^3} n^4 a_n \Delta a_n .$$

Nehmen wir an, daß auf den Stab nur eine Kraft P wirkt, wird die Gleichung der virtuellen Verrückungen

$$\frac{EI\pi^4}{2 l^3} n^4 a_n \Delta a_n = P \Delta a_n \sin\frac{n\pi c}{l}$$

und

$$a_n = \frac{2 P l^3 \sin\frac{n\pi c}{l}}{EI\pi^4 n^4} .$$

Dieses in (2) eingesetzt, erhalten wir

$$y = \frac{2 P l^3}{EI\pi^4}\sum_{n=1}^{\infty}\frac{\sin\frac{n\pi c}{l}\cdot\sin\frac{n\pi x}{l}}{n^4} . \tag{4}$$

Wirkt auf den Stab auch eine Druckkraft (Abb. 2), so müssen wir die Arbeit dieser Kraft auf die virtuelle Verrückung in Betracht ziehen. Diese Arbeit ist gleich $S\cdot\Delta\delta$, wo δ die Differenz zwischen der Länge der Biegungslinie und dem Abstand der Endpunkte A und B des Stabes bedeutet und $\Delta\delta$ die Veränderung dieser Größe, die den Veränderungen Δy der Durchbiegung entspricht.

Im Falle kleiner Durchbiegungen wird diese Differenz

$$\delta = \frac{1}{2}\int_0^l \left(\frac{dy}{dx}\right)^2 dx = \frac{\pi^2}{4 l}\sum_{n=1}^{\infty} n^2 a_n^2 \tag{5}$$

und
$$\Delta\delta = \frac{\partial \delta}{\partial a_n}\,\Delta a_n = \frac{\pi^2}{2l}\,n^2 a_n\,\Delta a_n\,.$$

Die Gleichgewichtsgleichung wird in diesem Falle
$$\frac{EI\pi^4}{2l^3}\,n^4 a_n\,\Delta a_n = P\,\Delta a_n \sin\frac{n\pi c}{l} + S\,\Delta a_n\,\frac{\pi^2}{2l}\,n^2 a_n$$
und
$$a_n = \frac{2Pl^3 \sin\frac{n\pi c}{l}}{EI\pi^4 n^4}\cdot\frac{1}{1-\frac{Sl^2}{EI\pi^2 n^2}}\,.$$

Dieses Resultat in (2) eingesetzt und mit der Bezeichnung
$$\alpha^2 = \frac{Sl^2}{EI\pi^2} = \frac{S}{S_{\text{Euler}}} \tag{6}$$
erhalten wir
$$y = \frac{2Pl^3}{EI\pi^4}\sum_{n=1}^{\infty}\frac{\sin\frac{n\pi c}{l}\cdot\sin\frac{n\pi x}{l}}{n^4 - n^2\alpha^2}\,. \tag{7}$$

Mit Hilfe des Superpositionsgesetzes können wir jetzt sehr einfach die Ausdrücke für Biegungslinien in anderen Fällen bekommen. Nehmen wir z. B. an, daß eine gleichförmig verteilte Last q auf den Stab wirkt, so müssen wir nur $q\,dc$, anstatt P in (7) einsetzen und darauf diese Reihe zwischen den Grenzen 0 und l integrieren. Auf diese Weise erhalten wir
$$y = \frac{4ql^4}{EI\pi^5}\sum_{n=1,3,5,\ldots}\frac{\sin\frac{n\pi x}{l}}{n^3(n^2-\alpha^2)}\,. \tag{8}$$

Die Reihen, die die Durchbiegungen repräsentieren, konvergieren sehr schnell und in vielen Fällen können wir uns bei Näherungsberechnungen der Durchbiegungen mit dem ersten Gliede dieser Reihen begnügen. Im Falle (8) z. B. ist der Fehler solcher Annäherung für die Durchbiegung in der Mitte und für $\alpha^2 = 0$ kleiner als $^1/_2\%$, und dieser Fehler verkleinert sich mit der Vergrößerung der α^2.

Indem wir die durch die Wirkung der Querkräfte erzeugte Durchbiegung mit f_0 bezeichnen, können wir jetzt die Näherungsformel für die Durchbiegung f im Falle, wenn auch die Druckkraft S wirkt, in solcher Form darstellen:
$$f = \frac{f_0}{1-\alpha^2}\,. \tag{9}$$

Wenn anstatt der Druckkraft eine Zugkraft wirkt, müssen wir nur in obigen Formeln $-\alpha^2$ anstatt α^2 einsetzen. Die Näherungsformel für die Durchbiegung im Falle einer Zugkraft wird

$$f = \frac{f_0}{1+\alpha^2}. \tag{10}$$

3. Betrachten wir jetzt die Biegung eines krummen Stabes; es sei

$$y_0 = b_1 \sin\frac{\pi x}{l} + b_2 \sin\frac{2\pi x}{l} + \ldots \tag{11}$$

die anfängliche Krümmung des Stabes und

$$y_1 = a_1 \sin\frac{\pi x}{l} + a_2 \sin\frac{2\pi x}{l} + \ldots \tag{12}$$

die Durchbiegung, die durch äußere Kräfte hervorgerufen ist. Für die potentielle Energie und für die Arbeit der transversalen Kräfte können wir die oben erhaltenen Formeln anwenden. Die Arbeit der Druck- oder Zugkräfte wird in folgender Weise berechnet. Sei δ_0 die anfängliche Differenz zwischen der Länge der krummen Achse des Stabes und dem Abstand A—B der Endpunkte und δ dieselbe Differenz nach der Deformation, dann ist

$$\left.\begin{aligned} \delta_0 &= \frac{1}{2}\int_0^l \left(\frac{dy_0}{dx}\right)^2 dx = \frac{\pi^2}{4l}\sum_{n=1}^{\infty} n^2 b_n^2\,; \\ \delta &= \frac{1}{2}\int_0^l \left(\frac{dy_0}{dx} + \frac{dy_1}{dx}\right)^2 dx \\ &= \frac{\pi^2}{4l}\left(\sum_{n=1}^{\infty} n^2 b_n^2 + 2\sum_{n=1}^{\infty} n^2 a_n b_n + \sum_{n=1}^{\infty} n^2 a_n^2\right). \end{aligned}\right\} \tag{13}$$

Die Arbeit der Druckkraft S, die dem Zuwachs Δa_n der Koordinate a_n entspricht, ist

$$S\,\frac{\partial(\delta-\delta_0)}{\partial a_n}\,\Delta a_n = S\,\frac{n^2\pi^2}{2l}\,(a_n + b_n)\,\Delta a_n$$

und die Gleichgewichtsgleichung wird

$$\frac{EI\pi^4}{2l^3}\,n^4 a_n\,\Delta a_n = P\,\Delta a_n \sin\frac{n\pi c}{l} + S\,\frac{n^2\pi^2}{2l}\,(a_n + b_n)\,\Delta a_n\,.$$

Den Koeffizienten a_n aus dieser Gleichung bestimmend und in den Ausdruck (12) einsetzend, erhalten wir

$$y_1 = \frac{2Pl^3}{EI\pi^4}\sum_{n=1}^{\infty}\frac{\sin\frac{n\pi c}{l}\,\sin\frac{n\pi x}{l}}{n^4 - n^2\alpha^2} + \alpha^2\sum_{n=1}^{\infty}\frac{b_n\sin\frac{n\pi x}{l}}{n^2-\alpha^2}\,. \tag{14}$$

Die erste Summe an der rechten Seite ist die Durchbiegung eines geraden Stabes [Gleichung (7)] und die zweite Summe stellt den Einfluß auf die Durchbiegung der anfänglichen Krümmung dar. Dieser Einfluß ist von der transversalen Belastung unabhängig und läßt sich sehr einfach berechnen, wenn die anfängliche Krümmung und die Kraft S bekannt sind.

Nehmen wir z. B. einen krummen Stab mit parabolischer Achse:

$$y_0 = \frac{4\,c\,x(l-x)}{l^2} = \frac{32\,c}{\pi^3} \sum_{n=1,3,5,\ldots} \frac{1}{n^3} \sin \frac{n\pi x}{l}\,,$$

so haben wir

$$b_n = \frac{32\,c}{n^3 \pi^3} \qquad \text{für} \quad n = \text{ungerade}\,,$$

$$b_n = 0 \qquad \text{für} \quad n = \text{gerade}\,.$$

Die Durchbiegung dieses Stabes unter Wirkung einer gleichförmigen Belastung und einer Druckkraft S wird [Gleichung (7) und (14)]

$$y_1 = \frac{4\,q\,l^4}{E\,I\,\pi^5} \sum_{n=1,3,5,\ldots}^{\infty} \frac{\sin \frac{n\pi x}{l}}{n^3(n^2-\alpha^2)} + \frac{32\,c\,\alpha^2}{\pi^3} \sum_{n=1,3,5,\ldots} \frac{\sin \frac{n\pi x}{l}}{n^3(n^2-\alpha^2)}$$

$$= (1+\beta) \frac{4\,q\,l^4}{E\,I\,\pi^5} \sum_{n=1,3,5,\ldots} \frac{\sin \frac{n\pi x}{l}}{n^3(n^2-\alpha^2)}\,,$$

wo

$$\beta = \frac{8\,E\,I\,\pi^2\,\alpha^2\,c}{q\,l^4} = \frac{8\,c\,S}{q\,l^2}\,.$$

Die Durchbiegungen y_1 sind größer als diejenige für einen geraden Stab im Verhältnis $1+\beta:1$.

Haben wir einen Stab mit anfänglicher Krümmung

$$y_0 = b \sin \frac{\pi x}{l}\,,$$

auf den nur eine Drucklast S wirkt, wird die Durchbiegung

$$y_1 = \frac{\alpha^2}{1-\alpha^2}\, b \sin \frac{\pi x}{l}\,.$$

Im Falle einer Zugkraft erhalten wir

$$y_1 = \frac{\alpha^2}{1+\alpha^2}\, b \sin \frac{\pi x}{l}\,.$$

4. Nun wollen wir den Fall betrachten, wo die longitudinale Kraft unbekannt ist. Nehmen wir z. B. an, daß im Falle der Abb. 1 die Endpunkte A und B in der Richtung der x-Achse unbeweglich bleiben,

so wird die Biegung des Stabes mit der Verlängerung der Achse verknüpft[1]). Die entsprechende Zugkraft können wir aus der Bedingung bestimmen, daß die Differenz $\delta - \delta_0$ [Gleichung (13)] gleich der Ausdehnung der Achse des Stabes ist:

$$\frac{1}{2}\int_0^l \left(\frac{dy_1}{dx}\right)^2 dx + \int_0^l \frac{dy_1}{dx}\frac{dy_0}{dx}\,dx = \frac{Sl}{EF}\,. \tag{15}$$

Eine brauchbare Näherungslösung dieser Gleichung können wir erhalten, wenn wir für die anfängliche Krümmung den Ausdruck

$$y_0 = b \sin\frac{\pi x}{l}$$

und für die Durchbiegungen, die nur transversale Kräfte hervorrufen, den Ausdruck

$$f_0 \sin\frac{\pi x}{l}$$

nehmen.

Der Ausdruck (14) wird dann durch

$$y_1 = \frac{f_0}{1+\alpha^2}\sin\frac{\pi x}{l} - \frac{b\,\alpha^2}{1+\alpha^2}\sin\frac{\pi x}{l} \tag{16}$$

ersetzt.

Wird (16) in die Gleichung (15) eingesetzt, so erhalten wir für die Bestimmung der Größe α^2 folgende Gleichung:

$$\frac{(f_0 - b\,\alpha^2)^2}{(1+\alpha^2)^2} + \frac{2b(f_0 - b\,\alpha^2)}{1+\alpha^2} = 4\,\alpha^2 r^2\,, \tag{17}$$

wo $r = \sqrt{\frac{I}{F}}$ den Trägheitshalbmesser des Querschnittes bedeutet.

Wenn f_0, b und r numerisch gegeben sind, läßt sich die Gleichung (17) sehr einfach mit Rechenschieber lösen.

5. Die Gleichung (17) wollen wir nun auf die Berechnung der langen rechteckigen Platten mit unterstützten Rändern anwenden. Wird die Belastung in der Richtung der Länge der Platte unveränderlich, so können wir im genügenden Abstande von den Querseiten der Platte die Biegungsfläche als zylindrisch betrachten. Die Durchbiegungen und die Spannungen lassen sich jetzt aus der Betrachtung der Biegung eines Streifens mn der Breite 1 bestimmen (Abb. 3). Die Gleichung (17) in diesem Falle anwendend, müssen wir E durch $\frac{E}{1-m^2}$, wo $m =$ Poissonsche Zahl ist, und r durch $\frac{h}{2\sqrt{3}}$, wo h die Dicke der Platte ist, ersetzen.

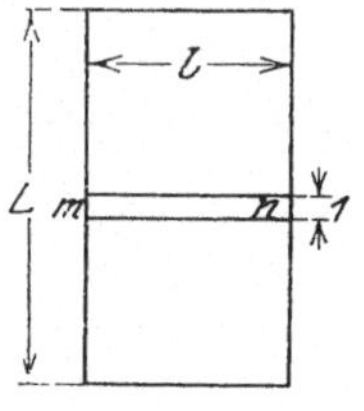

Abb. 3.

[1]) Wir nehmen an, daß die Durchbiegung in der Richtung der anfänglichen Krümmung geht.

Nehmen wir z. B. an, daß auf die ebene Platte eine gleichförmig verteilte Last wirkt, so wird die Durchbiegung des Streifens, die nur durch diese Belastung hervorgerufen ist, gleich

$$f_0 = \frac{5}{32} \frac{q\, l^4 (1 - m^2)}{E\, h^3},$$

wo l die Breite der Platte bedeutet. Diesen Ausdruck für f_0 und $b = 0$ in (17) eingesetzt, erhalten wir

$$\alpha^2 (1 + \alpha^2)^2 = 3 \left(\frac{5}{32}\right)^2 (1 - m^2)^2 \left(\frac{q}{E}\right)^2 \left(\frac{l}{h}\right)^8 \tag{18}$$

für

$l = 120$ cm, $h = 0{,}8$ cm, $q = 0{,}5$ kg/cm², $E = 2{,}15 \cdot 10^6$ kg/cm².

die Gleichung (18) wird

$$\alpha^2 (1 + \alpha^2)^2 = 840,$$

und

$$\alpha^2 = 8{,}78.$$

In (6) eingesetzt, erhalten wir für Zugspannungen

$$\frac{S}{h} = \frac{\alpha^2 \pi^2}{12(1 - m^2)} \frac{E\, h^2}{l^2} = 759 \text{ kg/cm}^2.$$

Die Durchbiegung in der Mitte wird

$$f = \frac{f_0}{1 + \alpha^2} = \frac{13{,}4}{9{,}78} = 1{,}37 \text{ cm}.$$

Das Biegungsmoment in der Mitte wird [1])

$$M = \frac{q\, l^2}{8} \cdot \frac{8}{\alpha^2 \pi^2}$$

und die entsprechende Biegungsspannung

$$\sigma = \frac{M}{W} = 778 \text{ kg/cm}^2.$$

Die maximale Spannung in der Platte wird

$$\sigma_{\max} = 778 + 759 = 1537 \text{ kg/cm}^2.$$

[1]) Diese Nährungsformel bekommen wir aus der genauen Formel

$$M = \frac{q\, l^2}{8} \frac{1 - \dfrac{1}{\cos h \dfrac{\alpha \pi}{2}}}{\dfrac{\alpha^2 \pi^2}{8}}$$

bei Vernachlässigung des Gliedes $\dfrac{1}{\cos h \dfrac{\alpha \pi}{2}}$.

Nehmen wir jetzt eine anfängliche Durchbiegung $b = 1$ cm an und bezeichnen

$$x = 1 + \alpha^2,$$

so wird die Gleichung (17)

$$x^3 + 3{,}69\, x^2 = 972\,.$$

Die Lösung wird

$$x = 8{,}82\,, \qquad \alpha^2 = 7{,}82$$

und die Zugspannung

$$\frac{S}{h} = 675\ \mathrm{kg/cm^2}\,.$$

Die Biegungsspannung, als für einen geraden Stab gerechnet, wird

$$\sigma = \frac{M}{W} = \frac{q\, l^2}{8} \cdot \frac{8}{\alpha^2 \pi^2} \cdot \frac{1}{W} = 875\ \mathrm{kg/cm^2}\,.$$

Infolge der anfänglichen Krümmung des Streifens haben wir die Durchbiegung [Gleichung (16)]

$$-\frac{b\,\alpha^2}{1+\alpha^2} \sin \frac{\pi x}{l}\,.$$

Das entsprechende Biegungsmoment wird

$$-\frac{E\, h^3}{12(1-m^2)} \frac{\partial^2}{\partial x^2} \left(\frac{b\,\alpha^2}{1+\alpha^2} \sin \frac{\pi x}{l} \right)$$

und die Biegungsspannung

$$\frac{M}{W} = -\frac{b\,\alpha^2}{1+\alpha^2} \frac{\pi^2}{l^2} \frac{E\,h}{2(1-m^2)} = -574\ \mathrm{kg/cm^2}\,.$$

Für die maximale Spannung in der Mitte der krummen gebogenen Platte erhalten wir

$$\sigma_{\max} = 675 + 875 - 574 = 976\ \mathrm{kg/cm^2}\,,$$

d. h. ungefähr 36% weniger als im Falle der ebenen Platte.

Diese Näherungsmethode für die Berechnung rechteckiger, ebener und krummer Platten läßt sich auch auf den Fall der eingeklemmten Ränder erweitern.

Bestimmung der Knicklast eines Stabes aus Schwingungsversuchen.

Von **Ludwig Föppl**, Technische Hochschule in München.

Ein vertikaler, am unteren Ende eingespannter Stab von der Länge l, der am oberen, freien Ende eine Last $P = Mg$ trägt, führt bei einem Anstoß Biegungsschwingungen aus, deren Frequenz wesentlich von der Größe der Last abhängig ist. Die einfache Theorie dieser Schwingungen liefert die erste Annäherung; nämlich harmonische Schwingungen, die der Differentialgleichung

$$M \frac{d^2 x}{d t^2} = -c x \tag{1}$$

genügen, worin

$$c = \frac{3 E J}{l^3} \tag{2}$$

die elastische Konstante des Stabes bedeutet, dessen Biegungssteifigkeit EJ ist. Die Lösung der Gleichung (1) lautet bekanntlich

$$x = A \sin \alpha t + B \cos \alpha t \tag{3}$$

mit der Frequenz

$$\alpha = \sqrt{\frac{c}{M}}\,.$$

Diese einfache Lösung der Aufgabe kann keine Gültigkeit mehr beanspruchen, wenn die Last P groß ist im Vergleich zum Gewicht des Stabes; denn nähern wir uns der kritischen Last, die nach Euler

$$P_k = \frac{\pi^2}{4} \cdot \frac{E J}{l^2} \tag{4}$$

beträgt, so muß die Schwingungsfrequenz immer kleiner werden und zugleich mit der Eulerschen Knicklast auf Null abnehmen, da der Stab ausknickt und nicht mehr zurückschwingt. Diese Tatsache kommt in der obigen Differentialgleichung nicht zum Ausdruck, die demnach nur für kleine Lasten P, die weit unter der kritischen Last liegen und zu schnellen Schwingungen Veranlassung geben, gültig ist. Allerdings stellt gerade bei kleinen Lasten die Vernachlässigung der Stabmasse, wie sie Gleichung (1) zugrunde liegt, eine Näherung dar, die um so weniger zutrifft, je größer das Stabgewicht im Vergleich zur Last ist. Den Einfluß

der Stabmasse auf die Schwingungsfrequenz hat A. Sommerfeld in einer Arbeit „Eine einfache Vorrichtung zur Veranschaulichung des Knickvorganges“ in der Z. d. V. d. I. 1905, S. 1320, berücksichtigt.

Ist umgekehrt das Stabgewicht klein gegen die Last, so hat ersteres keinen großen Einfluß auf den Schwingungsvorgang, dagegen ist alsdann die Druckbeanspruchung, der der Stab durch die Last P ausgesetzt ist, für das Verhalten des Stabes maßgebend. Diesen Fall wollen wir hier in Betracht ziehen und dabei zunächst die Stabmasse ganz außer acht lassen.

Nehmen wir die Achse des geraden Stabes zur x-Achse, von wo aus wir die Ausschläge y zählen, so lautet die Differentialgleichung der elastischen Linie des Stabes:

$$E J \frac{d^2 y}{d x^2} = (y_l - y) P . \tag{5}$$

wobei y_l der Ausschlag des freien Stabendes bedeutet.

Da wir den Schwingungsvorgang des Stabes verfolgen wollen, wobei außer den beiden Grenzbedingungen am eingespannten Stabende $x = 0$ noch zwei weitere Grenzbedingungen für das freie Ende $x = l$ bestehen, müssen wir vorstehende Differentialgleichung noch zweimal differentiieren, so daß sie übergeht in

$$E J \frac{d^4 y}{d x^4} + P \frac{d^2 y}{d x^2} = 0 , \tag{6}$$

deren allgemeines Integral lautet $y = \sin \beta t \cdot z(x)$ mit

$$z = a \sin \lambda \frac{x}{l} + b \cos \lambda \frac{x}{l} + c x + d . \tag{7}$$

Darin bedeutet, wie man sich durch Einsetzen in die Differentialgleichung überzeugt:

$$\lambda^2 = l^2 \frac{P}{E J} . \tag{8}$$

Die 4 Integrationskonstanten a, b, c, d bestimmen sich aus den folgenden Grenzbedingungen: für $x = 0$ muß $y = 0$ und $\frac{d y}{d x} = 0$ sein; daraus ergibt sich

$$c = -a \frac{\lambda}{l} \quad \text{und} \quad d = -b ; \tag{9}$$

ferner gilt an der Grenze $x = l$

$$\frac{d^2 y}{d x^2} = 0 ,$$

woraus

$$a \sin \lambda + b \cos \lambda = 0 \tag{10}$$

folgt. Schließlich muß am freien Ende $x = l$ Gleichgewicht zwischen der d'Alembertschen Hilfskraft

$$-M \frac{d^2 y_l}{d t^2} ,$$

der Schwerkraft
$$V = -EJ\frac{d^3 y_l}{dx^3}$$
und der in die y-Achse fallenden Komponente
$$-P\cdot\frac{dy_l}{dx}$$
des Druckes P bestehen. Diese Bedingung führt auf die Gleichung
$$M\frac{\partial^2 y_l}{\partial t^2} = EJ\frac{\partial^3 y_l}{\partial x^3} + P\frac{\partial y_l}{\partial x}. \tag{11}$$
Wegen $y_l = \sin\beta t\cdot z_l$ geht die letzte Gleichung über in
$$-M\beta^2 z_l = EJ\left(\frac{d^3 z}{dx^3}\right)_l + P\left(\frac{dz}{dx}\right)_l \tag{12}$$
oder, mit Berücksichtigung der Gleichung (9) und (10):
$$\left.\begin{aligned}-M\beta^2(\operatorname{tg}\lambda-\lambda)\,a = EJ\left(\frac{\lambda}{l}\right)^3(-a\cos\lambda+b\sin\lambda)\\ +P\frac{\lambda}{l}(a\cos\lambda-b\sin\lambda-a)\,.\end{aligned}\right| \tag{13}$$
Führt man darin nach Gleichung (10)
$$\frac{a}{b} = -\cot\lambda$$
ein, so ergibt sich schließlich
$$\beta^2 = \frac{g}{l}\cdot\frac{\lambda\cos\lambda}{\sin\lambda-\lambda\cos\lambda}. \tag{14}$$

Dieselben Überlegungen hätte man auch ohne wesentliche Änderungen für den Fall anstellen können, daß die Last P am unteren Ende des Stabes wirkt, während das obere fest eingespannt ist. Es ist zu dem Zweck nur nötig, das Vorzeichen von P in obigen Entwicklungen jedesmal zu vertauschen.

An Stelle von Gleichung (6) erhält man in diesem Fall
$$EJ\frac{d^4 y}{dx^4} - P\frac{d^2 y}{dx^2} = 0\,, \tag{6a}$$
deren Lösung mit
$$y = \sin\beta t\cdot z(x)$$
lautet:
$$z = A\,\mathfrak{Sin}\,\lambda\frac{x}{l} + B\,\mathfrak{Cof}\,\lambda\frac{x}{l} + Cx + D\,. \tag{7a}$$
Darin bestimmt sich λ, wie man sich durch Einsetzen in Gleichung (6a) überzeugt, wieder nach Gleichung (8), und die Grenzbedingungen an den beiden Stabenden führen auf
$$\beta^2 = -\frac{g}{l}\cdot\frac{\lambda\cdot\mathfrak{Cof}\,\lambda}{\mathfrak{Sin}\,\lambda-\lambda\cdot\mathfrak{Cof}\,\lambda}. \tag{15}$$

Gleichung (14), die dem auf Druck beanspruchten schwingenden Stab entspricht, nimmt mit $\lambda = \frac{\pi}{2}$ den Grenzwert $\beta = 0$ an. Diese Grenze gehört nach Gleichung (8) zur Eulerschen Knicklast. Der Schwingungsvorgang kann daher direkt zur experimentellen Bestimmung der Eulerschen Knicklast dienen, worauf wir noch zu sprechen kommen werden. Gleichung (15) für den auf Zug beanspruchten schwingenden Stab führt dagegen auf keine solche Grenze, sondern der Faktor

$$\frac{\lambda \operatorname{Cof} \lambda}{\operatorname{Sin} \lambda - \lambda \operatorname{Cof} \lambda}$$

wird für großes λ zu 1, so daß sich β asymptotisch dem Wert

$$\beta = \sqrt{\frac{g}{l}}$$

nähert oder die Schwingungsdauer den Wert

$$T = \frac{2\pi}{\beta} = 2\pi \sqrt{\frac{l}{g}}$$

für einfache Pendelschwingungen mit kleinen Ausschlägen annimmt.

Um die Rechnung zu prüfen, habe ich Versuche an zwei verschiedenen Stäben aus Flußeisen von kreisförmigen Querschnitten mit 14 bzw. 10 mm Durchmesser angestellt, und zwar sowohl für den Fall, daß das Gewicht als Drucklast wirkt, als auch für den auf Zug beanspruchten Stab. Das Ergebnis der Versuche ist in der folgenden Tabelle zusammengestellt, aus der die gute Übereinstimmung zwischen Rechnung und Versuch zu entnehmen ist:

Länge in Zentimetern	Zahl der Schwingungen in der Minute nach dem Versuch	nach der Rechnung
I. Stab 1 auf Druck beansprucht:		
90	70	74
112	47	50
148	26	28
II. Stab 1 auf Zug beansprucht:		
78	100	108
108	68	70
III. Stab 2 auf Druck beansprucht:		
53,5	75	79,4
72	40,4	43,8
94	19,3	20
IV. Stab 2 auf Zug beansprucht:		
62,5	79	83,3
92	50	53

Der Vergleich zwischen den Ergebnissen des Versuches und der Rechnung zeigt, daß die Zahl der Schwingungen in der Minute in Wirklichkeit stets etwas geringer ist, als es die Rechnung verlangen würde. Der Grund für diese kleine Unstimmigkeit ist in der Masse des Stabes zu suchen, die wir bei der Rechnung außer acht gelassen haben. Die Berücksichtigung der Stabmasse zeigt, daß die Übereinstimmung zwischen Theorie und Versuch so gut ist, wie man es für praktische Zwecke nur wünschen kann. Es sei hier angedeutet, wie die Berücksichtigung der Stabmasse im Ansatz zu erfolgen hat, ohne in der Durchführung näher darauf einzugehen.

Bezeichnet man mit ϱ die auf die Längeneinheit bezogene Stabmasse, so tritt an Stelle von Gleichung (6)

$$E J \frac{\partial^4 y}{\partial x^4} + P \frac{\partial^2 y}{\partial x^2} + \varrho \frac{\partial^2 y}{\partial t^2} = 0 . \tag{16}$$

Zur Lösung dieser Gleichung dient der Ansatz

$$y = z(x) \cdot \sin \beta t ,$$

woraus

$$E J \frac{d^4 z}{d x^4} + P \frac{d^2 z}{d x^2} - \beta^2 \varrho z = 0 \tag{17}$$

folgt. Die allgemeine Lösung dieser Differentialgleichung 4. Ordnung lautet

$$z = a \sin \lambda_1 \frac{x}{l} + b \cos \lambda_1 \frac{x}{l} + A \operatorname{Sin} \lambda_2 \frac{x}{l} + B \operatorname{Cof} \lambda_2 \frac{x}{l} . \tag{18}$$

wobei λ_1 und λ_2 die reellen Wurzeln der Gleichungen

$$\frac{E J}{l^4} \lambda_1^4 - \frac{P}{l^2} \lambda_1^2 - \beta^2 \varrho = 0 \tag{19a}$$

und

$$\frac{E J}{l^4} \lambda_2^4 + \frac{P}{l^2} \lambda_2^2 - \beta^2 \varrho = 0 \tag{19b}$$

sind. Daraus ergibt sich

$$\lambda_1^2 = \frac{P l^2}{2 E J} + \sqrt{\left(\frac{P l^2}{2 E J}\right)^2 + \frac{\beta^2 \varrho l^4}{E J}} . \tag{20a}$$

$$\lambda_2^2 = - \frac{P l^2}{2 E J} + \sqrt{\left(\frac{P l^2}{2 E J}\right)^2 + \frac{\beta^2 \varrho l^4}{E J}} . \tag{20b}$$

Die Grenzbedingungen für $x = 0$ fordern

$$B = -b \quad \text{und} \quad A = -a \frac{\lambda_1}{\lambda_2} .$$

Am freien Ende $x = l$ muß erstens das Moment verschwinden, d. h. $\left(\frac{d^2 z}{dx^2}\right)_l = 0$ sein; das gibt

$$\frac{a}{b} = -\frac{\lambda_1^2 \cos\lambda_1 + \lambda_2^2 \mathfrak{Cof}\,\lambda_2}{\lambda_1^2 \sin\lambda_1 + \lambda_1 \lambda_2 \mathfrak{Sin}\,\lambda_2}. \tag{21}$$

und zweitens muß die in den Gleichungen (11) bzw. (12) ausgedrückte Bedingung bestehen, die man wegen Gleichung (17)

$$E\,J\left(\frac{d^4 z}{dx^4}\right)_l = \beta^2 \varrho\, z_l$$

auch schreiben kann

$$M\left(\frac{d^4 z}{dx^4}\right)_l + \varrho\left(\frac{d^3 z}{dx^3}\right)_l + \frac{P\varrho}{E\,J}\left(\frac{dz}{dx}\right)_l = 0\,. \tag{22}$$

Durch Einsetzen von Gleichung (18)

$$z_l = a \sin\lambda_1 + b \cos\lambda_1 - a\frac{\lambda_1}{\lambda_2}\mathfrak{Sin}\,\lambda_2 - b\,\mathfrak{Cof}\,\lambda_2$$

ergibt sich aus Gleichung (22)

$$\frac{a}{b} = -\frac{\frac{M}{m}(\lambda_1^4 \cos\lambda_1 - \lambda_2^4 \mathfrak{Cof}\,\lambda_2) + (\lambda_1^3 \sin\lambda_1 - \lambda_2^3 \mathfrak{Sin}\,\lambda_2) - \frac{Pl^3}{EJ}(\lambda_1 \sin\lambda_1 + \lambda_2 \mathfrak{Sin}\,\lambda_2)}{\frac{M}{m}(\lambda_1^4 \sin\lambda_1 - \lambda_1 \lambda_2^3 \mathfrak{Sin}\,\lambda_2) - (\lambda_1^3 \cos\lambda_1 + \lambda_1 \lambda_2^2 \mathfrak{Cof}\,\lambda_2) + \frac{Pl^2}{EJ}\lambda_1(\cos\lambda_1 - \mathfrak{Cof}\,\lambda_2)}. \tag{23}$$

Darin bedeutet $m = \varrho l$

die Stabmasse. $\frac{M}{m}$ stellt eine große Zahl dar, was bei der Näherungsrechnung zu berücksichtigen ist.

Durch Gleichsetzen der beiden Ausdrücke für $\frac{a}{b}$ nach Gleichung (21) und Gleichung (23) erhält man schließlich den folgenden Wert für $\frac{M}{m}$:

$$\frac{M}{m} = \frac{\lambda_1^4 + \lambda_2^4 + 2\lambda_1^2\lambda_2^2 \cos\lambda_1 \mathfrak{Cof}\lambda_2 + \lambda_1\lambda_2(\lambda_1^2 - \lambda_2^2)\sin\lambda_1 \mathfrak{Sin}\lambda_2 - \frac{Pl^2}{EJ}[(\lambda_1 \sin\lambda_1 + \lambda_2 \mathfrak{Sin}\lambda_2)^2 + (\cos\lambda_1 - \mathfrak{Cof}\lambda_2)(\lambda_1^2 \cos\lambda_1 + \lambda_2^2 \mathfrak{Cof}\lambda_2)]}{\lambda_1\lambda_2(\lambda_1^2 + \lambda_2^2)(\lambda_2 \sin\lambda_1 \mathfrak{Cof}\lambda_2 - \lambda_1 \cos\lambda_1 \mathfrak{Sin}\lambda_2)}. \tag{24}$$

Auf die weitere Berechnung, die nach dem Vorbild der oben erwähnten Arbeit von A. Sommerfeld zu erfolgen hat, soll hier nicht näher eingegangen werden. Gleichung (24) ist unter der Voraussetzung, daß

$$\frac{m}{M} \cdot \beta^2 \frac{l}{g} = \varepsilon$$

eine kleine Größe ist, zu entwickeln, wobei mit $\varepsilon = 0$ das frühere Ergebnis herauskommt, während die Berücksichtigung der ersten Potenz von ε in der Entwicklung den Einfluß der Stabmasse in erster Annäherung gibt.

Die oben wiedergegebenen Versuchsergebnisse werden auf diese Weise noch besser durch die Theorie erklärt, als es ohnehin schon ohne Berücksichtigung der Stabmasse geschehen ist.

Das wichtigste Ergebnis der Rechnungen und Versuche dürfte darin bestehen, daß sie einen Weg zur Bestimmung der Eulerschen Knicklast angeben, der gegenüber dem üblichen Knickversuch gewisse Vorteile bietet, indem er gestattet, bei zunehmender Last das Herankommen an die Eulersche Knicklast zu beobachten.

Schließlich sei auch auf die Möglichkeit einer Erweiterung dieser Schwingungsversuche nach einer Richtung hingewiesen, für die die Eulersche Knicklast keine Gültigkeit mehr besitzt; nämlich in dem sog. Tetmajerschen Knickgebiet für Stäbe mit verhältnismäßig großem Trägheitsmoment im Vergleich zu ihrer Länge. Für derartige Stäbe führt der Versuch mit schwingenden Massen gleichfalls zur genauen Bestimmung der Knicklast.

Eigenschwingungen von Systemen mit periodisch veränderlicher Elastizität.

Von **Ludwig Dreyfus**, Västerås, Schweden. (Allmänna Svenska.)

Die häufige Beobachtung von „Schüttelschwingungen" elektrischer Lokomotiven hat das Interesse an der mathematischen Behandlung von Systemen mit periodisch veränderlicher Elastizität geweckt. Solche Systeme besitzen gewisse Instabilitätszonen, die durch ganz bestimmte Werte T_{max} und T_{min} der Periodendauer T der elastischen Kraft begrenzt werden.

Liegt T außerhalb dieser Grenzen, so ergibt sich eine stabile Schwingung, die im allgemeinen nicht periodisch ist, deren Charakter aber doch nicht allzusehr von einer einfachen Sinusschwingung verschieden zu sein braucht.

Fällt T gerade mit einem der beiden Grenzwerte T_{max} oder T_{min} zusammen, so ist die Eigenschwingung periodisch und ungedämpft.

Liegt endlich T innerhalb eines Instabilitätsbereiches, so löst sich die Eigenschwingung in 2 periodische Komponenten auf, deren eine abklingt, während die andere ins Unendliche anwächst.

In den beiden letzten Fällen ist die Periode der (stabilen oder unstabilen) Eigenschwingung $= \frac{2T}{r}$, wobei r eine ganze Zahl ist. Innerhalb der Instabilitätszonen ist also die Periodendauer der Eigenschwingungen veränderlich.

Die folgende Behandlung des Problems ist zum größten Teile neu. Nur die Gleichungen (4) bis (8) lehnen sich an einen Aufsatz Prof. Meißners an[1]).

1. Diskussion der Schwingungsgleichung.

Die Gleichung der gedämpften Eigenschwingung eines Systemes von der Masse m der Dämpfungskonstante k und der Konstante der elastischen Kraft c lautet:

$$m \frac{d^2 y}{dt^2} + k \frac{dy}{dt} + cy = 0 . \tag{1}$$

[1]) Über Schüttelerscheinungen in Systemen mit periodisch veränderlicher Elastizität. Schweizerische Bauzeitung, September 1918.

Hierin sei c eine periodische Funktion der Zeit, und zwar eine Funktion, deren Periode T und Größenänderung von außen, unabhängig von der zustande kommenden Schwingung, bestimmt wird:

$$c(t) = c(t + T)\,. \tag{2}$$

Durch die Substitution

$$y = x \cdot e^{-\frac{k}{2m}t} \tag{3a}$$

führen wir die Differentialgleichung (1) der gedämpften Eigenschwingung in die Differentialgleichung (3) eines ungedämpften Systemes über:

$$\frac{d^2x}{dt^2} + \omega^2 x = 0 \tag{3}$$

mit

$$\omega = \sqrt{\frac{c}{m} - \left(\frac{k}{2m}\right)^2}\,. \tag{3b}$$

Zur Lösung dient ein Ansatz mit 2 Funktionen

$$x = x_1(t) + x_2(t) \tag{4}$$

und den Nebenbedingungen

$$\left.\begin{aligned} \left(\frac{dx_1}{dt}\right)_{t=0} &= x'_{10} = 0\,, \\ (x_2)_{t=0} &= x_{20} = 0\,. \end{aligned}\right| \tag{4a}$$

Zwischen beiden Funktionen besteht eine wichtige Beziehung. Da nämlich sowohl x_1 als auch x_2 für sich allein die Gleichung (3) befriedigen müssen, so gilt:

$$x''_1 + \omega^2 x_1 = 0\,,$$

$$x''_2 + \omega^2 x_2 = 0\,.$$

Durch Elimination von ω^2 folgt daraus:

$$x_1 x''_2 - x_2 x''_1 = 0$$

oder, wenn wir diese Gleichung integrieren:

$$x_1 x'_2 - x_2 x'_1 = \text{const}\,. \tag{5}$$

Wenden wir diese Gleichung auf die Zeitpunkte $t = 0$ und $t = T$ an, so folgt:

$$x_{10} x'_{20} = x_{1T} x'_{2T} - x_{2T} x'_{1T}\,. \tag{6}$$

Wir wollen nun untersuchen, unter welchen Bedingungen periodische Eigenschwingungen möglich sind. Zu diesem Zwecke versuchen wir den Ansatz für gedämpfte Schwingungen

$$\left.\begin{aligned} x_T &= \pm e^{-\alpha T} x_0 \quad \text{oder} \quad x_{1T} + x_{2T} = \pm e^{-\alpha T} x_{10}\,, \\ x'_T &= \pm e^{-\alpha T} x'_0 \quad \text{oder} \quad x'_{1T} + x'_{2T} = \pm e^{-\alpha T} x'_{20} \end{aligned}\right\} \tag{7}$$

und berechnen daraus

$$x_{2T} \cdot x'_{1T} = e^{-2\alpha T} x_{10} x'_{20} \mp e^{-\alpha T}(x_{10} x'_{2T} + x_{1T} x'_{20}) + x_{1T} x'_{2T}$$

oder mit Rücksicht auf Gleichung (6)

$$J = \frac{1}{2}\left[\frac{x_{1T}}{x_{10}} + \frac{x'_{2T}}{x'_{20}}\right] = \pm \operatorname{Cos} \alpha T\,. \tag{8}$$

Hieraus folgt zunächst, daß periodische Schwingungen nur dann möglich sind, wenn

$$|J| \geqq 1 \,. \tag{8a}$$

Zeichnet man also die charakteristische Funktion J als Funktion der Periodendauer T der Elastizität, so schneiden die Geraden $T = +1$ diejenigen (in Abb. 1 einfach schraffierten) Bereiche der Periodenzahl T ab, innerhalb deren periodische Eigenschwingungen möglich sind. Für die Grenzen (T_{max} bzw. T_{min}) einer solchen Zone ist die x-Schwingung ungedämpft und die y-Schwingung besitzt die natürliche Dämpfung $e^{-\frac{k}{2m}t}$ des Systemes. Zwischen T_{max} und T_{min} bestimmt der Schnitt-

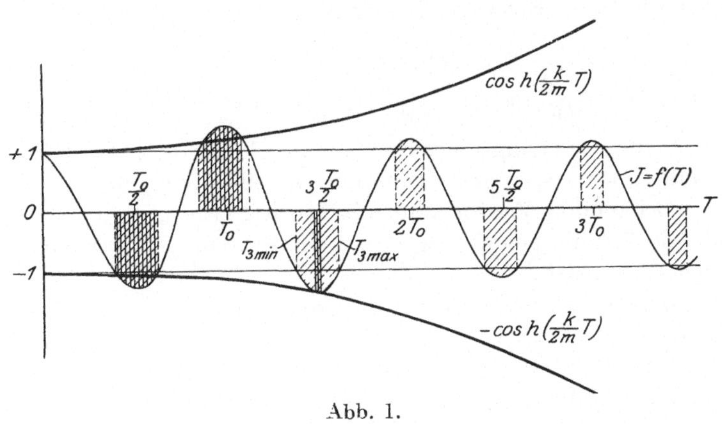

Abb. 1.

punkt der J-Funktion mit der hyperbolischen Cos-Linie ($\pm$Cos $\alpha\, T$) die Dämpfungsexponenten ($\pm$) α der x-Schwingung bzw. $\beta = \alpha + \frac{k}{2m}$ der y-Schwingung. Da Cos αT für gleiche positive und negative Werte von α dieselbe Größe besitzt, sind zwischen T_{max} und T_{min} positiv und negativ gedämpfte x-Schwingungen möglich. — Schneidet die Funktion Cos $\frac{k}{2m} T$ die J-Kurve, so besitzt auch die y-Schwingung (innerhalb der in Abb. 1 doppelt schraffierten Abschnitte) eine negativ gedämpfte Komponente, welche bei unverändertem Gesetz der Elastizitätsschwankung ins Ungemessene wachsen müßte (Schüttelschwingungen). Gemäß Gleichung (7) ist die volle Periode der Schüttelschwingungen entweder ebenso groß (gleichperiodische Schwingung, $J =$ Cos αT) oder doppelt so groß (doppeltperiodische Schwingung, $J = -$Cos αT) wie die Periodendauer der Elastizität. Doch können innerhalb dieser Periode Obertöne besonders stark ausgeprägt sein, so daß evtl. die Eigenschwingung den Charakter einer Schwebung erhält.

Wir wollen nun untersuchen, in welcher Beziehung die kritischen Periodenzahlen der Elastizität zur Eigenschwingungszahl des Systems stehen.

Zu diesem Zwecke formen wir Gleichung (3) durch Einführung einer neuen Zeitvariablen ϑ um. Und zwar sei

$$\vartheta = \int_0^t \frac{\omega}{\omega_0} dt \tag{9}$$

mit

$$\omega_0 = \sqrt{\frac{c_0}{m} - \left(\frac{k}{2m}\right)^2} = \frac{2\pi}{T_0} = \frac{1}{T}\int_0^T \omega\, dt \tag{9a}$$

(T_0 ist die mittlere Eigenschwingungsperiode des Systems). Es ergibt sich dann

$$\frac{d^2 x}{d\vartheta^2} + \frac{1}{2}\frac{d\ln\frac{c}{c_0}}{d\vartheta}\cdot\frac{dx}{d\vartheta} + \omega_0^2 x = 0\,. \tag{10}$$

Das ist die Gleichung eines Systems mit konstanter Elastizität und der Eigenfrequenz ω_0, dessen Dämpfungsglied mit einem um das Nullniveau pulsierenden Faktor multipliziert ist. Ein solches System ist also identisch umit einem ungedämpften System von periodisch veränderlicher Elastizität.

Wir können aus dieser Transformation eine Reihe neuer und wichtiger Folgerungen ziehen.

Zunächst ist auffallend, daß nicht die Elastizität als Funktion der Zeit, sondern ihr Logarithmus als Funktion der neuen Zeitvariablen ϑ den Schwingungsvorgang bestimmt. Man wird daher im allgemeinen eine gegebene Kurvenform der Elastizitätsschwankung auf diesen geänderten Ordinaten- und Abszissenmaßstab umzuzeichnen haben.

Sodann sehen wir, daß dem System durch das Dämpfungsglied eine gewisse Energie entzogen oder zugeführt wird, welche dem Integral

$$E = \int_{x_0}^{x} \frac{d\ln c}{d\vartheta}\cdot\frac{dx}{d\vartheta}\cdot dx = \frac{1}{2}\int_0^{\vartheta} \frac{d\ln c}{d\vartheta}\left(\frac{dx}{d\vartheta}\right)^2 d\vartheta$$

proportional ist. Ist dieses Integral zwischen den Grenzen 0 und T stets positiv, so bedeutet das eine Energieentziehung, also eine Dämpfung. Dagegen bedeutet ein durchaus negativer Integralwert eine Energiezufuhr von außen, die eine unstabile Pendelung zur Folge haben muß. Ist endlich der Integralwert Null, so bleibt der durchschnittliche Energieinhalt des schwingenden Systems unverändert; die Schwingung ist dann ungedämpft. Die Bedingung $E = 0$ bestimmt somit die Grenzen der Instabilitätszonen.

Denken wir uns ferner $\ln c = f(\vartheta)$ in eine Fouriersche Reihe mit der Periode T entwickelt, so ist leicht einzusehen, das $(E)_0^T$ im allgemeinen

einen von Null verschiedenen Wert haben muß, wenn auch x eine periodische Funktion von ϑ ist, und wenn außerdem $\left(\frac{dx}{d\vartheta}\right)^2$ dieselbe Frequenz wie $\ln c$ oder einen Oberton von $\ln c$ enthält. Periodizität ist also das Kennzeichen der Instabilität und die Schüttelschwingungen ergeben sich als eine Art Resonanzerscheinung zwischen Grund- oder Oberwellen der Schwingung $\ln c$ und der Eigenschwingung $\left(\frac{dx}{d\vartheta}\right)^2$. Nun liegt aber die Eigenfrequenz des Systems stets in der Nähe von $\frac{1}{T_0}$, also die Eigenfrequenz von $\left(\frac{dx}{d\vartheta}\right)^2$ in der Nähe von $\frac{2}{T_0}$. Soll daher diese Frequenz mit Grund- oder Oberwellen von $\ln c/c_0$ in Resonanz kommen, so müssen sich die kritischen Periodendauern der Elastizitätsschwankung um die Werte

$$T_r = \frac{T_0}{2}, \quad 2\,\frac{T_0}{2}, \quad 3\,\frac{T_0}{2} \ldots r\,\frac{T_0}{2} \tag{11}$$

gruppieren.

Wie aber kommt es, daß die Instabilität der Eigenschwingung nicht auf eine oder mehrere bestimmte Frequenzen der Elastizität beschränkt ist, sondern auf Frequenzbereiche, die sog. „Schüttelgebiete"? — Die Erklärung für diese auffallende Erscheinung liefert die Veränderlichkeit der Eigenschwingungsdauer mit dem Phasenwinkel zwischen der Schwingung des Systems und der elastischen Kraft. Verändern wir innerhalb eines Schüttelgebietes die Frequenz der Elastizität, so ändert sich dieser Phasenwinkel automatisch[1]) so, daß zwischen der Frequenz der Elastizität und der Systemschwingung dasselbe ganzzahlige Verhältnis erhalten bleibt. Verändern wir die Frequenz der Elastizität so stark, daß diese Anpassung nicht mehr möglich ist, so trennen sich die Frequenzen der Elastizität und der Eigenschwingung und damit hört sofort die Resonanz auf.

2. Integration der Schwingungsgleichung für kleine Pulsationen der Elastizität.

Wir entwickeln die Elastizitätsschwankung $\ln c = f(\vartheta)$ in eine Fouriersche Reihe:

$$\ln\left(\frac{c}{c_0}\right) = \gamma_0 + \sum_{2k=2,4,6}^{\infty} \gamma_{2k} \cos 2k\left(\frac{\pi}{T}\vartheta + \varphi_{2k}\right). \tag{12}$$

[1]) Die Möglichkeit hierzu gibt das Vorübergehende der gedämpften Schwingungskomponente [s. Gleichung (7) und (8) für positive Werte von α].

Für die ungedämpfte x-Schwingung versuchen wir 2 Ansätze, nämlich für die „gleichperiodische" Schwingung

$$x = \sum_{m=2,4,6}^{\infty} x_m \sin m\left(\frac{\pi}{T}\vartheta + \psi_m\right) \tag{13a}$$

und für die „doppeltperiodische" Schwingung:

$$x = \sum_{m=1,3,5}^{\infty} x_m \sin m\left(\frac{\pi}{T}\vartheta + \psi_m\right). \tag{13b}$$

Durch Einsetzen in Gleichung (10) ergibt sich dann für eine beliebige Harmonische von der Ordnungszahl n:

$$x_n\left\{\left|\left(\frac{2T}{T_0}\right)^2 - n^2\right| \sin n\left(\frac{\pi}{T}\vartheta + \psi_n\right) - n^2 \cdot \frac{\gamma_{2n}}{2} \sin n\left(\frac{\pi}{T}\vartheta + 2\varphi_{2n} - \psi_n\right)\right\}$$

$$\left.\begin{aligned} = \frac{1}{4}\cdot\sum_m m\,x_m\Big\{&(n+m)\,\gamma_{n+m}\cdot\sin\left[n\frac{\pi}{T}\vartheta + (n+m)\,\varphi_{n-m} - m\,\psi_m\right] \\ &+ (n-m)\,\gamma_{|n-m|}\cdot\sin\left[n\frac{\pi}{T}\vartheta + (n-m)\,\varphi_{|n-m|} + m\,\psi_m\right]\Big\}\end{aligned}\right\} \tag{14a}$$

$$\left.\begin{aligned} = \frac{1}{2}\sum_{k \neq n} k\,\gamma_{2k}\Big\{&|2k-n|\,x_{|2k-n|}\cdot\sin\left[n\frac{\pi}{T}\vartheta + 2k\,\varphi_{2k} - (2k-n)\,\varphi_{|2k-n|}\right] \\ &+ (2k+n)\,x_{2k+n}\cdot\sin\left[n\frac{\pi}{T}\vartheta - 2k\,\varphi_{2k} + (2k+n)\,\psi_{2k+n}\right]\Big\}\end{aligned}\right\} \tag{14b}$$

Wie wir bereits wissen, kann jeder Oberton „$2r$" der Elastizitätsschwankung zu einer Resonanzschwingung führen. wenn

$$\frac{2T}{T_0} \sim r.$$

Für diese Schwingung wird die Amplitude x_r so groß, daß hiergegen die Produkte $x_m \cdot \gamma$ auf der rechten Seite der Gleichung (14) in erster Annäherung vernachlässigt werden können. Hieraus berechnen sich die Grenzen $T_{r\,\mathrm{max}}$ und $T_{r\,\mathrm{min}}$ der Instabilitätszone „r" zu

$$\left.\begin{aligned} T_{r\,\mathrm{max}} &\sim r\,\frac{T_0}{2}\left(1 + \frac{\gamma_{2r}}{4}\right) \quad \text{mit} \quad \psi_r' = \varphi_{2r}, \\ T_{r\,\mathrm{min}} &\sim r\,\frac{T_0}{2}\left(1 - \frac{\gamma_{2r}}{4}\right) \quad \text{mit} \quad \psi_r'' = \varphi_{2r} + \frac{\pi}{2}. \end{aligned}\right\} \tag{15}$$

Die Breite der Instabilitätszone beträgt

$$T_{r\,\mathrm{max}} - T_{r\,\mathrm{min}} \sim r\,T_0\,\frac{\gamma_{2r}}{4}, \tag{16a}$$

und zwischen $T_{r\,\max}$ und $T_{r\,\min}$ verschiebt sich die Phase der x-Schwingung gegen die Elastizitätsschwankung um

$$r(\psi_r'' - \psi_r') = r\,\frac{\pi}{2}\,. \tag{16b}$$

Für die gedämpfte y-Schwingung [Gleichung (1)] wird die Instabilitätszone mit wachsender Ordnungszahl r immer schmäler oder sie verschwindet ganz (Abb. 1).

Da die in Resonanz befindliche Harmonische am stärksten ausgeprägt ist, erhält man die übrigen Harmonischen x_n mit guter Annäherung, wenn man in Gleichung (14a) (wenigstens zuerst) nur $x_m = x_r$ berücksichtigt. Es ergibt sich dann

$$\left.\begin{aligned} x_n\Bigg\{\Bigg[\left(\frac{2T}{T_0}\right)^2 &- n^2\Bigg]\sin n\left(\frac{\pi}{T}\vartheta + \psi_n\right) \\ &- n^2\,\frac{\gamma_{2n}}{2}\sin n\left(\frac{\pi}{T}\vartheta + 2\varphi_{2n} - \psi_n\right)\Bigg\} \\ &\approx \frac{r\,x_r}{4}\Bigg\{(n+r)\,\gamma_{n+r}\sin\left[n\,\frac{\pi}{T}\vartheta + (n+r)\,\varphi_{n+r} - r\,\psi_r\right] \\ &+ (n-r)\,\gamma_{n-r}\sin\left[n\,\frac{\pi}{T}\vartheta + (n-r)\,\varphi_{n-r} + r\,\psi_r\right]\Bigg\}, \end{aligned}\right\} \tag{17}$$

woraus Amplitude x_n und Phase ψ_n zu berechnen sind.

Für $\varphi_{2k} = 0$ wird auch $\psi_r' = 0$ und daher auch $\psi_n' = 0$. Es gilt dann

$$\frac{x_n'}{x_r'} \approx \frac{r}{4}\cdot\frac{(n+r)\,\gamma_{n+r} + (n-r)\,\gamma_{|n-r|}}{\left(\frac{2T}{T_0}\right)^2 - n^2\left(1 + \frac{\gamma_{2n}}{2}\right)}\,. \tag{18}$$

$$\approx \frac{r}{4}\cdot\frac{(n+r)\,\gamma_{n+r} + (n-r)\,\gamma_{|n-r|}}{r^2\left(1 + \frac{\gamma_{2r}}{2}\right) - n^2\left(1 + \frac{\gamma_{2n}}{2}\right)}\,. \tag{18a}$$

Man sieht daraus, daß die Schwingungsamplituden x_n mit dem Abstand ihrer Ordnungszahl n von der Resonanzordnungszahl r schnell abnehmen.

3. Kontrolle der Näherungslösung für größere Pulsationen der Elastizität.

Wenngleich die Ableitungen des vorigen Abschnittes eine kleine Pulsation der Elastizität nun ihrem Mittelwert voraussetzen, kann die gefundene Lösung doch bis zu recht großen Elastizitätsschwankungen mit guter Annäherung angewandt werden. Ich will dies an 2 Beispielen zeigen, für welche sich die genaue Lösung angeben läßt.

Erstes Beispiel.

Die Elastizitätsschwankung gehorche einem reinen Sinusgesetz

$$\ln\left(\frac{c}{c_0}\right) = \gamma_0 + \gamma_2 \cos 2\,\frac{\pi}{T}\,\vartheta\,. \tag{19}$$

Die Lösung lautet:

$$x = \sum x_n \sin n\,\frac{\pi}{T}\,\vartheta \tag{20a}$$

mit

$$x_n\left[\left(\frac{2\,T}{T_0}\right)^2 - n^2\right] = \frac{\gamma_2}{2}\left[\,|n-2|\,x_{n-2} - (n+2)\,x_{n+2}\right], \tag{20}$$

also:

$$x_1\left[\left(\frac{2\,T}{T_0}\right)^2 - 1\right] = +\frac{\gamma_2}{2}\left[\,x_1 - 3\,x_3\right].$$

$$x_2\left[\left(\frac{2\,T}{T_0}\right)^2 - 4\right] = +\frac{\gamma_2}{2}\left[\,0 - 4\,x_4\right].$$

$$x_3\left[\left(\frac{2\,T}{T_0}\right)^2 - 9\right] = +\frac{\gamma_2}{2}\left[\,x_1 - 5\,x_5\right].$$

$$x_4\left[\left(\frac{2\,T}{T_0}\right)^2 - 16\right] = +\frac{\gamma_2}{2}\left[2\,x_2 - 6\,x_6\right].$$

$$x_5\left[\left(\frac{2\,T}{T_0}\right)^2 - 25\right] = +\frac{\gamma_2}{2}\left[3\,x_3 - 7\,x_7\right].$$

$$x_6\left[\left(\frac{2\,T}{T_0}\right)^2 - 36\right] = +\frac{\lambda_2}{2}\left[4\,x_4 - 8\,x_8\right] \quad \text{usw.}$$

Da die Kurve $\ln\frac{c}{c_0}$ keine Oberwellen besitzt, sollte es nach unserer Näherungstheorie nur eine einzige Instabilitätszone geben mit der Ordnungszahl

$$r = 1\,.$$

Hierfür wird gemäß Gleichung (20)

$$T_1 = \frac{T_0}{2}\sqrt{1 \pm \frac{\gamma_2}{2} + \cfrac{1\cdot 3\cdot\left(\frac{\gamma_2}{2}\right)^2}{9 - \left(\frac{2\,T_1}{T_0}\right)^2 + \cfrac{3\cdot 5\cdot\left(\frac{\gamma_2}{2}\right)^2}{25 - \left(\frac{2\,T_1}{T_0}\right)^2 + \cfrac{5\cdot 7\left(\frac{\gamma_2}{2}\right)^2}{49 - \left(\frac{2\,T_1}{T_0}\right)^2 + \ldots}}}} \tag{21}$$

Setzen wir $\gamma_2 = 2$, also

$$\ln\frac{c_{\max}}{c_{\min}} = 4 \qquad \text{oder} \qquad \frac{c_{\max}}{c_{\min}} = e^4 = 54.6\,,$$

so wird nach den Näherungsgleichungen

$$T_{1\,\max} = \frac{T_0}{2} \cdot 1{,}5\,,$$

$$T_{1\,\min} = \frac{T_0}{2} \cdot 0{,}5\,,$$

$$T_{1\,\max} - T_{1\,\min} = T_0 \cdot 0{,}5\,,$$

und gemäß der genaueren Gleichung (21)

$$T_{1\,\max} = \frac{T_0}{2} \cdot 1{,}55\,,$$

$$T_{1\,\min} = \frac{T_0}{2} \cdot 0{,}57\,,$$

$$T_{1\,\max} - T_{1\,\min} = T_0 \cdot 0{,}49\,.$$

Für $r = 1$ stimmt also die Näherungslösung bis zu sehr großen Schwankungen der Elastizität ganz vorzüglich. Wir haben aber noch zu zeigen, daß Instabilitätszonen von höherer Ordnungszahl ($r > 1$) entweder nicht vorhanden oder nur schmal sind.

Nun ist gemäß Gleichung (20) für beliebige Werte von r

$$\left(\frac{2\,T_r}{T_0}\right)^2 = r^2 + \frac{\gamma_2}{2}\left\{|r-2|\,\frac{x_{|r-2|}}{x_r} - (r+2)\,\frac{x_{r+2}}{x_r}\right\} \tag{22}$$

mit

$$\left.\begin{aligned} &\mp\frac{\gamma_2}{2}(r+2)\frac{x_{r+2}}{x_r} \\ &= \cfrac{r(r+2)\cdot\left(\frac{\gamma_2}{2}\right)^2}{(r+2)^2 - \left(\frac{2\,T_r}{T_0}\right)^2 + \cfrac{(r+2)(r+4)\cdot\left(\frac{\gamma_2}{2}\right)^2}{(r+4)^2 - \left(\frac{2\,T_r}{T_0}\right)^2 + \cfrac{(r+4)(r+6)\cdot\left(\frac{\gamma_2}{2}\right)^2}{(r+6)^2 - \left(\frac{2\,T_r}{T_0}\right)^2 + \dots}}} \end{aligned}\right\} \tag{22a}$$

und

$$\left.\begin{aligned} &\pm\frac{\gamma_2}{2}(r-2)\frac{x_{r-2}}{x_r} \\ &= \cfrac{r(r-2)\left(\frac{\gamma_2}{2}\right)^2}{\left(\frac{2\,T_r}{T_0}\right)^2 - (r-2)^2 + \cfrac{(r-2)(r-4)\cdot\left(\frac{\gamma_2}{2}\right)^2}{\left(\frac{2\,T_r}{T_0}\right)^2 - (r-4)^2 + \cfrac{(r-4)\cdot(r-6)\left(\frac{\gamma_2}{2}\right)^2}{\left(\frac{2\,T_r}{T_0}\right)^2 - (r-6)^2 + \dots \cfrac{(r-l+2)(r-l)\left(\frac{\gamma_2}{2}\right)^2}{\left(\frac{2\,T_r}{T_0}\right)^2 - (r-l)^2 \mp \frac{\gamma_2}{2}\cdot(r-l-2)\frac{x_{r-l-2}}{x_{r-l}}}}}} \end{aligned}\right\} \tag{22b}$$

dabei ist für ungerade Ordnungszahlen r

und

$$\left.\begin{aligned} r - l - 2 &= 1 \\ +\frac{\gamma_2}{2}(r-l-2)\frac{x_{r-l-2}}{x_{r-l}} &= +\frac{3\left(\frac{\gamma_2}{2}\right)^2}{\left(\frac{2T}{T_0}\right)^2 - \left(1+\frac{\gamma_2}{2}\right)}, \end{aligned}\right\} \tag{23a}$$

dagegen für gerade Ordnungszahlen r

und

$$\left.\begin{aligned} r - l - 2 &= 2 \\ +\frac{\gamma_2}{2}(r-l-2)\frac{x_{r-l-2}}{x_{r-l}} &= +\frac{2\cdot 4\cdot\left(\frac{\gamma_2}{2}\right)^2}{\left(\frac{2T}{T_0}\right)^2 - 4}. \end{aligned}\right\} \tag{23b}$$

Für gerade Ordnungszahlen r tritt die Elastizitätsschwankung γ'_2 stets im Quadrat auf, so daß für positive oder negative Werte von γ'_2 dieselbe Periodendauer T_r erhalten wird. Die Instabilitätszone schrumpft somit zu einem Punkt zusammen, Schüttelschwingungen können nicht auftreten.

Für ungerade Ordnungszahlen r enthält Gleichung (22) γ_2 in der ersten Potenz, so daß für positive und negative Werte von γ'_2 verschiedene Periodendauern $T_{r\max}$ und $T_{r\min}$ erhalten werden, welche eine Instabilitätszone einschließen. Es können also Schüttelschwingungen von der Ordnungszahl 3, 5 usw. auftreten, obwohl die Kurve $\ln\frac{c}{c_0}$ keinen entsprechenden Oberton aufweist. Doch sind diese Instabilitätszonen bei nicht zu großen Pulsationen der Elastizität sehr schmal. Bereits für $r = 3$ ergibt sich

$$\left(\frac{2T_3}{T_0}\right)^2 = 9 - \frac{3\left(\frac{\gamma'_2}{2}\right)^2}{\left(\frac{2T_3}{T_0}\right)^2 - \left(1+\frac{\gamma_2}{2}\right)} + \frac{3\cdot 5\left(\frac{\gamma'_2}{2}\right)^2}{25 - \left(\frac{2T_3}{T_0}\right)^2 + \frac{5\cdot 7\cdot\left(\frac{\gamma_2}{2}\right)^2}{49 - \left(\frac{2T_3}{T_0}\right)^2 + \ldots}} \tag{24}$$

oder für $\gamma_2 = 1$

$$\left.\begin{aligned} T_{3\max} &= 3{,}1\cdot\frac{T_0}{2}, \\ T_{3\min} &= 3{,}085\,\frac{T_0}{2}, \\ T_{3\max} - T_{r\min} &= 0{,}0075\,T_0 \sim \left(\frac{\gamma_2}{8}\right)^3\cdot\frac{T_0}{2}. \end{aligned}\right\} \tag{24a}$$

Das ist ein so kleiner Wert, daß praktisch nur mit der Schüttelschwingung erster Ordnung gerechnet werden braucht, welche unsere Näherungstheorie genügend genau beschreibt.

Zweites Beispiel.

Die Elastizität ändere sich sprungweise nach dem gebrochenen Linienzug der Abb. 2. Die Schwingung kann daher nach Ansatz (4) elementar behandelt und die charakteristische Funktion J nach Gleichung (8) berechnet werden. Beschränken wir uns dabei auf ungedämpfte Systeme ($\alpha = 0$), so lautet diese Gleichung für unser Beispiel $\left(\text{mit} \quad \omega_1 = \sqrt{\frac{c_1}{m}}, \quad \omega_2 = \sqrt{\frac{c_2}{m}}\right)$

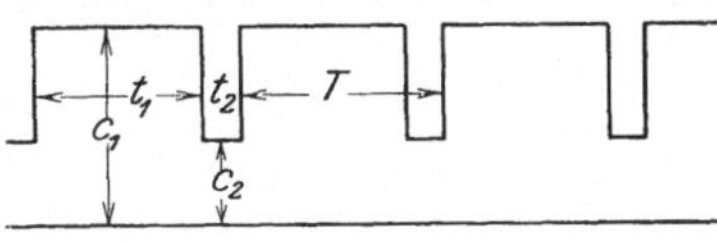

Abb. 2.

$$\cos\omega_1 t_1 \cos\omega_2 t_2 - \frac{1}{2}\left(\frac{\omega_1}{\omega_2} + \frac{\omega_2}{\omega_1}\right) \sin\omega_1 t_1 \sin\omega_2 t_2 = \pm 1\,. \tag{25}$$

Das $+$-Zeichen gilt für die „gleichperiodische“, das $-$-Zeichen für die „doppeltperiodische“ Schwingung. Für letztere ergibt sich folgende Entwickelung

$$\cos(\omega_1 t_1 + \omega_2 t_2)\left[\frac{1}{2} + \frac{1}{4}\left(\frac{\omega_1}{\omega_2} + \frac{\omega_2}{\omega_1}\right)\right] + \cos(\omega_1 t_1 - \omega_2 t_2)\left[\frac{1}{2} - \frac{1}{4}\left(\frac{\omega_1}{\omega_2} + \frac{\omega_2}{\omega_1}\right)\right] = -1\,,$$

$$\cos^2\frac{\omega_1 t_1 + \omega_1 t_2}{2}\left[\sqrt{\frac{\omega_1}{\omega_2}} + \sqrt{\frac{\omega_2}{\omega_1}}\right]^2 - \cos^2\frac{\omega_1 t_1 - \omega_2 t_2}{2}\left[\sqrt{\frac{\omega_1}{\omega_2}} + \sqrt{\frac{\omega_2}{\omega_1}}\right]^2 = 0$$

oder, wenn wir

$$\left.\begin{aligned} \omega_1 t_1 &= \omega_0 \vartheta_1\,, \\ \omega_2 t_2 &= \omega_0 \vartheta_2\,, \\ \omega_1 t_1 + \omega_2 t_2 &= \omega_0 T = \Theta = 2\pi \frac{T}{T_0}\,, \end{aligned}\right\} \tag{26a}$$

$$\frac{2\vartheta_1}{\vartheta_1 + \vartheta_2} = \varepsilon$$

einführen:

$$\cos\frac{\Theta}{2} = \frac{\omega_1 - \omega_2}{\omega_1 + \omega_2} \cos\left[\frac{\Theta}{2}(1 - c)\right]. \tag{26}$$

Abb. 3 zeigt die graphische Lösung dieser Gleichung. Die Instabilitätszonen sind durch Schraffur hervorgehoben. Sie liegen zu beiden Seiten der Werte

$$\Theta_r = \pi\,, \quad 3\pi \ldots r\pi \quad (r = 2m + 1)\,,$$

bzw.

$$T_r = \frac{T_0}{2}\,, \quad 3\frac{T_0}{2} \ldots r\frac{T_0}{2}\,,$$

wobei nach Gleichung (26a) T_0 die mittlere Eigenschwingungsdauer des Systems bedeutet.

Die vollständige Lösung, die auch die Breite der Instabilitätszonen einschließt, können wir aus Abb. 3 direkt ablesen. Solange wir nämlich die Elastizitätsschwankung nicht allzu groß annehmen, sondern uns in den Grenzen

$$\frac{c_1}{c_2} \leqq 10 \qquad \text{bzw.} \qquad \frac{\omega_1 - \omega_2}{\omega_1 + \omega_2} \leqq 0{,}5 \tag{27}$$

halten, gilt mit guter Annäherung

$$\Theta_r = r\pi + 2 \arcsin\left[\frac{\omega_1 - \omega_2}{\omega_1 + \omega_2} \cos\frac{\Theta_r}{2}(1-\varepsilon)\right]$$

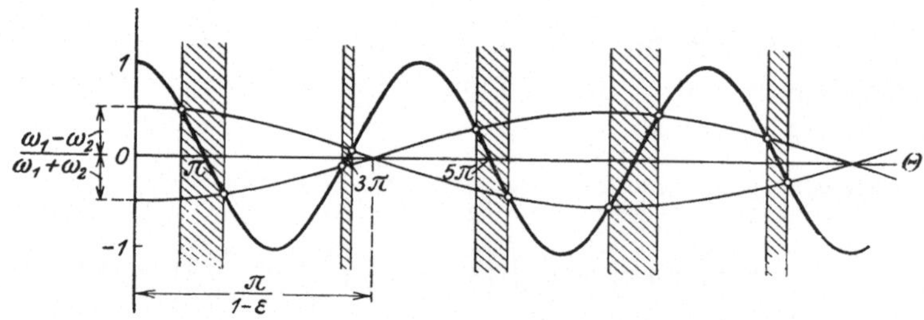

Abb. 3.

oder, wenn wir

$$\cos\frac{\Theta_r}{2}(1-\varepsilon) \backsim \cos r\frac{\pi}{2}(1-\varepsilon) = \pm \sin r\frac{\pi\varepsilon}{2}$$

einführen:

$$\Theta_r = r\pi\left(1 \pm \frac{2}{r\pi} \arcsin\left[\frac{\omega_1 - \omega_2}{\omega_1 + \omega_2} \sin r\frac{\pi\varepsilon}{2}\right]\right).$$

Setzen wir endlich innerhalb der durch Gleichung (27) vorgeschriebenen Grenzen

$$\arcsin\alpha \backsim \alpha\,,$$

so wird endgültig:

$$T_r = r\frac{T_0}{2}\left[1 \pm \frac{\gamma_{2r}}{4}\right] \tag{28}$$

mit

$$\gamma_{2r} = 4\frac{\omega_1 - \omega_2}{\omega_1 + \omega_2} \cdot \frac{2}{r\pi} \sin r \cdot \frac{\pi\varepsilon}{2}\,, \tag{28a}$$

und diese Lösung gilt nicht nur für die „doppeltperiodische" Schwingung ($r = 2m + 1$), sondern, wie sich leicht zeigen läßt, auch für die „gleichperiodische" Schwingung ($r = 2m$).

Die vorletzte Gleichung ist identisch mit Gleichung (15) unserer Näherungstheorie. An Stelle der letzten Gleichung würde unsere Näherungstheorie

$$\gamma_{2r} \cdot \ln \frac{c_1}{c_2} \cdot \frac{2}{r\pi} \sin r \frac{\pi \varepsilon}{2} \tag{29}$$

liefern. Nun ist aber

$$\ln \frac{c_1}{c_2} = 2 \ln \frac{\omega_1}{\omega_2} = 2 \ln \frac{1 + \dfrac{\omega_1 - \omega_2}{\omega_1 + \omega_2}}{1 - \dfrac{\omega_1 - \omega_2}{\omega_1 + \omega_2}}.$$

Daher gilt auch mit guter Annäherung

$$\ln \frac{c_1}{c_2} \backsim 4 \frac{\omega_1 - \omega_2}{\omega_2 + \omega_2},$$

womit die Brauchbarkeit der Näherungstheorie abermals bewiesen ist.

Der Verdrehungswinkel von Walzeisenträgern.

Von **Constantin Weber**, Duisburg.

Zur Berechnung des Verdrehungswinkels von Walzeisenträgern ist von A. Föppl eine Näherungsformel vorgeschlagen[1]), die mit Zuverlässigkeit für solche Querschnitte gilt, die aus sehr schmalen Rechtecken zusammengesetzt sind. Die Genauigkeit ergibt sich aus den von A. Föppl veröffentlichten Versuchen[2]) mit ∟-, ⊤-, [-, I- und +-Querschnitten, wobei eine mehr oder weniger gute Übereinstimmung mit der Formel festzustellen ist. In vorliegender Arbeit will ich auf theoretischem Wege einige Walzeisenquerschnitte genauer untersuchen.

Die Näherungsformel für Walzeisenquerschnitte.

Der verhältnismäßige Verdrehungswinkel ϑ eines prismatischen Stabes ist:

$$\vartheta = \frac{M_d}{J_d \cdot G}. \tag{1}$$

(G = Gleitmaß, J_d = Drillungswiderstand.)

Ist der Querschnitt ein Rechteck von der Länge l und Breite b, so wird, falls $\frac{l}{b} \geqq 4$ ist:

$$J_d \backsim \tfrac{1}{3}(l\,b^3 - 0{,}63\,b^4). \tag{2}$$

Für sehr lange Rechtecke kann das letzte Glied vernachlässigt werden; man erhält

$$J_d \backsim \tfrac{1}{3}\,l\,b^3. \tag{3}$$

Die weitere Verwertung dieser Gleichung ergibt sich mit Hilfe des Prandtlschen Membranengleichnisses: Schneidet man in einer starren Platte eine Öffnung von der Form des Querschnittes, spannt hierüber eine allseitig gleichmäßig gezogene Membrane und läßt auf diese von unten einen gleichmäßigen Überdruck wirken, so entspricht bis auf einen bestimmten Beiwert bei nicht zu großer Verwölbung der Membranenfläche die Neigung derselben der örtlichen Drehungsspannung und der

---

[1]) Föppl, A.: Über den elastischen Verdrehungswinkel eines Stabes. Sitzungsbericht der Bayr. Akad. d. W. 1917.

[2]) Föppl, A.: Versuche über die Verdrehungssteifigkeit der Walzeisenträger. Sitzungsbericht der Bayr. Akad. d. W. 1921 und, Föppl, A.: Verdrehungsversuche mit Stäben von kreuzförmigem Querschnitt. V. D. I. 1922, S. 827—828.

doppelte Rauminhalt unter der Membranenfläche dem Drehungsmomente M_d. Hierbei sind Spannungen und Moment durch die Querschnittsgrößen und ϑG ausgedrückt.

Für den langen rechteckigen Querschnitt ist die Membranenwölbung in Abb. 1 dargestellt. Der Schnitt der Membrane nach einer Breitenlinie gibt eine Parabel mit der mittleren Pfeilhöhe $h = \frac{1}{4} b^2 \cdot \vartheta G$; die Randspannung wird $b \vartheta G$, der doppelte Rauminhalt, falls die Parabelform für die ganze Länge gilt, — $\frac{1}{3} l b^3 \vartheta G$. Da an den Enden die Wölbung geringer ist, so ist für jedes stumpfe Ende $\frac{1}{3} \cdot 0{,}315\, b^4$ abzuziehen oder die Länge des Rechteckes um je $0{,}315\, b$ zu kürzen. Der Rauminhalt läßt sich auch durch ein Rechtkant von der Höhe $\frac{1}{4} b^2 \vartheta G$, der Länge $l - 0{,}63\, b$ und der Breite der $\frac{2}{3} b$ darstellen, wie strichpunktiert in Abb. 1 angegeben ist. Nimmt man als Pfeilhöhe $\frac{1}{4} b^2$, so erhält man an Stelle des Momentes den Drillungswiderstand J_d.

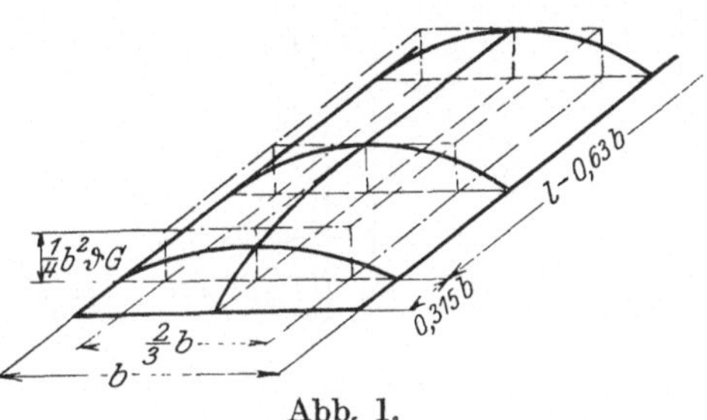

Abb. 1.

Ist der Querschnitt aus langen Rechtecken zusammengesetzt, so ist bis auf die Verbindungsstellen die Verwölbung der Membrane dieselbe wie in den unabhängigen Rechtecken. Für jeden Teil kann Gleichung (3) angewandt werden, und man erhält den von A. Föppl vorgeschlagenen Näherungswert

$$J_d' \infty \sum \tfrac{1}{3} l_n b_n^3 . \tag{4}$$

Die Abweichungen vom tatsächlichen Werte J_d entstehen zum Teil infolge der ungenauen Übereinstimmung der Querschnittsteile mit den Ersatzrechtecken, zum Teil infolge des zusätzlichen Rauminhaltes unter der Membrane in den Gabelungs- und Kreuzpunkten der Rechtecke. Es ist klar, daß sich in diesen Stellen die weniger gehaltene Membrane stärker durchwölbt.

Der unverzweigte Streifenquerschnitt.

Ist der Querschnitt ein Streifen von sich allmählich ändernder Breite, so gibt jeder Breitenschnitt der Membrane (mit Ausnahme der Streifenenden) ebenfalls angenähert einen Parabelbogen mit der veränderlichen Pfeilhöhe $\frac{1}{4} b^2$. Dies gilt auch, falls der Streifen gekrümmt ist.

Hiernach lassen sich L-, ˥L- und [-Querschnitte untersuchen. Abb. 2 zeigt eine Hälfte des [-Querschnittes NP 30; die Ecke zwischen Steg und Flansch ist nach dem eingeschriebenen Kreise abgerundet. Der Querschnitt ist durch Breitenlinien (Sehnen durch die Berührungspunkte der eingeschriebenen Kreise) in schmale Vierecke (bzw. Dreiecke) zerlegt. Diese sind durch flächengleiche Trapeze von gleicher mittlerer Breite Δl ersetzt, die aneinandergereiht den gestreckten Streifen nach Abb. 3 geben. Hierüber sind die Werte $\frac{1}{3} b^3$ abgetragen und an den Streifenenden je 0,315 b von der Länge weggelassen. Der Flächeninhalt unter der so erhaltenen Linie gibt den Wert $J_d = 38{,}2$ cm⁴.

Nach Gleichung (4) berechnet, erhält man

$$J'_d = \tfrac{1}{3}[2 \cdot 10 \cdot 1{,}6^3 + 26{,}8 \cdot 1^3]$$
$$= 36{,}3 \text{ cm}^4.$$

Hieraus ergibt sich eine Berichtigungsziffer

$$\frac{J_d}{J'_d} = 1{,}06\,.$$

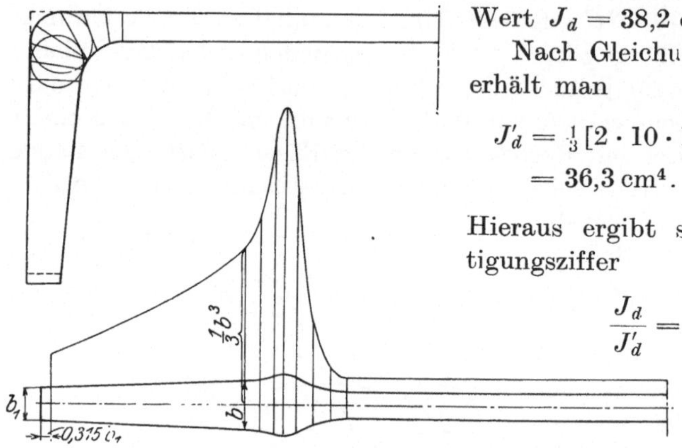

Abb. 2 und 3.

Die Versuche mit [-Eisen ergaben die Ziffern 0,98 bis 1,25, im Mittel 1,09.

Die Vergrößerung des Drillungswiderstandes infolge der Verdickung im Knicke des Streifens wird zum Teil durch die Abflachungen an den Streifenenden aufgehoben. Für Winkelquerschnitte, Abb. 4, mit $r = b$ erhält man auf gleiche Weise

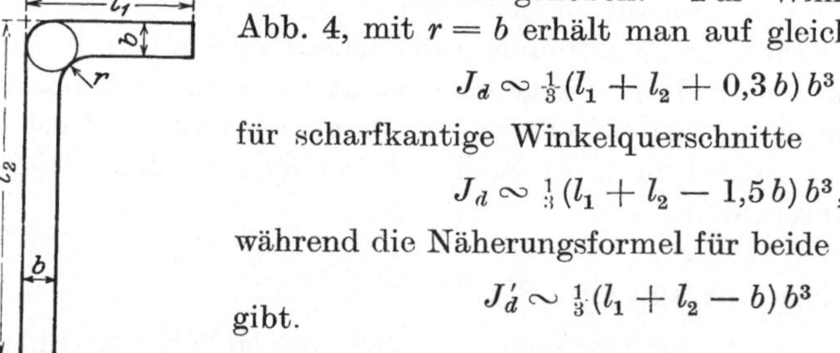

$$J_d \sim \tfrac{1}{3}(l_1 + l_2 + 0{,}3\,b)\,b^3,$$

für scharfkantige Winkelquerschnitte

$$J_d \sim \tfrac{1}{3}(l_1 + l_2 - 1{,}5\,b)\,b^3,$$

während die Näherungsformel für beide

$$J'_d \sim \tfrac{1}{3}(l_1 + l_2 - b)\,b^3$$

gibt.

Abb. 4.

Der Kreuzquerschnitt.

Einen größeren Einfluß auf den Drillungswiderstand haben Gabelungs- und Kreuzpunkte.

Für den Kreuzquerschnitt, Abb. 5, gibt die Nährungsformel $J'_d = \frac{1}{3}(l_1 + l_2 - b)\,b^3$. In Abhängigkeit vom Verhältnis des Abrundungshalbmessers r zur Streifenbreite b ist ein Verbesserungswert hinzuzufügen.

Die Grenzfälle des Kreuzquerschnittes sind in Abb. 6 $\left(\frac{r}{b} = \infty\right)$ und in Abb. 7 $\left(\frac{r}{b} = 0\right)$ dargestellt, wobei der Durchmesser des eingeschriebenen Kreises unveränderlich gleich a genommen ist.

Im ersten Falle bleibt nur der durch die Abrundungsbogen gebildete Sternquerschnitt nach; im zweiten Falle erhält man den scharfwinkligen Kreuzquerschnitt.

Zur Untersuchung des Sternquerschnittes vergleichen wir die bekannten Membranenhöhen h_m und Drillungswiderstände J_d des eingeschriebenen Kreises und Quadrates, Abb. 8. Man erhält:

Kreis $h_m = 0{,}125\, a^2$, $J_d = 0{,}0982\, a^4 \backsim 6{,}3\, h_m^2$,

Quadrat $h_m = 0{,}1472\, a^2$, $J_d = 0{,}1404\, a^4 \backsim 6{,}5\, h_m^2$.

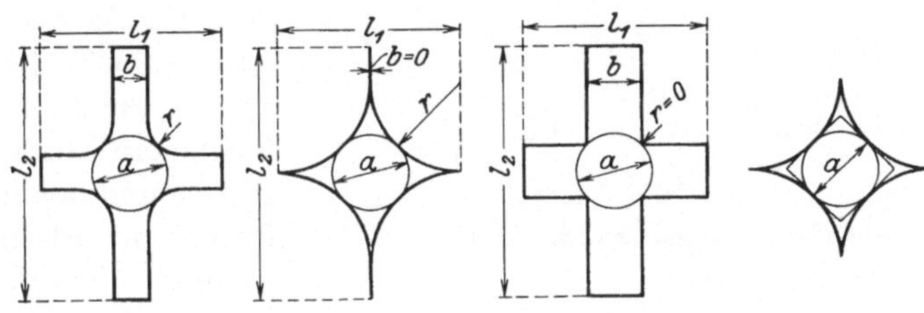

Abb. 5 bis 8.

Auch für den Sternquerschnitt wird man $J_d \backsim 6{,}5\, h_m^2$ nehmen können. Die Membranenhöhe h_m wird nur wenig mehr als beim Quadrate sein. Man erhält näherungsweise

$$h_m \backsim 0{,}15\, a^2, \qquad J_d \backsim 0{,}15\, a^4 \backsim 6{,}5\, h_m^2. \tag{5}$$

Für den Kreuzquerschnitt mit großen Ausrundungen ist folglich zum Drillungswiderstand nach Gleichung (4) der Wert $0{,}15\, a^4$ hinzuzuzählen.

Etwas eingehender werde der scharfwinklige Kreuzquerschnitt untersucht.

Wir greifen auf das Membranengleichnis zurück. Die Durchwölbung der Membrane in einem beliebigen Punkte sei F; am Querschnittsrande ist $F_r = 0$; der doppelte Rauminhalt unter der Membrane ist J_d.

Die Differentialgleichung der Verwölbung ist

$$\frac{\partial^2 F}{\partial x^2} + \frac{\partial^2 F}{\partial y^2} = -2 \tag{6}$$

mit der allgemeinen Lösung

$$F = -2\left(\frac{x^2}{4} + \frac{y^2}{4}\right) + f_1(x + i\, y) + f_2(x - i\, y). \tag{7}$$

Die analytischen Funktionen f_1 und f_2 sind so zu wählen, daß die imaginären Glieder fortfallen und am Rande $F = 0$ wird.

Wir zerlegen die Lösung in

$$F_1 = -2\left(\frac{x^2}{4} + \frac{y^2}{4}\right) = -\frac{r^2}{2} \tag{8}$$

und

$$F_2 = f_1(x + i\,y) + f_2(x - i\,y) = \Re f(x + i\,y). \tag{9}$$

Der letzte Ausdruck bedeutet den reellen Teil einer Funktion von $x + i\,y$.

Der erste Teil gibt am Rande des Querschnittes die Werte $-\frac{1}{2} r^2$, die sich also verhältnisgleich dem Quadrate der Länge r des Polstrahles ändern. Der zweite Teil muß folglich am Rande die Werte $+\frac{1}{2} r^2$ geben. Trägt man über dem Rande des Kreuzquerschnittes die Werte $F_{2,r} = \frac{1}{2} r^2$ ab, Abb. 9, biegt hiernach ein Drahtgestell und spannt hierüber eine allseitig gespannte Membrane, so nimmt diese die Form der gesuchten Fläche F_2 an.

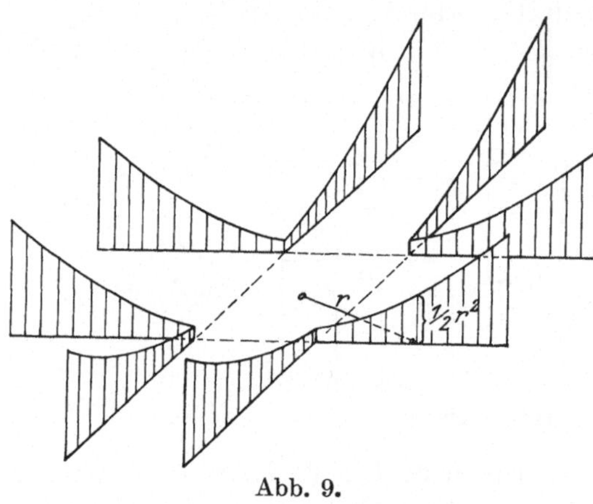

Abb. 9.

Die Lösung von F_2 läßt sich mit Hilfe der konformen Abbildungen finden.

Wir setzen

$$\left.\begin{aligned} x + i\,y &= \frac{b}{\pi}\left[\frac{\pi}{2} + i\,\frac{\pi}{2} - \operatorname{arctg}\sqrt{\mathfrak{Cof}\,\frac{1}{2}\ln(\xi + i\,\eta)}\right. \\ &\qquad \left. + \mathfrak{Artg}\sqrt{\mathfrak{Cof}\,\frac{1}{2}\ln(\xi + i\,\eta)}\right] \\ &= \frac{b}{\pi}\left[\frac{\pi}{2} + i\,\frac{\pi}{2} - \operatorname{arctg}\sqrt{\mathfrak{Cof}\,\frac{\psi + i\,\varphi}{2}}\right. \\ &\qquad \left. + \mathfrak{Artg}\sqrt{\mathfrak{Cof}\,\frac{\psi + i\,\varphi}{2}}\right] \\ &= \frac{b}{\pi}\left[\frac{\pi}{2} + i\,\frac{\pi}{2} - \operatorname{arctg}\sqrt{\cos\frac{\varphi - i\,\psi}{2}}\right. \\ &\qquad \left. + \mathfrak{Artg}\sqrt{\cos\frac{\varphi - i\,\psi}{2}}\right]. \end{aligned}\right\} \tag{10}$$

Hierin sind x und y die Koordinaten des Kreuzquerschnittes, $\xi = e^{\psi}\cos\varphi$ und $\eta = e^{\psi}\sin\varphi$ die Koordinaten des Einheitskreises, bzw. e^{ψ} und φ

die Polarkoordinaten des letzteren. Jedem Punkte des Einheitskreises ($0 \leqq e^{\psi} \leqq 1$) entspricht ein Punkt des Kreuzquerschnittes zwischen den positiven Koordinatenachsen und die drei symmetrisch liegenden Punkte zwischen den anderen Achsrichtungen.

Man überzeugt sich hiervon am einfachsten auf Grund der Abb. 10 bis 13. Abb. 10 zeigt den Einheitskreis. Für $\psi = -\infty$ erhält man den Mittelpunkt, für $\psi = 0$ den Umfang, e^{ψ} ist der Polstrahl, φ — der Polwinkel.

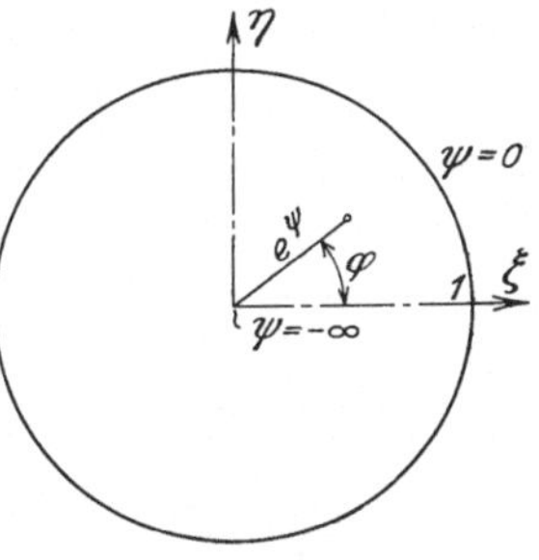

Abb. 10.

Abb. 11 zeigt die konforme Abbildung

$$\mathfrak{x} + i\,\mathfrak{y} = \sqrt{\mathfrak{Cof}\,\frac{\psi + i\varphi}{2}} = \sqrt{\cos\frac{\varphi - i\psi}{2}}\,.$$

Für $\psi = 0$ erhält man das Geradenkreuz zwischen $\mathfrak{x} = +1$ und $\mathfrak{x} = -1$, $\mathfrak{y} = +i$ und $\mathfrak{y} = -i$, für $0 > \psi > -\infty$ geschlossene vierfachsymmetrische Kurven, für $\psi = -\infty$ einen unendlich großen Kreis. Auch die Lagenänderung infolge des Anwachsens der Größe φ von 0 bis 8π ist aus der Abbildung zu ersehen. Man erhält Kurven (zum Teil Gerade für $\varphi = 0$, π usw.), die an der Kurve $\psi = 0$ beginnen und sich bis $\psi = -\infty$ erstrecken.

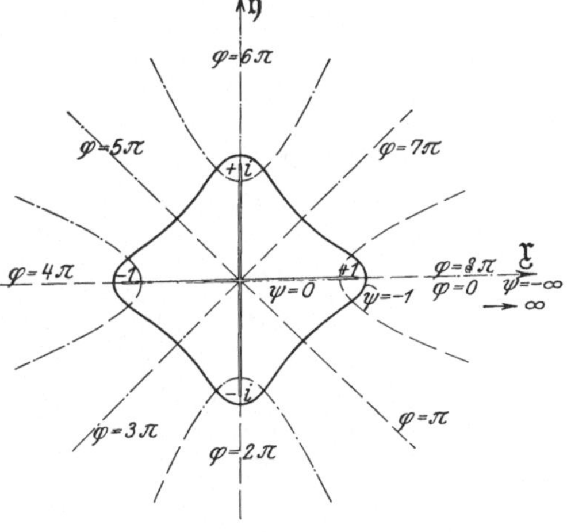

Abb. 11.

Abb. 12 und 13 zeigen weiter die konformen Abbildungen

$$\mathfrak{x} + i\,\mathfrak{y} = -\operatorname{tg}(\alpha_1 + i\,\beta_1)$$
$$\begin{pmatrix} 0 \leqq \alpha_1 \leqq \pi \\ -\infty \leqq \beta_1 \leqq \infty \end{pmatrix}$$

und

$$\mathfrak{x} + i\,\mathfrak{y} = \mathfrak{Tg}(\alpha_2 + i\,\beta_2)$$
$$\begin{pmatrix} -\infty \leqq \alpha_2 \leqq +\infty \\ -\pi \leqq \beta_2 \leqq 0 \end{pmatrix}.$$

Für jeden Punkt des Einheitskreises, Abb. 10, mit $0 \geqq \psi \geqq -\infty$, $0 \leqq \varphi \leqq 8\pi$ erhält man vier Punkte in der $\mathfrak{x}\mathfrak{y}$-Ebene der Abb. 11 und durch Übertragen dieser Punkte in die Abb. 12 und 13 je vier Werte für

$$\alpha_1 + i\,\beta_1 = -\operatorname{arctg}(\mathfrak{x} + i\,\mathfrak{y})$$

und

$$\alpha_2 + i\,\beta_2 = \mathfrak{Artg}(\mathfrak{x} + i\,\mathfrak{y})\,.$$

Hieraus lassen sich vier symmetrisch liegende Punkte des Kreuzquerschnittes

$$x + i\,y = \frac{b}{\pi}\left(\frac{\pi}{2} + i\,\frac{\pi}{2} + \alpha_1 + i\,\beta_1 + \alpha_2 + i\,\beta_2\right)$$

bestimmen.

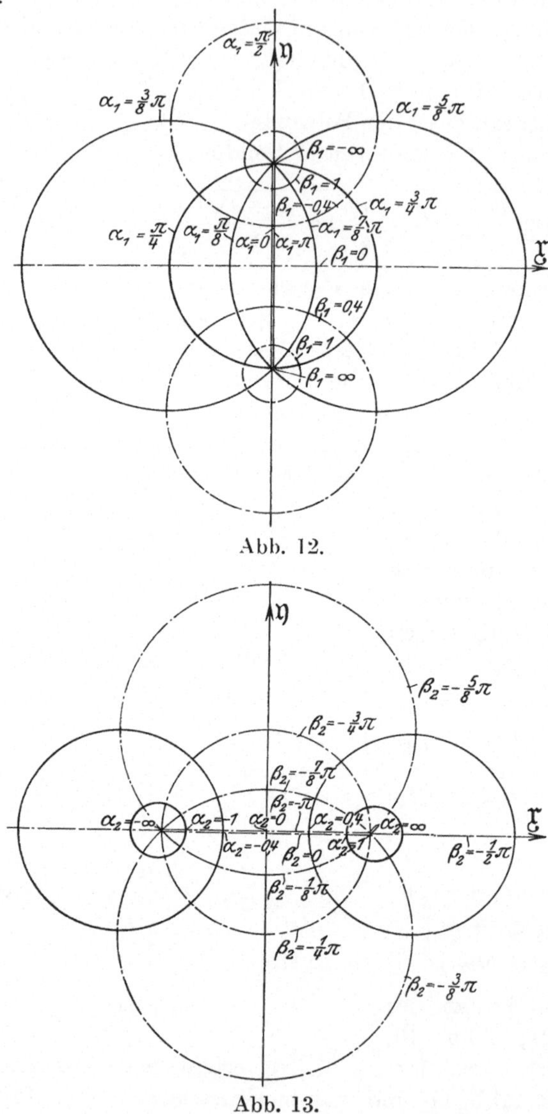

Abb. 12.

Abb. 13.

Den Punkten der Umrißlinie des Kreuzquerschnittes entsprechen die Punkte auf dem Umfange des Einheitskreises. Der Mittelpunkt des Kreuzquerschnittes gibt den Mittelpunkt des Einheitskreises.

Für die Punkte der Umrißlinie wird $\psi = 0$ und

$$x_r + i\,y_r = \frac{b}{\pi}\left(\frac{\pi}{2} + i\,\frac{\pi}{2} - \operatorname{arctg}\sqrt{\cos\frac{\varphi}{2}} + \mathfrak{Artg}\sqrt{\cos\frac{\varphi}{2}}\right),$$

hieraus für

$$0 \leqq \varphi \leqq \pi$$

$$x_r = \frac{b}{\pi}\left(\frac{\pi}{2} - \operatorname{arctg}\sqrt{\cos\frac{\varphi}{2}} + \mathfrak{Artg}\sqrt{\cos\frac{\varphi}{2}}\right), \qquad y_r = \frac{1}{2}\,b,$$

für

$$\pi \leqq \varphi \leqq 2\pi$$

$$x_r = \frac{1}{2}\,b, \qquad y_r = \frac{b}{\pi}\left(\frac{\pi}{2} - \operatorname{arctg}\sqrt{-\cos\frac{\varphi}{2}} + \mathfrak{Artg}\sqrt{-\cos\frac{\varphi}{2}}\right)$$

und

$$\left.\begin{aligned} F_{2,r} &= \tfrac{1}{2}r^2 - \tfrac{1}{2}(x_r^2 + y_r^2) \\ &= \frac{b^2}{2\pi^2}\left[\frac{\pi^2}{4} + \left(\frac{\pi}{2} - \operatorname{arctg}\sqrt{\left|\cos\frac{\varphi}{2}\right|} + \mathfrak{Artg}\sqrt{\left|\cos\frac{\varphi}{2}\right|}\right)^2\right]. \end{aligned}\right\} \quad (11)$$

Trägt man über dem Umfange des Einheitskreises die Werte $F_{2,r}$ ab, biegt hiernach ein Drahtgestell und spannt hierüber eine allseitig gezogene Membrane, so nimmt diese wiederum die Form der Fläche F_2 an, da

$$F_2 = \Re f_{\xi,\eta}(\xi + i\,\eta) \quad (12)$$

(reeller Teil einer Funktion von $\xi + i\eta$) ist, wie aus Gleichung (9) und (10) folgt.

Es ist nun eine Funktion F_2 entsprechend Gleichung (12) zu finden, die für $\sqrt{\xi^2 + \eta^2} = e^{\psi} = 1$ die Randfunktion nach Gleichung (11) gibt. Eine solche Funktion läßt sich ohne weiteres nicht angeben. Gelingt es, die Funktion $F_{2,r}$ in eine Fourriersche Reihe zu zerlegen

$$F_{2,r} = a_0 + a_1\cos\varphi + a_2\cos 2\varphi + \ldots,$$

so wird

$$F_2 = a_0 + a_1 e^{\psi}\cos\varphi + a_2 e^{2\psi}\cos 2\varphi + \ldots$$

Für den Mittelpunkt insbesondere wird $F_{2,0} = a_0 = \frac{1}{2\pi}\int\limits_0^{2\pi} F_{2,r}\,\partial\varphi$.

Eine genaue Zerlegung der Funktion nach Gleichung (11) in eine Fourriersche Reihe ist mir nicht bekannt; eine zahlenmäßige angenäherte Berechnung der Beiwerte a_0, a_1, usw. scheitert infolge des Unendlichwerdens von $F_{2,r}$ für $\varphi = 0$.

Es läßt sich eine Lösung auf folgendem gemischtem Wege finden: Wir nehmen den reellen Teil einer Funktion von $\xi + i\,\eta$

$$F_3 = \Re\left\{\frac{b^2}{2\pi^2}\left[\ln(\xi - 1 + i\,\eta) - \left(\frac{\pi}{4} + \frac{5}{2}\ln 2\right)\right]^2\right\} \quad (13)$$

und betrachten F_3 als Teil der Lösung von F_2.

Am Rande des Einheitskreises gibt die Funktion F_3

$$F_{3,r} = \frac{b^2}{2\pi^2}\left[\ln^2 2\sin\frac{\varphi}{2} - 2\left(\frac{\pi}{4} + \frac{5}{2}\ln 2\right)\cdot \ln 2\sin\frac{\varphi}{2} + \left(\frac{\pi}{4} + \frac{5}{2}\ln 2\right)^2 - \left(\frac{\varphi - \pi}{2}\right)^2\right].$$

Diese Funktion ist für $\varphi = 0$ von gleicher Unendlichkeit wie $F_{2,r}$.

Der Unterschied beider Funktionen gibt

$$F_{2,r} - F_{3,r} = \frac{b^2}{2\pi^2}\left\{\left(\frac{\pi}{2}\right)^2 - \left(\frac{\varphi - \pi}{2}\right)^2 + \left[\frac{\pi}{2} - \operatorname{arctg}\sqrt{\left|\cos\frac{\varphi}{2}\right|} + \mathfrak{Artg}\sqrt{\left|\cos\frac{\varphi}{2}\right|}\right]^2 - \left[\ln 2\sin\frac{\varphi}{2} - \left(\frac{\pi}{4} + \frac{5}{2}\ln 2\right)\right]^2\right\}.$$

Diesen Rest zerlegen wir in eine Fourriersche Reihe.

Das erste Glied der geschweiften Klammer gibt nur die Unveränderliche

$$\frac{b^2}{2\pi^2}\cdot\left(\frac{\pi}{2}\right)^2.$$

Das zweite Glied entspricht der Reihe

$$\frac{b^2}{2\pi^2}\left[\frac{\pi^2}{12} + \left(\cos\varphi + \frac{1}{2^2}\cos 2\varphi + \frac{1}{3^2}\cos 3\varphi + \ldots\right)\right].$$

Das dritte und vierte Glied gestattet eine zahlenmäßige, angenäherte Berechnung der Beiwerte der Fourrierschen Reihe.

Für 10 Punkte des halben Umfanges ($0 \leqq \varphi \leqq \pi$) erhält man:

$\varphi =$	0	$0{,}1\pi$	$0{,}2\pi$	$0{,}3\pi$
$\dfrac{\text{(III. und IV. Glied)}}{\frac{b^2}{2\pi^2}} =$	$-0{,}0000$	$-0{,}0191$	$-0{,}0736$	$-0{,}1441$

$\varphi =$	$0{,}4\pi$	$0{,}5\pi$	$0{,}6\pi$	$0{,}7\pi$
$\dfrac{\text{(III. und IV. Glied)}}{\frac{b^2}{2\pi^2}} =$	$-0{,}2201$	$-0{,}3235$	$-0{,}4287$	$-0{,}5414$

$\varphi =$	$0{,}8\pi$	$0{,}9\pi$	π
$\dfrac{\text{(III. und IV. Glied)}}{\frac{b^2}{2\pi^2}} =$	$-0{,}6593$	$-0{,}7765$	$-0{,}8636$

Wir beschränken uns auf die Bestimmung des Festwertes der Fourrierschen Reihe, der sich als Mittelwert $= -0{,}3618$ ergibt.

Die Funktion F_3 gibt in der Mitte des Einheitskreises

$$F_{3,0} = \frac{b^2}{2\pi^2}\left(\frac{\pi}{4} + \frac{5}{2}\ln 2\right)^2 = 6{,}342\,\frac{b^2}{2\pi^2}\,;$$

der Unterschied zwischen F_2 und F_3 wird

$$F_{2,0} - F_{3,0} = \left(\frac{\pi^2}{2} + \frac{\pi^2}{12} - 0{,}3618\right)\frac{b^2}{2\pi^2} = 2{,}928\,\frac{b^2}{2\pi^2}\,,$$

hieraus

$$F_{2,0} = (6{,}342 + 2{,}928)\,\frac{b^2}{2\pi^2} = 9{,}270\,\frac{b^2}{2\pi^2} \equiv 0{,}47\,b^2\,.$$

Hieraus folgt, daß die Fläche F, Gleichung (7), in der Mitte des Kreuzquerschnittes die Durchwölbung $0{,}47\,b^2$ hat, während in einer genügenden

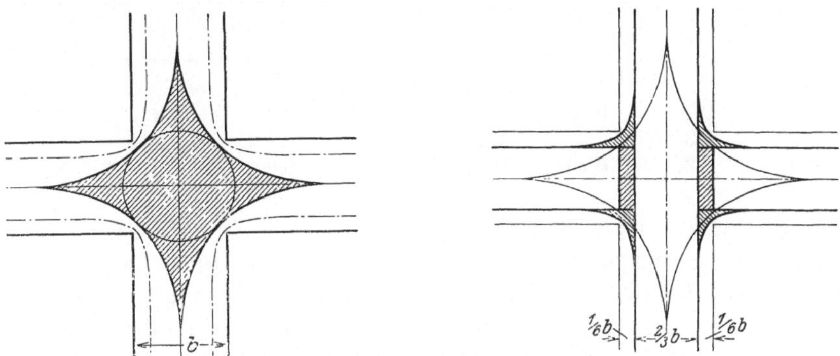

Abb. 14 und 15.

Entfernung vom Kreuzpunkte die Durchwölbung in der Mitte der Streifen $0{,}25\,b^2$ ist.

Legt man durch F einen wagerechten Schnitt in der Höhe $0{,}25\,b^2$, so erhält man die in Abb. 14 im Grundriß dargestellte sternförmige Kurve; der Durchmesser des eingeschriebenen Kreises sei a_0. Die Durchwölbung der Fläche F über der Schnittfläche ist $(0{,}47 - 0{,}25)\,b^2 \quad 0{,}22\,b^2$; andererseits ist diese Durchwölbung nach Gleichung (5) $\sim 0{,}15\,a_0^2$. Hieraus $a_0 \sim 1{,}2\,b$.

Der Rauminhalt unter dem Schnitte läßt sich durch einen Körper darstellen, der die Höhe $0{,}25\,b^2$ und den strichpunktierten Grundriß hat. In Abb. 15 ist dieser Grundriß mit dem der Näherungslösung, Gleichung (4), verglichen. Zu letzterem kommen die zwei rechtsschraffierten Rechtecke von der Fläche $\frac{2}{9}\,b^2$ und die linksschraffierten Abrundungsflächen von etwa gleicher Größe hinzu. Es ist zum Näherungswerte J_d' der doppelte Rauminhalt $2 \cdot \frac{4}{9}\,b^2 \cdot 0{,}25\,b^2 = 0{,}22\,b^4$ hinzuzuzählen. Hierzu kommt noch der doppelte Rauminhalt über dem

Schnitte, der nach Gleichung (5) gleich $6{,}5\,h^2 = 6{,}5\cdot(0{,}22\,b^2)^2 = 0{,}32\,b^4$ ist. Zusammen erhält man die Verbesserung

$$J_d - J'_d = 0{,}22\,b^4 + 0{,}32\,b^4 = 0{,}54\,b^4 = 0{,}135\,a^4 .$$

Bei scharfwinkligen Kreuzquerschnitten ist folglich $0{,}135\,a^4$, bei Kreuzquerschnitten mit großen Ausrundungen nach Gleichung (5) $0{,}15\,a^4$ der Näherungslösung hinzuzuzählen. Allgemein kann man, besonders bei mittleren Ausrundungen mit $\frac{r}{b} = 0{,}5 \div 1$, den Mittelwert $0{,}14\,a^4$ nehmen. Der Drillungswiderstand wird dann bei Berücksichtigung der stumpfen Streifenenden

$$J_d = \tfrac{1}{3}(l_1 + l_2 - 2{,}26\,d)\,d^3 + 0{,}14\,a^4 .$$

Der Vergleich mit Versuchsergebnissen[1]) gibt

$l_1 = l_2$	b	r	$\frac{r}{b}$	a	Nährungswert $\frac{J_d}{J'_d}$	J_d berechnet	J_d nach Versuchen
6,03	2	0,5	0,25	3,24	26,7	35,6	35
6,03	0,39	0,5	1,28	0,96	0,23	0,34	0,38
6,03	0,39	0,25	0,64	0,76	0,23	0,27	0,28

Das Ergebnis ist recht befriedigend.

Für Gabelungspunkte, wie sie bei T- und I-Querschnitten auftreten, ist, falls alle drei Zweige gleich stark sind, ebenfalls $\sim 0{,}14\,a^4$, falls einer der Streifen schmäler ist, etwas weniger (für I-Querschnitte schätzungsweise $0{,}1\,a^4$) hinzuzufügen.

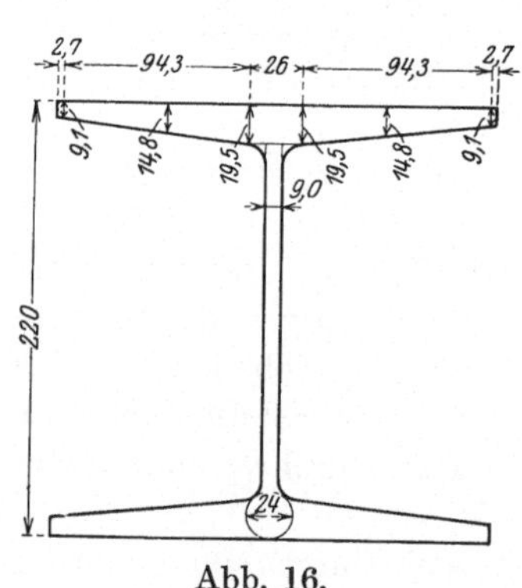

Abb. 16.

Man erhält für den breitflanschigen Grey-Träger I 22 nach Abb. 16:

$$J_d = 2\cdot\frac{1}{3}\cdot 1{,}96^3\cdot 2{,}6 + 4\cdot\frac{1}{12}\cdot\frac{1{,}96^4 - 0{,}91^4}{1{,}96 - 0{,}91}\cdot 9{,}43 + 2\cdot 0{,}1\cdot 2{,}4^4 + \frac{1}{3}\cdot 0{,}90^3\cdot 18{,}08 = 66{,}4\ \text{cm}^4,$$

nach der Näherungsformel Gleichung 4:

$$J'_d = 2\cdot\tfrac{1}{3}\cdot 14{,}8^3\cdot 22 + \tfrac{1}{3}\cdot 0{,}9^3\cdot 19{,}04 = 52{,}3\ \text{cm}^4,$$

hieraus $$\frac{J_d}{J'_d} = 1{,}27 \qquad \text{(nach Versuchen 1,28)}.$$

[1]) Föppl, A.: Verdrehversuche mit Stäben von kreuzförmigem Querschnitt, a. a. O.

Es sei noch einiges über den genieteten Träger gesagt. Als Beispiel ist ein aus zwei **T**-Eisen gebildeter Kreuzquerschnitt, Abb. 17, genommen. Da die Nietreihen nur eine Verbindung in den Punkten A und B herstellen, so kann derselbe als Querschnitt nach Abb. 18 berechnet werden.

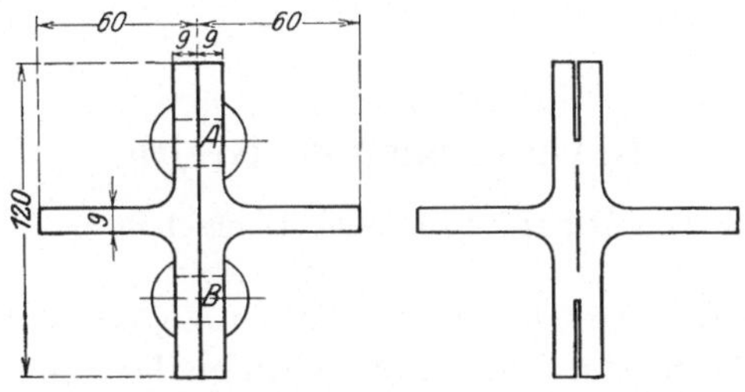

Abb. 17 und 18.

Er besteht aus dem dicken Rechtecke $6 \times 1,8$ cm², den vier Rechtecken $3 \times 0,9$ cm² und den zwei Rechtecken $5,1 \times 0,9$ cm². Hierfür wird nach Gleichung (4)

$$J_d = \tfrac{1}{3}(6 \cdot 1,8^3 + 4 \cdot 3 \cdot 0,9^3 + 2 \cdot 5,1 \cdot 0,9^3) = 17,0\ \text{cm}^4 .$$

Setzt man die zusammengenieteten Fußrechtecke auf die ganze Länge als ein breites Rechteck in Rechnung, so erhält man

$$J'_d = \tfrac{1}{3}(12 \cdot 1,8^3 + 2 \cdot 5,1 \cdot 0,9^3) = 25,8\ \text{cm}^4 .$$

Hieraus
$$\frac{J_d}{J'_d} = 0,66 .$$

Auch dieser Wert wird durch Versuche bestätigt[1]).

Die theoretisch berechneten Drillungswiderstände stimmen mit den Versuchsergebnissen durchschnittlich gut überein, so daß man hiernach auch für andere, ähnliche Querschnitte den Drillungswiderstand berechnen kann.

[1]) **Föppl**, A.: Verdrehversuche mit Stäben von kreuzförmigem Querschnitt, a. a. O.

Die mittragende Breite.

Von **Th. v. Kármán**, Technische Hochschule in Aachen.

1. Fragestellung. Die Theorie der Balkenbiegung geht von der Annahme aus, daß die ebenen Querschnitte eben bleiben; sie setzt wenigstens voraus, daß diese Annahme mit solcher Annäherung zutrifft, daß die Dehnung der einzelnen Faser angenähert proportional der Entfernung von einer neutralen Achse angesetzt werden kann. Bei einem **T**-Träger wird also längs des Gurtes gleichmäßige Spannungsverteilung angenommen. Es ist indessen aus Anschauung klar, daß die Annahme der gleichmäßigen Spannungsverteilung versagen muß, wenn die Gurtbreite groß ist gegen die übrigen Querschnittsabmessungen des Trägers. Es tritt die Frage auf, welche Gurtbreite in solchen Fällen als „voll mittragend" in Rechnung gesetzt werden darf. Der Fall ist durchaus nicht selten: ich brauche nur auf die Biegungsbeanspruchung von versteiften Decken, Behälterwänden, Schoten, ferner versteiften Rohren zu verweisen. Wenn wir die Beanspruchung der Versteifung rechnen wollen, so ist es offenbar zu ungünstig, die Last nur auf die versteifenden Träger zu verteilen und die Tragfähigkeit der zwischenliegenden Plattenteile überhaupt nicht zu berücksichtigen, andererseits ist es eine zu günstige Annahme, die gesamte Plattenbreite zwischen zwei Versteifungen als Gurt in Rechnung zu setzen. Der aus Träger und Gurt gebildete Balken besitzt offenbar eine geringere Biegungssteifigkeit (er zeigt z. B. größere Durchbiegung), als diese letztere Annahme rechnerisch ergeben würde, weil die weiter außen liegenden Fasern der durch die Biegung entstehenden Längenänderung nur unvollkommen folgen. Man kann sich nun einen Träger mit schmälerem Gurt denken, dessen rechnerische Biegungssteifigkeit unter Annahme einer der Breite nach gleichmäßigen Spannungsverteilung der wirklichen Biegungssteifigkeit unseres Balkens gleich ist. Die Gurtbreite des so bestimmten gleichwertigen Trägers nenne ich schlechthin die „mittragende Breite".

In der Praxis ist der Begriff der mittragenden Breite wohl bekannt; für ihre Bestimmung werden zumeist Faustformeln angewendet, welche die mittragende Breite als ein Vielfaches entweder der Plattendicke oder der Trägerbreite (Auflagerfläche zwischen Versteifung und Platte) ansetzen. Mit den Hilfsmitteln der Elastizitätslehre versuchte Herr **Bortsch**[1]) eine Abschätzung für die mittragende Breite zu gewinnen, indem er folgenden, einigermaßen analogen und der exakten Berechnung zugängigen Fall herangezogen hat: eine unendlich breite, durch zwei parallele Gerade begrenzte ebene Scheibe — welche den Gurt darstellt — wird in zwei gegenüberliegenden Punkten der Begrenzungslinien durch zwei gleiche und entgegengesetzte zur Begrenzung senkrechte Kräfte P und $-P$ beansprucht. Die Spannungsverteilung in der Mitte längs eines zur Begrenzung parallelen Schnittes gibt nach Auffassung von **Bortsch** ein Bild von dem Abfall der Spannung im Gurt eines gebogenen T-Trägers. Wir können nun eine Breite b mit der in der Mitte herrschenden Höchstspannung $\sigma_{\max}$ gleichmäßig belegt denken und können b so bestimmen, daß die Gesamtkraft $b\,\sigma_{\max}$ gleich ist der äußeren beanspruchenden Kraft P. Die so gerechnete Breite $b = \frac{P}{\sigma_{\max}}$ ist ein Maß für die mittragende Breite. Durch Superposition erhält nun Herr **Bortsch** Abschätzungen auch für verteilte Belastung des Gurts.

Es ist indessen einem solchen Analogieschlusse sicher vorzuziehen, wenn man die Spannungsverteilung tatsächlich für den gebogenen Träger berechnen kann, insbesonders wenn die Berechnung verhältnismäßig einfach vor sich geht. Der Zweck der folgenden kleinen Abhandlung ist, ein Verfahren zur Ermittlung des tatsächlichen Spannungsabfalles zu liefern, indem wir in einem einfachen Falle die Berechnung vollständig durchführen. Wegen weiterer Ausführungen sei auf eine demnächst erscheinende Dissertation des Dipl.-Ing. **Metzer** verwiesen.

2. Der Träger mit unendlich vielen Stützen. Die im folgenden dargelegte Methode ist verwendbar für beliebige Trägeranordnung und beliebige Lastverteilung. wir wollen indessen — um die Ideen zu fixieren und die rechnerischen Komplikationen auf ein Minimum zu reduzieren — folgenden einfachen Fall betrachten:

Der Träger sei ein durchlaufender Träger mit unendlich vielen äquidistanten Stützen in der Entfernung $2l$; in jedem Abschnitt zwischen zwei benachbarten Stützen sei die identische Belastung angebracht. Alsdann können wir das Biegungsmoment als eine periodische Funktion der laufenden Koordinate x ansetzen. Wir nehmen an, daß das Biegungsmoment in bezug auf die Trägermitte symmetrisch ist und in eine trigonometrische Reihe sich entwickeln läßt in der folgenden Form:

$$M = M_0 + M_1 \cos\frac{\pi x}{l} + M_2 \cos\frac{2\pi x}{l} + \dots \tag{1}$$

[1]) Der Bauingenieur, 1921, S. 662.

Der Trägerquerschnitt soll aus dem eigentlichen Trägerquerschnitt mit der Fläche F und Trägheitsmoment (bezogen auf die Schwerpunktsachse) J, ferner aus einem nach beiden Seiten ins Unendliche erstreckenden Gurt von der gleichmäßigen Dicke δ bestehen. Die Entfernung der Mittellinie des Gurtes von der Schwerpunktsachse des Trägers soll mit e bezeichnet werden. Die Dicke δ soll sowohl gegen die Trägerhöhe als gegen e als klein angesehen werden.

Wir legen die x-Richtung in die Richtung des Trägers (Abb. 1), die y-Richtung senkrecht dazu. Den Träger können wir einfachheitshalber durch eine mathematische Linie, z. B. durch die x-Achse, ersetzen. Infolge der Symmetrie ist dann genügend, wenn wir den Spannungszustand des Gurtes an der einen Seite des Trägers berechnen, und zwar für den Teil zwischen zwei Stützlinien $x = 0$ und $x = 2l$.

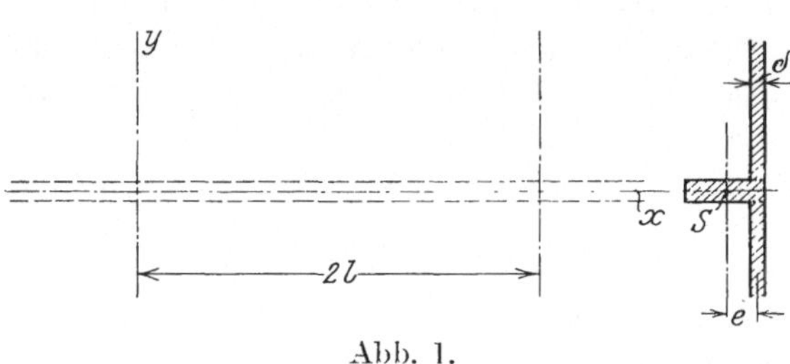

Abb. 1.

Wir vernachlässigen zunächst die Biegungssteifigkeit des Gurtes als Platte[1]) und betrachten ihn als ebene Scheibe, welche durch die Verbindung mit dem gebogenen Träger, namentlich durch die Längenänderung derjenigen Fasern in der Höhe e, an welche der Gurt anschließt, verzerrt wird. Bei einem schmalen Gurt wird die Längenänderung aller Fasern, welche in gleicher Höhe über die neutrale Achse liegen, als gleich angenommen; bei einem breiten Gurt werden offenbar nur die benachbarten Fasern voll mitgenommen, während die weiterliegenden nur unvollkommen in Anspruch genommen werden.

Wir haben somit eine ebene Scheibe von der Dicke δ zu betrachten, begrenzt durch den Teil der x-Achse zwischen $0 < x < 2l$ und

[1]) Die Vernachlässigung der Biegungssteifigkeit der Platte bedeutet so viel, daß die Gesamtlast durch den allerdings mit den Gurten nach Maßgabe der mittragenden Breite erweiterten Querschnitt des Versteifungsträgers getragen wird. Wenn die Biegungssteifigkeit der Platte nicht vernachlässigt werden darf, so kann man folgendes Verfahren einschlagen: Wir denken uns zunächst die Gesamtlast auf die Versteifungen wirken und berechnen die mittragende Breite nach dem in diesem Aufsatz dargelegten Verfahren. Alsdann berechnen wir die Deformation der Platte, wobei wir sie als biegungssteife und durch die Versteifung elastisch gestützte Platte betrachten. Für die Elastizität der Versteifung ist die mittragende Breite maßgebend. Die Plattenrechnung liefert dann jenen Lastanteil, welcher auf die Versteifung in der Tat lastet. Da die mittragende Breite etwas — wie wir sehen werden — von der Lastverteilung abhängt, kann man sie nachher — wenn man will — korrigieren.

durch die senkrechten Geraden $x = 0$ und $x = 2l$, von $y = 0$ bis $y = \infty$.

Den Spannungszustand dieser ebenen Scheibe können wir am einfachsten durch eine Spannungsfunktion F angeben, deren zweite Differentialquotienten nach einem bekannten Ansatz die Spannungskomponenten liefern

$$\sigma_x = \frac{\partial^2 F}{\partial y^2}, \qquad \sigma_y = \frac{\partial^2 F}{\partial x^2}, \qquad \tau_{xy} = -\frac{\partial^2 F}{\partial x \, \partial y}.$$

Die Spannungsfunktion genügt der Differentialgleichung

$$\Delta \Delta F = 0$$

$\left(\Delta \text{ bedeutet die Operation } \frac{\partial^2}{\partial x^2} + \frac{\partial^2}{\partial y^2}\right)$ und muß außerdem an den Grenzen $x = 0$, $x = 2l$ gewisse Randbedingungen erfüllen. Man sieht unmittelbar aus Symmetriegründen, daß längs der genannten Begrenzungslinien

a) die Winkeländerung,

b) die Verschiebung in der x-Richtung verschwindet.

Beide Bedingungen können mit Hilfe von F ausgedrückt werden. Bezeichnen wir die Verschiebungen nach der x- und y-Richtung mit u und v, so gelten zunächst die Beziehungen zwischen Spannungen und Deformationsgrößen:

$$\varepsilon_x = \frac{\partial u}{\partial x} = \frac{1}{E}\left(\sigma_x - \frac{\sigma_y}{m}\right),$$

$$\varepsilon_y = \frac{\partial u}{\partial y} = \frac{1}{E}\left(\sigma_y - \frac{\sigma_x}{m}\right),$$

$$\gamma_{xy} = \frac{\partial u}{\partial y} + \frac{\partial v}{\partial x} = \frac{1}{G}\tau_{xy}$$

(E = Elastizitätsmodul, G = Gleitmodul, m = Poissonsche Verhältniszahl).

Die erste Bedingung lautet daher:

$$\tau_{xy} = -\frac{\partial^2 F}{\partial x \, \partial y} = 0;$$

aus der zweiten Bedingung folgt offenbar

$$\frac{\partial u}{\partial y} = \frac{\partial^2 u}{\partial y^2} = 0$$

oder, mit Berücksichtigung der ersten:

$$\frac{\partial^2 v}{\partial x \, \partial y} = 0.$$

Nun ist aber
$$\frac{\partial v}{\partial y} = \frac{1}{E}\left(\sigma_y - \frac{\sigma_x}{m}\right),$$
so daß wir erhalten
$$\frac{\partial^2 v}{\partial x \partial y} = \frac{1}{E}\left(\frac{\partial \sigma_y}{\partial x} - \frac{1}{m}\frac{\partial \sigma_x}{\partial x}\right) = 0$$
oder
$$\frac{\partial^3 F}{\partial x^3} - \frac{1}{m}\frac{\partial^3 F}{\partial y^2 \partial x} = 0\,.$$

Man sieht unmittelbar, daß wir beiden Bedingungen
$$\frac{\partial^2 F}{\partial x \partial y} = 0\,, \qquad \frac{\partial^3 F}{\partial x^3} - \frac{1}{m}\frac{\partial^3 F}{\partial y^2 \partial x} = 0$$
genügen, wenn wir setzen:
$$F = \sum_{n=1}^{\infty} f_n(y) \cos\frac{n\pi x}{l}\,. \tag{2}$$

Führen wir diesen Ansatz in die Differentialgleichung $\Delta\Delta F = 0$ ein, so erhalten wir die Lösung mit vier Konstanten A_n, B_n, C_n, D_n:
$$f_n(y) = A_n e^{-\frac{n\pi y}{l}} + B_n\left(1 + \frac{n\pi y}{l}\right)e^{-\frac{n\pi y}{l}} + C_n e^{\frac{n\pi y}{l}} + D_n\left(1 + \frac{n\pi y}{l}\right)e^{\frac{n\pi y}{l}}\,. \tag{3}$$

Sollen im Unendlichen alle Spannungen endlich bleiben, so müssen C_n und D_n verschwinden, so daß wir nur die ersten beiden Glieder beibehalten und schreiben:
$$F(x_1 y) = \sum_{n=1}^{\infty}\left[A_n e^{-\frac{n\pi y}{l}} + B_n\left(1 + \frac{n\pi y}{l}\right)e^{-\frac{n\pi y}{l}}\right]\cos\frac{n\pi x}{l}\,. \tag{3a}$$

Die Aufgabe besteht lediglich darin, bei gegebenem Moment, d. h. bei gegebenen M_1, M_2, ..., die Koeffizienten A_n, B_n zu berechnen.

3. Das Prinzip der kleinsten Formänderungsarbeit. Wenn wir den zum Träger zugefügten Gurt als elastische Stützung betrachten, so können wir den Träger als statisch unbestimmten Balken auffassen, wobei als statische Unbekannte die Koeffizienten der Spannungsfunktion A_n, B_n auftreten. Es ist allerdings zu beachten, daß das Moment M nur bis auf eine Konstante bestimmt ist, so daß wir noch M_0 als statisch unbestimmte Größe anzusehen haben. Zur Bestimmung der Unbekannten wenden wir das Prinzip der kleinsten Formänderungsarbeit in folgender Weise an: wir erfüllen die Gleichgewichtsbedingungen und betrachten die Formänderungsarbeit als Funktion der statisch unbestimmten Größen. Die letzteren müssen alsdann jene Werte annehmen, welche die Formänderungsarbeit zum Minimum machen.

Wir berechnen also die Formänderungsarbeit für beide Teile des Systems:

a) Die ebene Scheibe. Die Formänderungsarbeit einer ebenen Scheibe von der Dicke δ ist bekannt; sie ist gegeben durch die Summe zweier Doppelintegrale (E = Elastizitätsmodul, G = Gleitmodul)

$$L = \frac{\delta}{2E}\iint(\sigma_x + \sigma_y)^2\,dx\,dy + \frac{\delta}{2G}\iint(\tau^2 - \sigma_x\,\sigma_y)\,dx\,dy \tag{4}$$

oder, ausgedrückt durch die Spannungsfunktion:

$$L = \frac{\delta}{2E}\iint \Delta F^2\,dx\,dy + \frac{\delta}{2G}\iint\left[\left(\frac{\partial^2 F}{\partial x\,\partial y}\right)^2 - \frac{\partial^2 F}{\partial x^2}\,\frac{\partial^2 F}{\partial y^2}\right]dx\,dy\,.$$

Das erste Integral läßt sich für unseren Ansatz leicht berechnen. Zunächst erhalten wir:

$$\Delta F = \frac{\partial^2 F}{\partial x^2} + \frac{\partial^2 F}{\partial y^2} = -\sum_{n=1}^{\infty} 2\,B_n\,\frac{n^2\,\pi^2}{l^2}\,e^{-\frac{n\pi y}{l}}\cdot\cos\frac{n\,\pi\,x}{l}\,.$$

Das Glied mit A_n trägt zu ΔF nichts bei.

Wenn wir den Ausdruck quadrieren und zunächst nach x zwischen den Grenzen $x = 0$ und $x = 2l$ integrieren, so erhalten wir

$$\int_0^{2l}\left(\frac{\partial^2 F}{\partial x^2} + \frac{\partial^2 F}{\partial y^2}\right)^2 dx = \sum_{n=1}^{\infty} 4\,B_n^2\,\frac{n^4\,\pi^4}{l^3}\,e^{-\frac{2n\pi y}{l}}$$

und daraus

$$\frac{\delta}{2E}\int_0^{\infty}\int_0^{2l} dy\,dx\left(\frac{\partial^2 F}{\partial x^2} + \frac{\partial^2 F}{\partial y^2}\right)^2 = \frac{\delta}{E}\sum_{n=1}^{\infty}\frac{n^3\,\pi^3}{l^2}\,B_n^2\,.$$

Das zweite Integral kann durch partielle Integration leicht in ein Linienintegral verwandelt werden. Wir erhalten

$$\iint\left[\left(\frac{\partial^2 F}{\partial x\,\partial y}\right)^2 - \frac{\partial^2 F}{\partial x^2}\,\frac{\partial^2 F}{\partial y^2}\right]dx\,dy = \oint\frac{\partial F}{\partial x}\left(\frac{\partial^2 F}{\partial x\,\partial y}\,dx + \frac{\partial^2 F}{\partial y^2}\,dy\right),$$

wobei das Linienintegral im Sinne des Uhrzeigers längs der ganzen Begrenzung zu nehmen ist. Nun ist für die Linienzüge $x = 0$, $x = 2l$ und $x = \infty$, $\frac{\partial F}{\partial x} = 0$, so daß nur das Integral

$$\int_{2l}^{0}\frac{\partial F}{\partial x}\,\frac{\partial^2 F}{\partial x\,\partial y}\,dx$$

längs der Achse $y = 0$ übrigbleibt. Für $y = 0$ haben wir zu setzen:

$$\frac{\partial F}{\partial x} = -\sum_{n=1}^{\infty} \frac{n\pi}{l}(A_n + B_n)\sin\frac{n\pi x}{l},$$

$$\frac{\partial^2 F}{\partial x \partial y} = \sum_{n=1}^{\infty} \frac{n^2\pi^2}{l^2} A_n \sin\frac{n\pi x}{l},$$

so daß wir das Integral

$$-\int_0^{2l} \frac{\partial F}{\partial x}\frac{\partial^2 F}{\partial x \partial y}\,dx = \int_0^{2l} dx \left\{\sum_{n=1}^{\infty}\frac{n\pi}{l}(A_n + B_n)\sin\frac{n\pi x}{l}\right\}\left\{\sum_{n=1}^{\infty}\frac{n^2\pi^2}{l^2}A_n\sin\frac{n\pi x}{l}\right\}$$

zu ermitteln haben. Nun tragen bekanntlich zu diesem Integral nur die Produkte mit gleichen Indizes bei, so daß man erhält:

$$-\int_0^{2l} \frac{\partial F}{\partial x}\frac{\partial^2 F}{\partial x \partial y}\,dx = \sum_{n=1}^{\infty}\frac{n^3\pi^3}{l^3} A_n(A_n + B_n).$$

Wir können daher für die Energie der Scheibe schreiben

$$L_1 = \sum_{n=1}^{\infty}\frac{n^3\pi^3}{l^2}\left[\frac{1}{E}B_n^2 + \frac{1}{2G}A_n B_n + \frac{1}{2G}A_n^2\right], \tag{5}$$

d. h. eine quadratische Form in den Koeffizienten A_n und B_n.

b) Der Träger. Die Belastung des Trägers können wir zusammengesetzt denken aus einer axialen Last X und aus dem Biegungsmoment M', welche sich in folgender Weise bestimmen lassen. Wir legen durch den Gesamtbalken (Träger + Gurte) einen Schnitt $x = \text{konst}$. Alsdann müssen die Normalspannungen σ_x die Resultierende Null und das Moment M liefern, wobei die letztere Größe das Moment der Lasten (einschließlich Stützkraft und Stützmoment) bedeutet. Es müssen daher die Beziehungen gelten

$$\left.\begin{aligned} X + 2\delta\int_0^{\infty}\sigma_x\,dy &= 0, \\ M' - 2\delta e\int_0^{\infty}\sigma_x\,dy &= M(x), \end{aligned}\right\} \tag{6}$$

wobei das Integral über den Gurtquerschnitt längs der Linie $x = \text{konst}$. zu nehmen ist. Der Faktor 2 stammt von der zweiseitigen Anordnung von Gurten. Die Gleichungen stellen die Gleichgewichtsbedingungen dar, deren Erfüllung Voraussetzung für die Anwendung des Prinzipes von der kleinsten Formänderungsarbeit in der von uns gewählten Form ist. Nun ist

$$\int_0^\infty \sigma_x\,dy = \int_0^\infty \frac{\partial^2 F}{\partial y^2}\,dy = \left[\frac{\partial F}{\partial y}\right]_0^\infty$$

und wegen
$$\frac{\partial F}{\partial y} = 0 \quad \text{für} \quad y = \infty$$

$$\int_0^\infty \sigma_x\,dy = -\left[\frac{\partial F}{\partial y}\right]_{y=0} = \sum_{n=1}^{\infty} \frac{n\pi}{l} A_n \cos\frac{n\pi x}{l}\,.$$

Wir bezeichnen die Größe $2\delta\cdot\frac{n\pi}{l}A_n$ mit X_n und schreiben

$$\left.\begin{aligned} X &= -\sum_{n=1}^{\infty} X_n \cos\frac{n\pi x}{l}\,,\\ M' &= M + e\sum_{n=1}^{\infty} X_n \cos\frac{n\pi x}{l}\,. \end{aligned}\right\} \tag{6a}$$

Die Formänderungsenergie des Trägers ist bekanntlich:

$$L_2 = \frac{1}{2FE}\int_0^{2l} X^2\,dx + \frac{1}{2JE}\int_0^{2l} M'^2\,dx$$

oder, wenn wir die obigen Werte einführen:

$$L_2 = \frac{1}{2FE}\int_0^{2l}\left\{\sum_{n=1}^{\infty} X_n \sin\frac{n\pi x}{l}\right\}^2 dx$$
$$+\frac{1}{2JE}\int_0^{2l}\left\{M_0 + \sum M_n \cos\frac{n\pi x}{l} + e\sum_{n=1}^{\infty} X_n \cos\frac{n\pi x}{l}\right\}^2 dx\,.$$

Nach Ausführung der Integration erhalten wir — indem wir die Orthogonalität der trigonometrischen Funktionen wieder berücksichtigen —

$$L_2 = \frac{l}{2FE}\sum X_n^2 + \frac{l}{JE}M_0^2 + \frac{l}{2JE}\sum_{n=1}^{\infty}\{M_n^2 + 2M_n e X_n + e^2 X_n^2\}\,. \tag{7}$$

Die gesamte Formänderungsenergie beträgt daher, wenn wir in dem Anteil L_1 ebenfalls statt A_n die Größen X_n einführen und in analoger Weise $2\delta\frac{n\pi}{l}B_n$ mit Y_n bezeichnen.

$$\left.\begin{aligned} L = L_1 + L_2 = \frac{\pi}{\delta E}\sum_{n=1}^{\infty} n\left(Y_n^2 + \frac{E}{2G}X_n Y_n + \frac{E}{2G}X_n^2\right) \\ + \frac{l}{2FE}\sum X_n^2 + \frac{l}{JE}M_0^2 + \frac{l}{2GE}\sum_{n=1}^{\infty}(M_n^2 + 2M_n X_n e + X_n^2 e^2)\,. \end{aligned}\right\} \quad (8)$$

Zunächst sieht man, daß M_0 nur als M_0^2 vorkommt, so daß die Minimalbedingung für alle Fälle $M_0 = 0$ liefert. Alsdann merken wir, daß die Größen Y_n nur in dem ersten Anteil L_1 vorkommen, während L_2 nur eine Funktion der X_n ist. Wir erhalten daher universelle, von der Lastverteilung unabhängige Beziehungen zwischen X_n und Y_n, indem wir $\frac{\partial L}{\partial Y_n} = 0$ bilden:

$$\frac{\partial L}{\partial y_n} = \frac{\pi}{\delta E}\left(2Y_n + \frac{E}{2G}X_n\right) = 0$$

oder

$$Y_n = -\frac{E}{4G}X_n\,.$$

Berücksichtigen wir die Beziehung $\frac{E}{G} = \frac{2(m+1)}{m}$ (= Poissonsche Verhältniszahl), so können wir schreiben

$$Y_n = -\frac{m+1}{2m}X_n \quad (9)$$

oder

$$B_n = -\frac{m+1}{2m}A_n\,. \quad (9\text{a})$$

Diese Beziehung hat eine einfache sinngemäße Bedeutung, so daß wir sie im vorhinein hätten hinschreiben können. Wenn wir nämlich die Bedingung, daß die Verschiebung v in der y-Richtung, d. h. senkrecht zum Träger, längs der Linie $y = 0$ verschwindet, mittels der Spannungsfunktion ausdrücken, so erhalten wir die Relation

$$\frac{2m+1}{m}\frac{\partial^3 F}{\partial x^2\,\partial y} + \frac{\partial^3 F}{\partial y^3} = 0\,,$$

welche unmittelbar auf die obige Beziehung zwischen A_n und B_n führt.

Die Formänderungsenergie wird mit $M_0 = 0$ und mit Hilfe der Relation (9)

$$\left.\begin{aligned} L = \frac{\pi}{2\delta E}\,\frac{3m^2 + 2m - 1}{4m^2}\sum_{n=1}^{\infty} n X_n^2 + \frac{l}{2FE}\sum_{n=1}^{\infty} X_n \\ + \frac{l}{2JE}\sum_{n=1}^{\infty}(M_n^2 + 2M_n X_n e + X_n^2 e^2)\,. \end{aligned}\right\} \quad (10)$$

Die Bedingungen des Minimums lauten

$$\frac{\partial L}{\partial X_n} = 0$$

oder daraus

$$X_n = \frac{-\frac{l}{JE} M_n}{\frac{\pi}{\delta E} \frac{3m^2+2m-1}{4m^2} n + \frac{l e^2}{JE} + \frac{l}{FE}} \tag{11}$$

oder

$$X_n = -\frac{M_n}{e} \frac{1}{1 + \frac{J}{F e^2} + \frac{n \pi J}{l \delta e^2} \frac{3m^2+2m-1}{4m^2}}. \tag{11a}$$

4. Einfach harmonische Momentverteilung. Zur Diskussion des Resultates betrachten wir zuerst den Fall, daß das Moment eine einfache Kosinusfunktion der Länge ist, etwa

$$M = M_1 \cos \frac{\pi x}{l}.$$

Alsdann haben wir nur die eine Unbekannte X_1 und für diese erhalten wir den Ausdruck:

$$X_1 = -\frac{M_1}{e} \frac{1}{1 + \frac{J}{F e^2} + \frac{n \pi J}{l \delta e^2} \frac{3m^2+2m-1}{4m^2}}. \tag{12}$$

Der Anteil des Gurtes an dem Moment ist $M'' = -X_1 e \cos\frac{\pi x}{l}$, d. h.

$$M'' = M \frac{1}{1 + \frac{J}{F e^2} + \frac{\pi J}{l \delta e^2} \frac{3m^2+2m-1}{4m^2}}. \tag{13}$$

Wir denken uns einen Balken, der aus dem Träger mit dem Querschnitt F und Trägheitsmoment J, ferner aus einem Gurt von der Breite λ und der Dicke δ besteht, und bezeichnen wieder mit M' den Anteil des Momentes, welches auf den Träger, mit M'' den Anteil, welcher auf den Gurt fällt.

Die Spannung in der Höhe e soll mit σ_e, die Spannung in der Schwerpunktachse des Trägers (welche für den Gesamtbalken naturgemäß nicht mehr die neutrale Achse darstellt) mit σ_0 bezeichnet werden. Alsdann gilt offenbar nach der gewöhnlichen Biegungslehre

$$\sigma_e = \sigma_0 + \frac{M'}{J} e. \tag{14}$$

Andererseits lauten die Gleichgewichtsgleichungen

$$\left.\begin{aligned} 2\lambda\delta\sigma_e + \sigma_e F &= 0, \\ 2\lambda\delta\sigma_0 e &= M''. \end{aligned}\right\} \tag{15}$$

Wir haben daher für die beiden Anteile

$$M' = \frac{J}{e}(\sigma_e - \sigma_0) = \frac{J}{e}\left(1 + \frac{2\lambda\delta}{F}\sigma_e\right),$$

$$M'' = 2\lambda\delta e\sigma_e$$

und für den relativen Anteil des Gurtes am Moment

$$\left.\begin{aligned} \frac{M''}{M} &= \frac{M'}{M' + M''} = \frac{2\lambda\delta e}{\frac{J}{e}\left(1 + \frac{2\lambda\delta}{F}\sigma_e\right) + 2\lambda\delta\sigma_e} \\ &= \frac{1}{1 + \frac{J}{Fe^2} + \frac{J}{2\lambda\delta e^2}}. \end{aligned}\right\} \tag{16}$$

Wenn die beiden Balken — der wirkliche mit dem unendlich breiten Gurt, aber ungleichmäßiger Spannungsverteilung, und der gedachte mit dem Gurt von der Breite 2λ, aber mit gleichmäßiger Spannungsverteilung — gleichwertig sein sollen, so müssen die beiden Ausdrücke für $\frac{M''}{M}$ identisch sein, d. h. man erhält

$$\frac{J}{2\lambda\delta e^2} = \frac{\pi J}{l\delta e^2}\,\frac{3m^2 + 2m - 1}{4m^2}$$

und die **mittragende Breite** (einseitig gerechnet) λ zu

$$\lambda = \frac{2l}{\pi}\,\frac{m^2}{3m^2 + 2m - 1} \tag{17}$$

oder

$$\lambda = \frac{2l}{3\pi}\,\frac{1}{1 + \frac{2}{3m} - \frac{1}{m^2}}.$$

Für $m = \frac{10}{3}$ erhalten wir

$$\lambda = \frac{2l}{3\pi}\,\frac{1}{1\cdot 11}$$

oder

$$\frac{\lambda}{2l} = 0{,}0907\,.$$

Die mittragende Breite beträgt an jeder Seite etwa 9% der Spannweite.

Die Spannungsverteilung längs des Gurtes ist durch folgende Formel gegeben:

$$\sigma_x = \frac{\partial^2 F}{\partial y^2} = A\left(\frac{\pi}{l}\right)^2 e^{-\frac{\pi y}{l}}\left(\frac{3m+1}{2m} - \frac{m+1}{2m}\,\frac{\pi y}{l}\right)\cos\frac{\pi x}{l}. \tag{18}$$

Die Spannung an der Stelle $y = 0$, d. h. an der Anschlußstelle an den Träger, beträgt

$$\sigma_y = \left(\frac{\pi}{l}\right)^2 A_1 \frac{3m+1}{2m} \cos\frac{\pi x}{l},$$

oder, wenn wir X_1 einführen:

$$\sigma_y = \frac{\pi}{2l\delta} X_1 \cos\left(\frac{\pi x}{l}\right) \frac{3m+1}{2m}. \tag{19}$$

Andererseits wollen wir die Beanspruchung des Trägers nachrechnen. Wir erhalten [vgl. die Gleichungen (6) und (14)] für eine Faser in der Entfernung e von der neutralen Achse die Spannung

$$\sigma_{xt} = -\frac{X}{F} + \frac{M'e}{J},$$

wobei X die axiale Belastung und M' der auf den Träger fallende Anteil des Momentes bezeichnet. Nun ist [vgl. Gleichung (6a) und (12)]

$$X = X_1 \cos\frac{\pi x}{l},$$

$$M' = M - M'' = (M_1 - X_1 e) \cos\frac{\pi x}{l}$$

und mit Berücksichtigung der Gleichung (12)

$$\sigma_{xt} = \frac{1}{2\lambda\delta} X_1 \cos\frac{\pi x}{l}.$$

Führt man für λ seinen Wert aus Gleichung (17) ein, so sieht man, daß σ_{xy} und σ_{xt}, d. h. die Spannung im Gurt und die Spannung im Träger, nicht stetig ineinander übergehen, daß vielmehr das Verhältnis

$$\frac{\sigma_{xy}}{\sigma_{xt}} = \frac{3m^2 + m}{3m^2 + 2m - 1}$$

beträgt. Z. B. ergibt sich für $m = \frac{10}{3}$ das Verhältnis zu

$$\frac{\sigma_{xy}}{\sigma_{xt}} = \frac{330}{351} = 0{,}94\,.$$

statt 1. Dies ist offensichtlich ein Schönheitsfehler der Theorie. Er entspringt daraus, daß für den Träger in der üblichen Biegungstheorie, deren Ansätze wir benutzen, angenommen wird, daß die Querdehnung frei erfolgen kann und die Querspannung verschwindet, während dies an der Stelle, wo der Träger in den Gurt übergeht, sicher nicht richtig ist. Dementsprechend wird das Verhältnis $\frac{\sigma_{xy}}{\sigma_{xt}}$ nur für $m = \infty$, d. h. bei verschwindender Querdehnung, gleich 1.

Die Spannungsverteilung ist schematisch in Abb. 2 dargestellt. In der Wirklichkeit wird statt des Sprunges ein allmählicher Übergang bereits innerhalb des Trägerquerschnittes stattfinden.

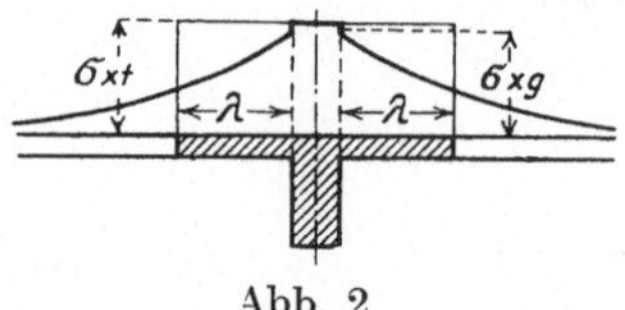

Abb. 2.

5. Einzellast in der Mitte. Wenn die Momentenkurve als Summe mehrerer harmonischer Glieder dargestellt wird, so ist die mittragende Breite, streng genommen, längs des Trägers veränderlich. Die mittragende Breite ist definiert durch die Gleichung

$$\frac{1}{1+\frac{J}{Fe^2}+\frac{J}{2\lambda\delta e^2}}=\frac{M''}{M},$$

wobei M'' den auf die Gurte entfallenden Momentenanteil bedeutet. Nun ist der letztere offenbar gleich

$$M''=-\sum_{n=1}^{\infty} X_n e \cos\frac{n x \pi}{l}.$$

Wenn wir die aus dem Minimalprinzip gewonnenen Werte für die X_n einführen, so ergibt sich

$$\frac{1}{1+\frac{J}{Fe^2}+\frac{J}{2\lambda\delta e^2}}=\sum_{n=1}^{\infty}\frac{M_n}{M}\cos\frac{n x\pi}{l}\,\frac{1}{1+\frac{J}{Fe^2}+\frac{J}{2\lambda_n\delta e^2}},$$

wobei wir für

$$\frac{l}{\pi n}\,\frac{2m^2}{3m^2+2m-1}$$

die Bezeichnung λ_n einführen. λ_n ist die mittragende Breite für das $n$te harmonische Glied der Momentenkurve; λ_n nimmt mit wachsendem n wie $\frac{1}{n}$ ab.

In vielen Fällen wird das Trägheitsmoment J groß gegen das Trägheitsmoment des Gurtteiles von der Breite λ, so daß wir $1+\frac{J}{Fe^2}$ gegen das letzte Glied im Nenner vernachlässigen können. Für diese Fälle können wir schreiben

$$\lambda=\sum_{n=1}^{\infty}\lambda_n\frac{M_n}{M}\cos\frac{n x\pi}{l}.$$

Nehmen wir z. B. den einfachen Fall einer Last P in der Mitte jeden Trägerabschnittes. Dieser Lastverteilung entspricht eine zickzackartige Momentenlinie, welche aus Geraden besteht. Das Moment ist nach dem absoluten Betrage in den Stützpunkten und in den Angriffspunkten der Lasten gleich: es beträgt $+\frac{Pl}{4}$. Die Momentenlinie kann als Summe einer Fourierreihe geschrieben werden in der Form

$$M = \frac{8}{\pi^2}\frac{Pl}{4}\sum_{k=0}^{\infty}\frac{1}{(2k+1)^2}\cos\frac{(2k+1)x\pi}{l}.$$

Wir wollen z. B. die mittragende Breite für $x = 0$ (Stützpunkt) berechnen. Man erhält für dieselbe den Betrag

$$\lambda = \frac{8}{\pi^2}\sum_{k=0}^{\infty}\lambda_{2k+1}\frac{1}{(2k+1)^2}$$

oder mit

$$\lambda_{2k+1} = \frac{1}{2k+1}\frac{l}{\pi}\frac{2m^2}{3m^2+2m-1}$$

$$\lambda = \frac{8}{\pi^2}\frac{l}{\pi}\frac{2m^2}{3m^2+2m-1}\sum_{k=0}^{\infty}\frac{1}{(2k+1)^3} = 0{,}85\frac{l}{\pi}\frac{2m^2}{3m^2+2m-1}$$

statt

$$\lambda_1 = \frac{l}{\pi}\frac{2m^2}{3m^2+2m-1},$$

wenn man nur das erste Glied berücksichtigt. Man sieht, daß die mittragende Breite durch die späteren harmonischen Glieder nicht unerheblich vermindert werden kann.

Die Berechnung der mittragenden Breite kann nach demselben oder ähnlichem Verfahren für endliche Gurtenbreite und für andere Stützbedingungen erfolgen. Diesbezüglich sei auf die demnächst erscheinende Metzersche Arbeit verwiesen.

In der Praxis wird die mittragende Breite noch vielfach dadurch vermindert, daß die Gurte, soweit sie auf Druck beansprucht werden, ausknicken können. Die Knicksicherheit des mittragenden Gurtes ist ein Problem für sich, welches besonders behandelt werden muß.

Neuzeitliche Hydrodynamik und praktische Technik.

Von **Hans Thoma** in München.

Betrachtet man die Entwicklung der modernen Technik, so findet man, daß die Anwendung und Wertschätzung der Hydrodynamik seitens der in der Praxis tätigen Ingenieurwelt in einer ersten, etwa bis zur letzten Jahrhundertwende sich erstreckenden Epoche verhältnismäßig gering war. Wohl haben schon früher praktisch tätige Ingenieure den Versuch unternommen, die Lehren der damaligen älteren Hydrodynamik, welche Strahlbildung und Wirbelerscheinungen noch nicht handgerecht zu erfassen vermochte, zur Lösung auf dem Gebiete der Strömungstechnik liegender Aufgaben heranzuziehen. Da aber der Versuch zeigt, daß wirkliche Flüssigkeiten meist ganz andere Strömungsformen aufweisen, als man auf Grund der älteren Forschungsarbeiten, welche sich im wesentlichen mit den Eigenschaften der idealen, d. h. reibungsfreien Flüssigkeiten befaßten, erwarten durfte, hat es die natürliche Entwicklung mit sich gebracht, daß die praktische Technik den Arbeitsgebieten, welche genaue Kenntnis und Vorausberechnung der Strömungsformen voraussetzten, fern blieb. Wo die ältere Ingenieurpraxis solche Fragen gewissermaßen notgedrungen behandeln mußte, kamen meist nur recht unvollkommene Lösungen zustande. Da ferner zwischen den seinerzeit theoretisch gerechneten Strömungsformen und den praktisch bei den einfachsten Versuchen zu beobachtenden Strömungsbildern oft die größten Gegensätze festzustellen waren, so wendete sich die Ingenieurwelt immer mehr von den Kreisen ab, welche sich die wissenschaftliche Erforschung der Hydrodynamik zum Ziel gesetzt hatten. In dieser Weise entstand eine klaffende Lücke zwischen der wissenschaftlichen Hydrodynamik und der praktischen Technik. Nur so ist es erklärlich, daß z. B. noch in diesem Jahrhundert es in der Wasserbaupraxis strittig war, ob strömendes Wasser in sanft erweiterten Röhren oder Kanälen einen Druckgewinn ermögliche, und nur so ist es möglich, daß noch heute bei vielen Wasserkraftanlagen Wassergeschwindigkeiten in Rohrleitungen und Stollen zum Zwecke der Einschränkung der Reibungs- und damit Gefällsverluste peinlich genau bestimmt werden, dabei aber übersehen bleibt, daß Eintrittskontraktion und Austrittsverluste oft wesentlich größere Gefällsverluste als die eigentliche Rohr- und Wandreibung mit sich bringen, obwohl diese durch einfache, bei Betonbauten stets leicht vorzusehende Ausgestaltung der Querschnittsformen sich fast ganz vermeiden ließen. Dabei ist die Beseitigung dieser, durch Strahlablösung und damit bedingte nur teilweise Ausfüllung des verfügbaren Kanal-, Stollen- oder Rohr-Querschnittes durch das strömende Wasser bedingten Verluste nicht nur in Anbetracht des dauernden Leistungsausfalles der Wasserkraftanlage wichtig, sondern auch für den praktischen Betrieb zur Beseitigung störender Schlammablagerungen außerordentlich bedeutungsvoll. Die Beobachtung zeigt, daß z. B. die bei unvermitteltem Austritt von Stollen oder Kanälen in die Wasserschlösser von Wasserkraftanlagen sich ergebenden Toträume in kürzester Zeit ein Sammelpunkt für Schlamm und Geschiebe werden, die den Betrieb der Anlage erheblich stören und gefährden.

Ähnlich lagen die Verhältnisse seinerzeit auf anderen Gebieten. Der praktische Wasserturbinenbau bestand z. B. hartnäckig auf der Vorstellung, Laufräder mit möglichst dünnen Stahlblechschaufeln zu verwenden, weil man diesen die geringsten Verluste zuschrieb, und sträubte sich lange gegen die Einführung keulenförmiger, gegossener Schaufelprofile, obwohl diese die für die Praxis so sehr gewünschte Verbesserung der Turbinenwirkungsgrade bei Teillast und Überlast gestatteten, wie dies erst durch mehrere in allerneuester Zeit angestellte Versuche nachgewiesen wurde. Wie wenig die Praxis solche aus wissenschaftlichen Erwägungen heraus gemachte Vorschläge schätzte, geht z. B. daraus hervor, daß eine Turbinenfirma, welche auf sachverständigen Rat hin schon vor etwa einem Jahrzehnt, einen durchgreifenden Patentschutz auf die oben erwähnten Schaufelprofile mit verstärkten gerundeten Eintrittskanten erlangte, sich nicht einmal zu einer Versuchsausführung aufschwingen konnte, und seinerzeit diesen Schutz wieder fallen ließ.

Der Mangel an Berechnungsmethoden, die einerseits in praktische Formen gegossen waren, und andererseits der wissenschaftlichen Begründung nicht entbehrten, hat vielfach dazu geführt, daß allerlei auf willkürlichen Annahmen beruhende Rechnungsverfahren aufkamen, die aber nicht nur bedenklich, sondern vielfach dem Fortschritt sogar hinderlich waren. Es sei daran erinnert, daß es beispielsweise üblich war, Gefällsverluste bei Einläufen von Wasserkraftkanälen nach Formeln zu berechnen, die sich auf Rechnungen oder Versuche über die Gefällsverluste an eingebauten Schwellen oder Wehren in Flußläufen stützten. Dabei haben diese beiden strömungstechnischen Probleme fast nichts miteinander gemein, und solche Rechnungen müssen naturgemäß nicht nur zu Irrtümern führen, sondern auch die technische Entwicklung in falsche Bahnen drängen.

Ähnlich ging es auf anderen Arbeitsgebieten zu, welche technische Rechnungen über Strömungserscheinungen erforderten. Im Wasserturbinenbau herrschte z. B. die Wasserstraßentheorie vor, welche das Vorhandensein einer rotationssymmetrischen Strömung und ähnliches voraussetzte, eine Annahme, die zumal bei schnellaufenden Wasserturbinen auch nicht angenähert zutrifft, und nur den Konstrukteur dazu verleitet, bei der Auswertung von Versuchsresultaten in einseitiger, durch die vorerwähnte Theorie bestimmter Richtung fortzuarbeiten, wobei sich dann unmöglich zweckentsprechende Lösungen ergeben können. Auch hier hat die Praxis gezeigt, daß es besser ist, gar keine Rechnungen anzustellen, als solche, die auf derartig schwankendem Grund, wie die oben erwähnte Wasserstraßentheorie aufgebaut sind. Tatsache ist, daß in der älteren Zeit, d. h. etwa bis zum Jahre 1914 oft die besten und erfolgreichsten Wasserturbinenkonstruktionen teils auf zufälligen Änderungen der Werkstattsausführungen älterer sorgfältig berechneter Modelle oder auf rein gefühlsmäßig gefundenen Konstruktionen beruhten, welche sich nicht auf das Dogma der älteren Theorie klammerten, sondern versuchten, solche Schaufelformen zu suchen, die dem Auge einen ebenmäßig geformten Eindruck machten.

Eine Abkehr von diesen jedenfalls nicht auf dem schnellsten Wege zum Ziele führenden Methoden trat zuerst in einem Sonderzweige der Technik, nämlich in der neu in Erscheinung tretenden Flugtechnik auf, als hier Aufgaben gestellt wurden, die ohne Rückkehr zu planmäßigen Versuchen und ohne Wiederaufnahme aller zu Gebote stehenden wissenschaftlichen Hilfsmittel keinesfalls zu einer überhaupt brauchbaren Lösung, d. h. zu einem flugfähigen Fahrzeug geführt hätten. Ausgehend von den neuartigen Aufgaben, welche die Flugtechnik stellte, wurde sowohl der experimentellen Erforschung der Strömungslehre in zahlreichen Versuchsstätten, vor allen Dingen auch in der neugeschaffenen aerodynamischen Versuchsanstalt in Göttingen ein erhöhtes Interesse zugewandt, als auch die wissenschaftliche Auswertung und Vertiefung der gewonnenen Versuchsresultate erneut in Angriff genommen. Insbesondere ist es der von Prandtl ins Leben gerufenen Theorie der Grenzschichten sowie der darauf folgenden Entdeckung über den Zusammenhang von Wirbelstärken an Tragprofilen und deren Auftrieb sowie anderen Forschungen zu danken, daß die neuzeitliche Flugtechnik ein strömungstechnisches Rüstzeug besitzt, welches eine außerordentlich weitgehende Auswertung und Anwendung verschiedenartiger Versuchsresultate, sowie zuverlässige Vorausberechnung bei zahlreichen strömungstechnischen Fragen gestattet. Es unterliegt keinem Zweifel, daß die Entwicklung der Flugtechnik im wesentlichen durch diese von wissenschaftlichem Geist getragene Versuchs- und Forschungstätigkeit bestimmt wird.

Die Ergebnisse dieser neueren Forschungen auf dem Gebiete der Strömungstechnik haben nun aber, wie im folgenden an Hand einzelner Beispiele erläutert werden soll, auch andere mit der Flugtechnik nicht in unmittelbarem Zusammenhang stehende Gebiete der praktischen Technik befruchtet und daselbst zu neuartigen Konstruktionen den Grund gelegt. Wenden wir uns zunächst den Aufgaben zu, die der Bau von Wasserkraftanlagen und besonders der damit zusammenhängenden Wasserbauten mit sich bringt, so wird man vielleicht zuerst an die wasserbauliche Aufgabe denken, aus einem Flußlauf einen Wasserkraftkanal derart abzuzweigen, daß bei mäßigen Baukosten ein möglichst geringer Gefällsverlust entsteht und andererseits Geschiebe, Sand- und Schlammassen dem Kanal möglichst fern bleiben.

Was zunächst die Gefällsverluste im Kanaleinlauf angeht, so ist es im Lichte der heutigen Strömungstechnik eigentlich selbstverständlich, daß eine winkelrechte Abzweigung des Kanals vom Flußlauf größere Gefällsverluste mit sich bringt, als eine in der Stromrichtung schräggelegte, weil im letzteren Falle die Eintrittskontraktion erheblich geringer ausfallen muß. Erwägungen die sich auf den Impulssatz stützen, führen leicht zu der Erkenntnis, daß bei senkrechten Kanaleinläufen die Gefällsverluste mit steigender Wassermenge im Flußlauf, gleichbleibende Kanalwassermenge vorrausgesetzt, sich nicht wesentlich ändern können, bei schräg gestelltem Einlauf dagegen abnehmen müssen. Durch umfangreiche vergleichende Modellversuche wurde dies beispielsweise für verschiedene für die Mittlere Isar projektierte Kanaleinläufe nachgewiesen.

Wenn man nun im Gegensatz zu den meisten Ausführungen der älteren Wasserbaupraxis einen schräg gestellten Kanaleinlauf wählt, so wird es sich fragen, ob bei diesem oder bei dem älteren senkrechten Einlauf die Abhaltung des Geschiebes vom Kanaleinlauf besser gelingt. Auch hier zeigt ein Modellversuch, daß der schräg gestellte Einlauf wesentlich günstiger ist als der senkrechte, obwohl dies den Lehren des älteren Wasserbaus widerspricht, welche beweisen wollten, daß in Stromverzweigungen Geschiebe in gerader Richtung fortgetragen werde. Vergleichsversuche an einfachen Gerinnen, wie sie in Abb. 1 und 2 wiedergegeben sind, zeigen nun das für den älteren Wasserbau jedenfalls überraschende Ergebnis, daß die Hauptmenge des Geschiebes in Stromverzweigungen stets in den abgehenden Ast hineingeschleppt werden. Die Erklärung hierfür ist leicht zu finden. Das Geschiebe wird in der am Boden langsam entlang gleitenden Bodenschicht, die man mit Prandtl auch Grenzschicht nennen könnte, mitgeschleppt. In der Stromverzweigung bildet sich ein seitliches Druckgefälle aus, wie dies nötig ist, um die Wassermassen wenigstens teilweise in den abgehenden Stromzweig hinüberzuleiten. Eine genauere

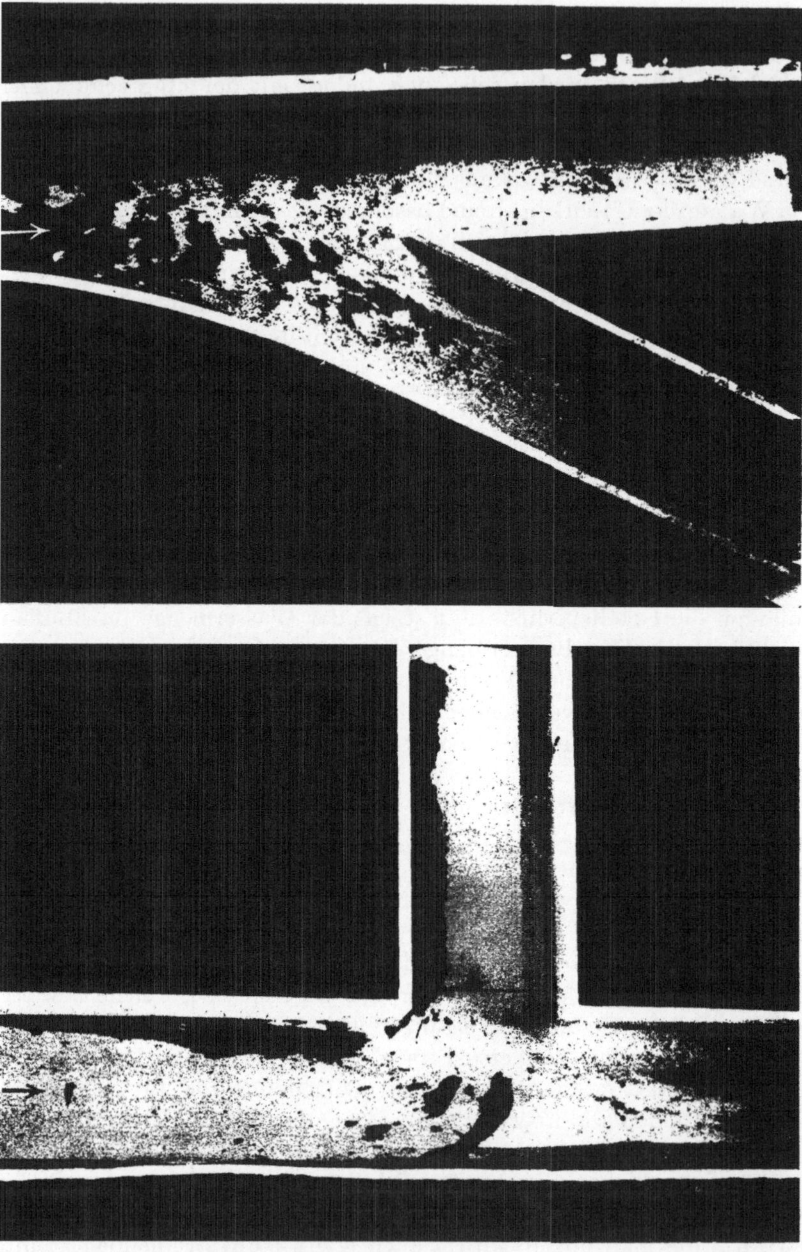

Abb. 1 u. 2. Wasserströmung und Geschiebebewegung in verzweigten Gerinnen.
Das Wasser wird an den durch Pfeile bezeichneten Stellen zugeführt und an den beiden abzweigenden Enden der Gerinne mittels eingebauter, außerhalb des Bildes liegender Überfallwehre gleichmäßig entnommen. Das Geschiebe bewegt sich bei Bild 1 vornehmlich an der inneren Seite der Krümmung, während die geradeaus liegende Abzweigung größtenteils geschiebefrei bleibt. Bei Bild 2 geht das Geschiebe fast restlos mit der Bodenströmung in den winkelrechten Abzweig hinein, während in den geradeaus liegenden nur einige vom Hundert der gesamten Geschiebemenge hineingetragen werden.

Untersuchung der Bodenströmung bestätigt dies und zeigt, daß die Bodenschicht fast restlos in den abgehenden Stromzweig eingezogen wird und daß aus diesem Grunde auch der größte Teil des Geschiebes dorthin wandert. Die oben skizzierte Betrachtung der Grenzschichterscheinungen führt ungezwungen zu dem Schluß, daß an denjenigen Stellen der Strombahn, an welchen sich die Grenzschicht loslöst und zu Wirbeln und Totwassergebilden aufstaut, in wirklichem Fluß oder Kanal Schlamm- und Geschiebeablagerungen zu erwarten sind. Gelingt es, derartige Totwasser zu beseitigen, so wird auch die Schlammablagerung entfallen. Nun hat Prandtl gezeigt, daß die Toträume, die sich z. B. an der Rückseite eines im Wasserstrom stehenden Kreiszylinders ansammeln, dadurch zu beseitigen sind, daß man mittels einiger verhältnismäßig kleiner Öffnungen an der Rückseite des Zylinders dauernd die geringen Mengen der in der Grenzschicht langsam heranströmenden Flüssigkeitsvolumen ablaufen läßt. Dieses Laboratoriumsexperiment ist nun in größten Ausmaßen bei den gespülten Eintrittsschwellen mehrerer Wasserkraftsanlagen, z. B. der Mittleren Isar, mit Erfolg angewendet. Verhältnismäßig geringe Wassermengen, welche man durch Spülkanäle, die in den Eintrittsschwellen der Turbinenkammern und Kanaleinläufe vorgesehen sind, entweder ablaufen läßt oder besonders gestalteten kleinen Kläranlagen zuführt, gestatten es, die am Kanal- oder am Flußboden heranziehende Bodenströmung abzuzapfen und gleichzeitig Totwassergebilde und Schlammablagerungen zu beseitigen.

Es braucht nicht darauf hingewiesen zu werden, daß solche und ähnliche Versuche und Erwägungen für die Konstruktion der Wasserkraftanlagen nicht bloß bei der vorerwähnten Aufgabe, sondern auch in vielen anderen wichtigen Punkten von grundlegender Bedeutung sind. Die Bemessung der Strömungsquerschnitte beim Ein- und Austritt von Stollen, Rohrleitungen, Kanalüberbrückungen, welche aus wirtschaftlichen Gründen eine Verengung des Profiles verlangen, bei Verzweigung der Strombahn in Wasserschlössern und dergleichen, wird am besten durch zweckentsprechend ausgeführte Versuche an kleinen Modellen festgestellt, wobei sich nicht nur erhebliche Ersparnisse an Gefälle, sondern auch meist beträchtliche Minderung der Baukosten ergeben, wenn es nämlich gelingt, solche Teile der bei der Baukonstruktion sich ergebenden Strombahn, die später in Wirklichkeit nur zur Ansammlung von an der Strömung nicht teilnehmenden Wassermengen, sog. Totwassern, führen, von vornherein wegzulassen.

Auch bei der Abbildung von Leerschüssen und anderen Aufgaben ergibt der Modellversuch so wertvolle Anhaltspunkte, daß der Wasserbaukonstrukteur, welcher sich einmal an dieses Hilfsmittel gewohnt hat, seine wirtschaftliche Unentbehrlichkeit bald erkennt. Es ist damit ohne weiteres erkenntlich, daß hier nicht nur die sinngemäße Ausgestaltung der Grenzschichtentheorie, sondern auch die Versuchsmethoden der Göttinger Modellversuchsanstalt und ähnlicher Forschungsinstitute für die Praxis außerordentlich bedeutungsvoll geworden sind.

Wie weit bei der Konstruktion der Wasserkraftmaschinen selbst die neuere hydrodynamische Erkenntnis mitgewirkt hat und noch weiter mitzuwirken berufen ist, wurde bereits in den einleitenden Bemerkungen erläutert, so daß es nicht nötig ist, hierauf weiter einzugehen.

Bemerkenswert ist nun, daß die neuzeitliche Strömungslehre nicht bloß solche Zweige der Technik im allgemeinen und des Maschinenbaues im besonderen zu befruchten vermag, bei welchen die Strömungsvorgänge den wesentlichen Inhalt bilden, sondern daß sie es erlaubt, auch anderen scheinbar ganz entlegenen Arbeitsgebieten der Technik neue Anregungen zu bringen und ihnen zu neuen Fortschritten zu verhelfen. Beispielsweise hat beim Bau von selbsttätigen, mit Preßöl betriebenen Reglern, wie sie in früherer Zeit ausschließlich zur Regelung der Drehzahl von Dampf und Wasserturbinen dienten, die Beachtung der Strömungserscheinungen an Steuerkolben und Ventilen dazu geführt. diese nicht nur von dem statischen Rückdruck des Preßöles zu befreien, sondern auch die von den Strömungserscheinungen herrührenden Rückdrücke zu beseitigen. So ist es gelungen, selbst große Öldruckregler mit tausend und mehr Kilogrammeter Arbeitsvermögen zu bauen, bei welchen die Rückdrücke an der Steuerung auf verschwindende Beträge, jedenfalls auf Bruchteile eines Grammes, beschränkt sind. Daraus ergibt sich nicht nur eine Vervollkommnung der Drehzahlregler, sondern auch die Möglichkeit, solche Regler unmittelbar von elektrischen Steuerorganen, etwa entsprechend ausgebildeten elektrischen Spannungs- oder Strommessern betätigen zu lassen, wie dies beispielsweise für die selbsttätige Regelung des Elektrodenstromes in elektrochemischen Werken nötig ist. Auch eine unmittelbare Schnellregelung von elektrischen Stromerzeugern in der Weise, daß durch Einflußnahme auf Leistung und Drehzahl der Kraftmaschine unmittelbar die Klemmspannung des Stromerzeugers bei allen Belastungsgraden konstant gehalten wird, ist eine praktisch bedeutungsvolle Aufgabe, welche sich mit Hilfe der vorerwähnten elektrischen Preßölregler lösen ließ.

Ein anderes Beispiel für den weitgehenden Einfluß, den hydrodynamische Erwägungen auf die Konstruktion von Maschinen haben können, bietet z. B. das Preßölgetriebe, welches die Magdeburger Werkzeugmaschinenfabrik in erster Linie für den Antrieb von Werkzeugmaschinen, dann auch für andere Zwecke herstellt, bei denen ein stufenfrei einstellbares, veränderliches Übersetzungsgetriebe verlangt wird, welches bei mäßigen Abmessungen und gutem Wirkungsgrad das einmal eingestellte Übersetzungsverhältnis nahezu unabhängig von dem Belastungsgrad beibehält. Ein derartiges Getriebe besteht im wesentlichen aus einer vielzylindrigen Kolbenpumpe mit veränderlichem Hub, die Preßöl einem genau gleichartig ausgeführten Kolbenmotor zuführt, der die im Preßöl zugeführte hydraulische Energie in mechanische Energie zurückverwandelt. Die Veränderung der Übersetzung wird dabei durch Veränderung der Hubgrößen erreicht. Bemerkenswert ist nun, daß im Gegensatz zu früheren Versuchen auf diesem Gebiet schon bei den ersten Ausführungen dieses Getriebes Wirkungsgrade von mehr als 90% erreicht wurden, was nur möglich war unter Berücksichtigung der Anregungen, die die neueren Arbeiten und Forschungsergebnisse der Hydrodynamik gebracht hatten.

In diesem Falle ergab sich einerseits die Aufgabe, Flüssigkeitsströmungen in Kanälen und Schiebersteuerungen rechnerisch zu erfassen, woselbst die Flüssigkeit überkritisch strömt, d. h. Flüssigkeitsreibung hauptsächlich an den Wandungen auftritt, was dem Wesen nach zu denselben Problemen führt, wie sie auch bei den für die obenerwähnten wasserbaulichen Zwecke angestellten Versuchen vorliegen und für welche daher ähnliche Untersuchungs- und Rechnungsmethoden in Frage kommen. Daneben galt es aber noch, die Strömung des Öles in engen Spalten in dem Sinne günstig zu gestalten, daß gleichzeitig Reibungs- und Leckölverluste möglichst gering ausfallen. Dabei ergibt sich ein Vielerlei von Rücksichten, zumal auch noch werkstattechnische Anforderungen weitgehend zu beachten sind, und es bedarf daher keines besonderen Beweises, um zu erhärten, daß gerade bei derartig komplizierten Aufgaben die heutige Strömungstechnik Vorbedingung für eine erfolgreiche Lösung ist.

Ähnliche Strömungserscheinungen, wie sie die Ölströmung in Arbeitsflächen und Dichtungsspalten der Preßölgetriebe mit sich bringt, treten auch bei den gewöhnlichsten Maschinenteilen, nämlich bei gewöhnlichen Wellenlagerungen auf. Erst in neuerer Zeit ist es bekannt geworden, daß ein im Dauerbetrieb brauchbares Lager an das Zustandekommen einer ordnungsgemäßen Ölströmung zwischen Zapfen und Lagerschale oder an die Entstehung eines sogenannten Ölfilms gebunden ist, wie dies unter anderem in den zweifellos auch für die Praxis bedeutungsvollen Arbeiten Gümbels[1]) näher erörtert wird. Aus diesen Erkenntnissen heraus ergab sich auch erst eine wirklich brauchbare Konstruktion von Lagern für die Übertragung größerer axialer Drücke, sog. Spurlager. Dem älteren Maschinanbau wollte ja bekanntermaßen die Konstruktion solcher Spurlager nie recht gelingen, und erst die neueren

[1]) Vgl. Thoma: Hochleistungskessel. Berlin 1921.

Forschungen haben die Wege gezeigt, wie man auch in Spurlagern, bei denen der oben erwähnte Ölfilm im Gegensatz zu Radiallagern nicht ohne weiteres entsteht, durch Anwendung beweglicher Gleitflächen und ähnliche Mittel die richtige Strömung des Schmierstoffes und damit einen einwandfreien Betrieb erzielt. Heute bereitet es keine Schwierigkeiten, Spurlager selbst für außerordentlich große Lasten

Abb. 3. Luftströmung im Modell eines Heizapparates.

herzustellen und damit z. B. im Wasserturbinenbau zu den aus hydraulischen und baulichen Gründen oft vorteilhaften vertikalen Turbinenanlagen zurückzukehren.

Überraschenderweise läßt sich nun aber die Hydrodynamik auch mit Nutzen auf Erscheinungen der Wärmelehre und Wärmetechnik anwenden. Abb. 3 gibt das Bild von der Luftströmung in dem Modell eines Wasserröhrenkessels wieder. Dieses Bild zeigt in der Richtung der im Schnitte als schwarze Kreise erscheinenden Rohrmodelle gesehen, die Strömung innerhalb eines Röhrenbündels. Die Grenzschicht ist mittels eines besonderen, hier nicht näher zu beschreibenden Verfahrens[1]) weißlich gefärbt. Man bemerkt, daß diese Grenzschicht, welche doch sicherlich im Dampfkessel nahezu die Temperatur der Wasserrohre annimmt, sich um jedes nachfolgende Rohr herumschlingt, und somit den Wärmeübergang wesentlich beeinflussen muß. Eigentlich bedarf es keiner Erläuterung, um zu beweisen, daß die Kenntnis der Strömungsformen, welche Heizgase in Rohrbündeln und anderen wärmeaustauschenden Apparaten annehmen, grundlegend ist für die Beurteilung und Berechnung des Wärmeübergangs und damit für die Leistung von Dampfkesseln usw. Aus der Kenntnis und Untersuchung vieler Strömungsbilder werden sich daher Fingerzeige für den praktisch tätigen Ingenieur oder meist sogar Richtlinien für die Konstruktion der Heizapparate ergeben. Beispielsweise ist es möglich, aus der Untersuchung derartiger Strömungsformen auf einen einfachen Zusammenhang zwischen Druckverlust in Wärmeaustauschapparaten und deren Wärmeaufnahme zu kommen, was für die praktische Verwendung natürlich außerordentlich wertvoll ist. Damit ist es z. B. möglich, die wirtschaftliche Grenze der Leistungssteigerung bei Großdampfkesseln, die mit Gebläsen ausgerüstet sind, zu errechnen.

Eine nähere Untersuchung der Strömungsvorgänge in Heizkörpermodellen lehrt aber außerdem noch, daß es möglich ist, an Hand solcher Modelle in einfachster Weise die Wärmeübergangszahlen durch chemische Methoden zu ermitteln. Bildet man nämlich ein derartiges Modell, wie das in Abb. 3 gezeigte, als Diffusionsapparat aus, indem man etwa die wärmeaustauschenden Rohrwandungen im Modell aus einem porösen Körper herstellt, der mit geeigneten Chemikalien getränkt mit der durchströmenden Luft in eine genügend schnell verlaufende chemische Reaktion tritt, so läßt sich aus dem Grade der Umsetzung ein Rückschluß auf die Eigenschaften des Modells als Diffusionsapparat ziehen. Da nun aber die Differentialgleichung für die Diffusion und für den Wärmeübergang bis auf gewisse Abmessungen von Modell und wirklichem Heizkörper, sowie bis auf eine die Diffusionskonstante und die Wärmeleitzahl enthaltende Konstante übereinstimmen, läßt sich unmittelbar aus dem Diffusionsversuch die Eigenschaft des Modells und des wirklichen Heizkörpers als Wärmeaustauschapparat erreichen und zwar ohne daß man genötigt wäre, willkürliche Vergleichskonstanten in die Rechnung einzuführen. Damit ergibt sich die Möglichkeit, vergleichende Modellversuche über die wärmetechnischen Eigenschaften verschiedener Heizkörper-Anordnungen auszuführen, was außerordentlich wichtig ist, weil Versuche im großen Maßstabe aus naheliegenden Gründen in den seltensten Fällen in planmäßiger Weise durchgeführt

[1]) Vgl. Thoma: Hochleistungskessel. Berlin 1921.

werden können. Über den vorliegenden Einzelfall hinaus hat aber nur eine planmäßig durchgeführte Versuchsreihe Wert. Nur sie allein läßt Rückschlüsse über den Rahmen der vorliegenden Einzelaufgabe hinaus zu und ermöglicht es, allgemein gültige Gesichtspunkte für den Wärmeübergang im allgemeinen und die Konstruktionen von Heizapparaten im besonderen zu finden.

Luft- und Wärmeströmung, deren inniger Zusammenhang durch die oben gestreiften Untersuchungen erwiesen wurde, sind übrigens auch von grundlegender Bedeutung für die Berechnung elektrischer Maschinen sowohl als auch für die Konstruktion beispielsweise von Ölmotoren, beides Maschinengattungen, bei denen Wärmeübertragung und Luft- oder Gasströmungen die Konstruktion erheblich beeinflussen.

Überhaupt ist festzustellen, daß das heutige Rüstzeug der technischen Hydrodynamik es gestattet, in vielen Fällen wesentlich weitergehende und allgemeinere Schlüsse über die Lösung zahlreicher technischer Probleme zu gewinnen, als die heutige Praxis allgemein annimmt. Damit ist zu hoffen, daß allmählich die technische Strömungslehre in weiteren Kreisen Freunde und Gönner für die Förderung ihrer Forschungsarbeiten und ihrer unter wissenschaftlicher Kontrolle stehenden Versuche finden wird, und daß dieser Zweig der technischen Mechanik in seiner Auswirkung für Wirtschaft und Fortschritt zu jener bedeutungsvollen Stellung gelangen wird, zu der er kraft der fundamentalen Bedeutung der theoretischen und der technischen Hydrodynamik berufen ist. Allzu oft wird vergessen, daß der Hydrodynamik insbesondere auch außerhalb des Rahmens der hier skizzierten Theorie der reibenden Flüssigkeiten eine allumfassende Bedeutung zukommt. Ich brauche nicht daran zu erinnern, daß beispielsweise neben der schon lange bekannten elementaren Berechnung elektrischer Maschinen, welche zahlreiche einfache, im Grunde Strömungsvorgänge betreffende Rechnungen mit sich bringt, auch der heutige Elektromaschinenbau noch seine schwierigsten und erfolgreichsten Arbeiten aus der Berechnung verwickelter magnetischer und elektrischer Felder, sowie aus der Berechnung der innig zusammenhängenden Luft- und Wärmeströmung schöpft, wozu die theoretische Hydrodynamik die Grundlagen liefert. Auch die Probleme der elektrischen Fernübertragung und zahlreiche andere Fragen lassen sich heute nur noch dann einfach und klar erfassen, wenn die Wellennatur der elektrischen Erscheinungen mit ihren elektrischen und magnetischen Feldern als Grundlage der Betrachtung dient und mit den Hilfsmitteln der Hydrodynamik der räumliche und zeitliche Verlauf der elektrischen und magnetischen Felder erforscht wird. Darüber hinaus läßt ferner bekanntermaßen die neuere Physik bei der Erforschung der Zusammensetzung der Materie und zahlreicher dahin gehöriger allgemeiner und grundlegender Fragen die Bedeutung der

Hydrodynamik in immer neuem Lichte erscheinen. Aus diesem Grunde ist es nicht erstaunlich, wenn heute auch der praktisch tätige Ingenieur sich in immer steigendem Maße mit den Hilfsmitteln dieser Disziplin und namentlich deren handgerechter Anwendung vertraut machen muß. Die hier gebrachten Beispiele sowohl als die daran geknüpften allgemeineren Überlegungen sollen die heutige Ingenieurwelt davon überzeugen, daß man diese neuere Entwicklung nicht bloß mißtrauisch beobachten darf, sondern sie tatkräftig und opferbereit unterstützen sollte, in der Erkenntnis, daß jede Mühe, die zur Erforschung der neuen in praktische Formen gegossenen Wege der technischen Hydrodynamik im besonderen und der technischen Mechanik im allgemeinen aufgewendet wird, sich in kurzer Zeit durch handgreifliche Erfolge bezahlt machen muß.

Über Stabilität symmetrisch aufgebauter Raumfachwerke.

Von **W. Schlink**, Technische Hochschule in Darmstadt.

A. Föppl führte für die von ihm angegebene Netzwerkkuppel (Abb. 1 und 2) einen Stabilitätsbeweis, der zeigt, daß derartige Raumfachwerke über einem regelmäßigen Vieleck mit gerader Seitenzahl nicht stabil sind, wohl aber solche mit ungerader Seitenzahl[1]). Unter Zugrundelegung des Hennebergschen Satzes[2]), daß ein räumlicher Fachwerksträger, der die Mohrsche Gleichung $s + r = 3k$[3]) erfüllt, dann stabil ist, wenn beim Fehlen von äußeren Lasten alle Stabkräfte und Lagerreaktionen eindeutig den Wert Null besitzen, läßt sich der Föpplsche Stabilitätsnachweis folgendermaßen darstellen:

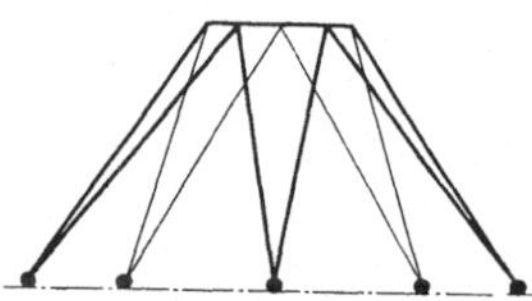

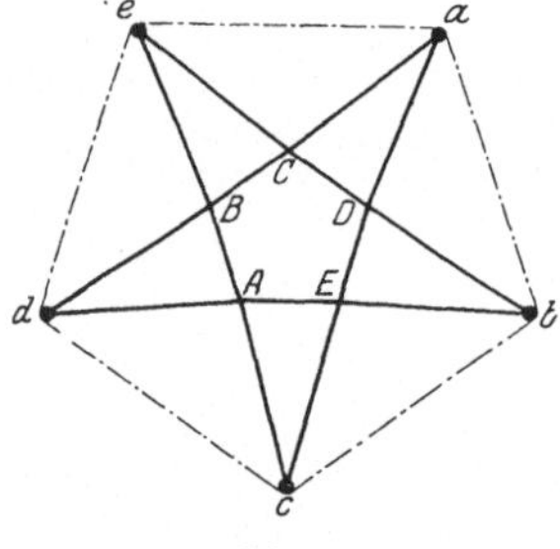

Abb. 1.

Angenommen, in AB herrsche eine beliebige Kraft S; diese kann in B mit den 3 Kräften BC, Bd, Be ins Gleichgewicht gesetzt werden, dann BC eindeutig mit CD, Ce, Ca, weiter CD mit DE, Da. Db, und dann DE mit EA, Eb, Ec. Am Punkte A müßte dann Gleichgewicht bestehen zwischen AE, Ac, Ad und AB; das ist aber nur möglich, wenn die Resultante der Kräfte in AB und AE in dieselbe Linie fällt wie diejenige von Ac, Ad, also in die Schnittlinie der Ebenen cAd und BAE. Das heißt: Wenn bei beliebig angenommener Kraft S in AB sich in EA eine solche Kraft ergibt, daß die Resultierende aus AB und AE in die erwähnte Schnittlinie fällt, dann erhalten Ac und Ad eindeutige Stabkräfte dann würde also für jede beliebige Stabkraft S in allen Stäben eine bestimmte Stabkraft auftreten, d. h. beim Fehlen von äußeren Lasten würden in allen Stäben von Null verschiedene Kräfte entstehen können, das System wäre demgemäß nicht starr.

[1]) Föppl, A.: Das Fachwerk im Raume. Leipzig 1892.

[2]) Henneberg, L.: Die graphische Statik des starren Systems. Leipzig 1911.

[3]) Es bedeutet s die Zahl der Stäbe, k der Knotenpunkte und r der Lagerunbekannten (Fesseln).

Bei einer regelmäßigen Netzwerkkuppel mit ebenem Ring wird die Kraft in BC gleich der willkürlich gewählten Kraft S in AB, aber mit entgegengesetztem Vorzeichen; dann diejenige in CD wieder gleich $+S$, DE gleich $-S$ usw. Bei gerader Seitenzahl (Abb. 2) haben dann AB und FA verschiedenes Vorzeichen, ihre Resultierende fällt in die Schnittlinie der Ebenen BAF und cAd, das System ist verschieblich. Liegt dagegen eine regelmäßige Kuppel mit ungerader Seitenzahl vor, so bekommt der letzte Ringstab EA (Abb. 1) eine gleichgroße und gleichgerichtete Kraft wie AB, die Resultierende dieser beiden Ringstäbe fällt nicht in die Schnittlinie der Ebene BAE und cAd, und die Stabkräfte in Ad und Ac können nur dann mit der Resultierenden von BA und EA Gleichgewicht halten, wenn diese Null ist, d. h. Gleichgewicht ist beim Fehlen von äußeren Kräften nur möglich, wenn die ursprüngliche Kraft S mit der Größe Null eingeführt wird, und dann werden alle Stabkräfte eindeutig Null. Also ist eine Netzwerkkuppel mit ungerader Seitenzahl immer stabil.

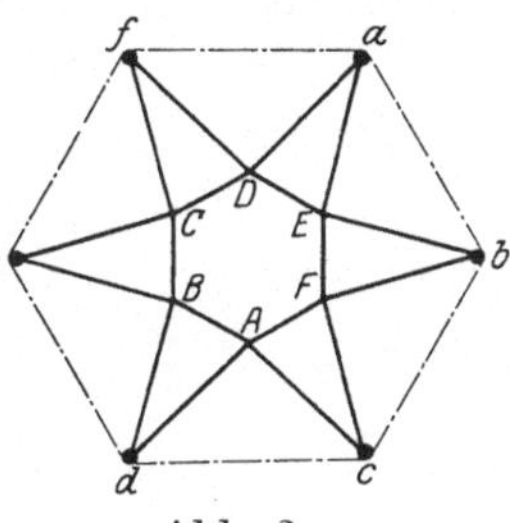

Abb. 2.

Naturgemäß werden nicht nur regelmäßige Netzwerkkuppeln mit gerader Seitenzahl, sondern auch andere Formen von Netzwerkkuppeln labil sein können. Hierfür läßt sich ein sehr bequemes Untersuchungsverfahren angeben, wie unten gezeigt wird.

Wenn der Ring ABC ein ebenes Stabeck ist, liegt die Resultierende je zweier in einem Ringpunkt zusammenlaufenden Gratstäbe, z. B. Ac

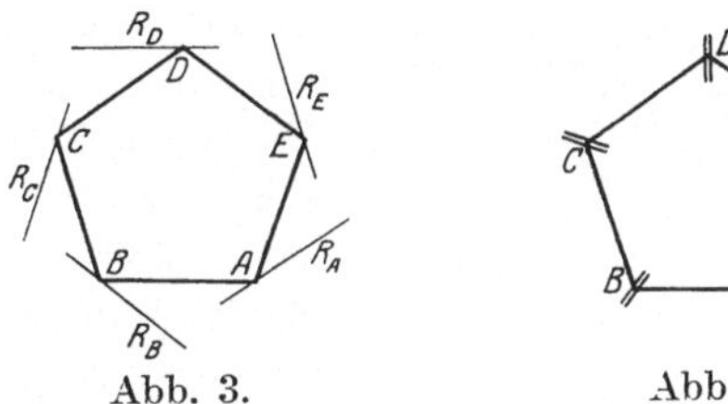

Abb. 3. Abb. 4.

Ad, immer in einer horizontalen Geraden (R_A). Der Stabilitätsbeweis kommt also im wesentlichen auf die Untersuchung eines ebenen Systems heraus (Abb. 3).

Andrerseits kann man die Gratstäbe cA, dA ... auch als Stützungsstäbe auffassen, die von festen Erdpunkten a, b ... auslaufen, so daß dann die Netzwerkkuppel angesehen werden kann als ein in Rollenlagern gestützter Stabring, wobei die Bewegungsrichtung der Lager jeweils senkrecht geht zur Ebene je zweier Gratstäbe (cA, dA) ... Der auf einer horizontalen Ebene gelagerte Ring (Abb. 4) entspricht einer

Netzwerkkuppel, bei der die Gratstab-Ebenen cAd, . . . senkrecht stehen. Man erkennt sofort daß ein in Rollenlagern gestützter, ebener regelmäßig vieleckiger Ring, bei dem die Rollenlager in radialer Richtung geführt sind, nur dann stabil ist, wenn ein Vieleck mit ungerader Seitenzahl vorliegt, dagegen labil bei gerader Seitenzahl.

Auf Grund dieser Überlegung ist die Untersuchung einer Netzwerkkuppel auf diejenige eines in Rollenlagern geführten Ringes zurückführbar. Solange der Stabring in einer Ebene liegt, ist es ganz gleichgültig, ob die Wände der Gratstäbe bzw. der Stützungsstäbe schief oder senkrecht stehen, da in beiden Fällen die Schnittlinien der Stützungsstäbe-Ebenen mit der Ringebene horizontale Geraden sind. Man kann sich den Stabzug einfach festgelegt denken durch Fesseln in der Ringebene und hat dann lediglich zu untersuchen, ob ein derartiger ebener Stabträger stabil ist. Dies ist, wie oben erwähnt, dann der Fall, wenn beim Fehlen von äußeren Kräften in allen Stäben die Spannkraft Null eindeutig auftritt; dagegen ist das System labil, wenn bei dieser speziellen Belastung in allen oder einzelnen Stäben von Null verschiedene Kräfte auftreten können. Dieser letztere Spannungszustand (Abb. 5) ist aber dann vorhanden, wenn die Kräfte 1, 2, 3 . . . nach beliebiger Größenannahme von einer unter ihnen im Gleichgewicht untereinander stehen, d. h. wenn ihr Krafteck, zu dem dann das Vieleck I, II, III . . . als Seileck gehört, geschlossen ist. Man zieht also zur Prüfung der Stabilität durch einen beliebigen Punkt M Parallele zu den Ringseiten I, II, III . . . und stellt fest, ob zwischen diesen Polstrahlen durch Parallelverschiebung der Wirkungslinien 1, 2, 3 . . . ein geschlossenes Krafteck entsteht. Sofern dieses der Fall, ist das System labil, also der Ring nicht unverschieblich gelagert; ergibt sich dagegen ein offenes Krafteck (Abb. 6), so liegt ein stabiles Gebilde vor.

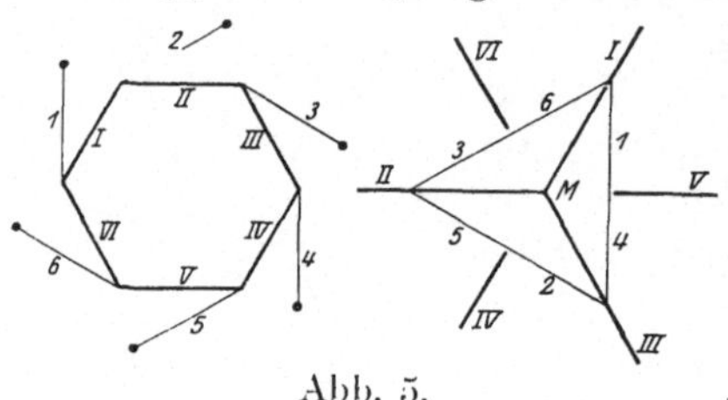

Abb. 5.

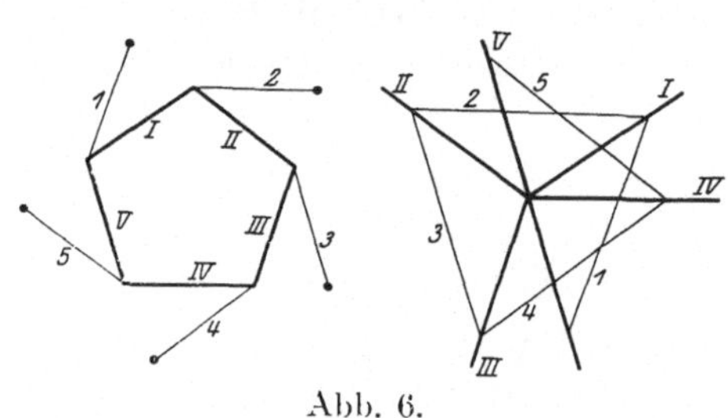
Abb. 6.

Dies Verfahren zur Untersuchung eines gelagerten ebenen Ringes und damit auch verschiedener Kuppeln erscheint wesentlich einfacher als dasjenige nach der kinematischen Methode, wie es z. B. von Geusen[1])

[1]) Geusen: Zur Berechnung von Fachwerkträgern. Zentralbl. d. Bauverw. 1921.

verwendet wurde. Unter Zugrundelegung der Beziehungen von Kraft- und Seileck zueinander lassen sich dann auch verschiedene Sätze ableiten, die für die Stabilität von Kuppeln wertvoll sind. Die hier angestellte Betrachtung gilt naturgemäß auch für den Fall, daß der gelagerte Ring bzw. der obere Stabzug der Netzwerkkuppel ein räumliches Vieleck ist; nur tritt dann an Stelle des ebenen Kraftecks ein räumliches.

Netzwerkkuppel und Schwedlerkuppel können aufgefaßt werden als Sonderfälle eines allgemeineren Raumfachwerks, das entstanden ist durch Erweiterung eines von Saviotti für ebene Fachwerke mitgeteilten Bildungsgesetzes: ein stabiles, ebenes Fachwerk kann dadurch gebildet werden, daß man an ein bestimmtes ebenes Fachwerk einen $n$seitigen, ebenen Stabring durch je einen Stab nach seinen Eckpunkten anfügt. Henneberg hat dies Gesetz für räumliche Fachwerke erweitert: Ein bestimmtes räumliches Fachwerk kann dadurch ge-

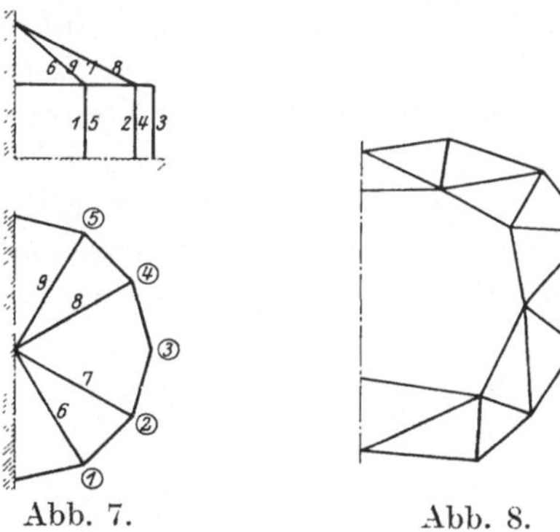

Abb. 7. Abb. 8.

wonnen werden, daß man die n Ecken eines räumlichen oder ebenen Stabpolygons durch je 2 Stäbe mit Knotenpunkten eines bestimmten Raumfachwerkes verbindet. Ob ein derartiges System tatsächlich unverschieblich, also bestimmt ist, läßt sich leicht nachprüfen, wenn man den oben angegebenen Stabilitätsnachweis für Netzwerkkuppeln verwendet.

Faßt man die festen Erdpunkte als Knotenpunkte eines die Erde ersetzenden bestimmten Fachwerkes (Erdfachwerk) auf, so erkennt man sofort, daß die Schwedler- und Netzwerkkuppeln nach dem Henneberg-Saviottischen Gesetze aufgebaut, indem die Ringpunkte A, B, C . . . durch je 2 Stäbe angeschlossen sind.

Soll ein offener Stabzug mit n Ecken gegenüber einem Fachwerk bzw. der Erde räumlich festgelegt werden, so benötigt man $(2n + 1)$ Verbindungsstäbe; ist der Stabzug an das betreffende Fachwerk angeschlossen (Abb. 7), so sind zur Gewinnung eines unverschieblichen Systems nur $(2n - 1)$ Stäbe einzuziehen. Will man einen offenen Stabmantel, bei dem die Stäbe in lauter Dreiecken angeordnet sind und der an ein festes räumliches Fachwerk angeschlossen ist (Abb. 8), mit diesem zu einem unverschieblichen Stabgebilde verbinden, so benötigt man $(m + n - 3)$ Fesseln, wenn m und n die Zahl der freien Eckpunkte der beiden begrenzenden Polygone des Stabmantels ist. Mit Anwendung dieses Gesetzes lassen sich verschiedenartige Raumfachwerksträger bilden, die Müller-Breslau Halbkuppeln nennt[1]).

Geht man von Erdpunkten verschiedener Höhenlage aus, so kann man mittels des Saviotti-Hennebergschen Bildungsgesetzes andersartige Raumfachwerke angeben. So ist z. B. das System der Abb. 9 dadurch entstanden, daß man von 8 festen Erdpunkten a, a_1, b, b_1 ... ausgeht und an diese den vierseitigen Ring durch je 2 Stäbe in einer lotrechten Ebene anschließt. Bezüglich der Stabilität verhält sich das vorliegende Stabsystem wie ein ebener Ring, der durch Fesseln in seiner Ebene an die Erde angeschlossen ist. Man erkennt sofort, daß eine regelmäßige Kuppel nach dieser Bauweise mit gerader oder ungerader Seitenzahl labil, da ja das oben erwähnte Krafteck geschlossen ist. Nimmt man je einen Stützungsstab fort und zieht dafür in den Trapezfeldern Diagonalen ein, so entsteht die Schwedlerkuppel.

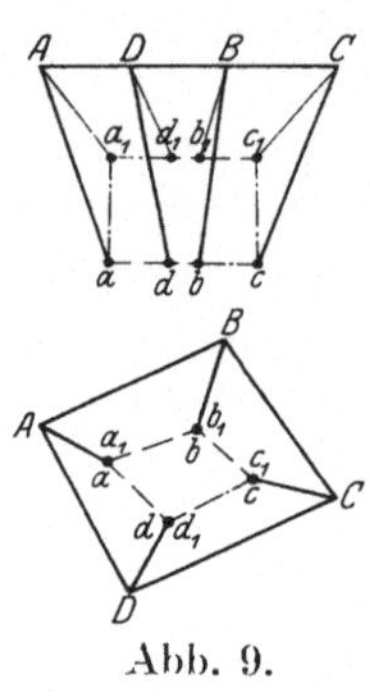

Abb. 9.

Schließt man (Abb. 10) an n Erdpunkte einen höhergelegenen horizontalen Stabring mit $2n$ Ecken in der gezeichneten Weise an, so entsteht ein $n$fach labiles System; man erkennt dies sofort, wenn man in einem Ringstab eine beliebige Kraft annimmt und Gleich-

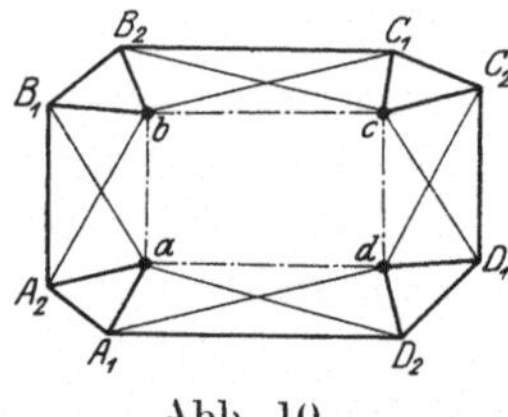

Abb. 10.

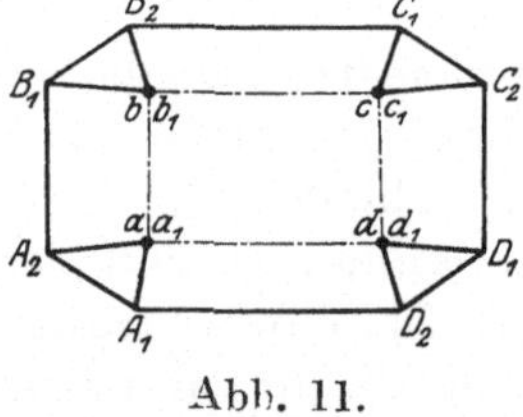

Abb. 11.

gewichtszustand herzustellen versucht. Fügt man den $2n$-seitigen Ring, ähnlich wie in Abb. 9, durch je 2 Schrägstäbe in derselben Vertikalebene, z. B. Punkt A_1 durch $a A_1$ und $a_1 A_1$ (Abb. 11) an, so sieht man, wie leicht bei symmetrischer Ausbildung ein verschiebliches Gebilde entsteht.

Durch Anschließung eines neuen Ringes statt an feste Erdpunkte an die Knotenpunkte eines bestimmten Fachwerksträgers kann man

[1]) Müller-Breslau: Neuere Methoden zu Festigkeitslehre. 3. Aufl. Leipzig 1904.

verschiedenartige räumliche Stabsysteme gewinnen. In Abb. 12 ist der Ring an eine Scheibenkuppel[1]), also ein bestimmtes System, angefügt. Bei regelmäßiger Ausbildung ist das neue Stabgebilde labil, sowohl bei gerader wie auch ungerader Seitenzahl, obwohl die Scheibenkuppel selbst stabil ist.

Selbstverständlich können immer weitere Stabringe angeschlossen und damit Kuppelformen erhalten werden, bei denen an den Graten ebene Fachwerke angeordnet, deren Knotenpunkte durch Ringstäbe verbunden sind. In Abb. 13 ist das Ausgangssystem ***aA***, ***bB***, ***cC***, ***dD*** eine regelmäßige, vierseitige Schwedlerkuppel, an die zunächst der

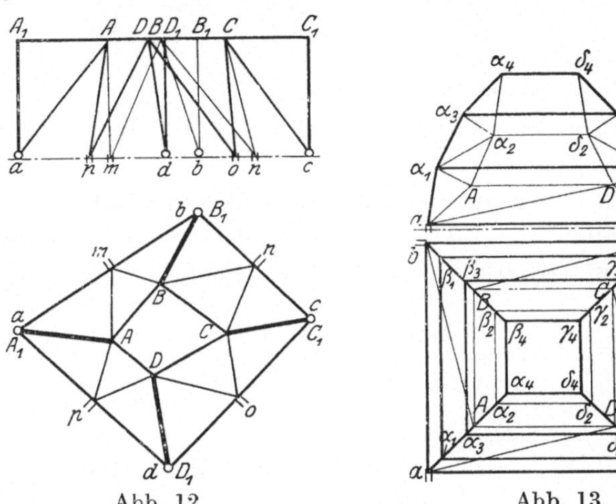

Abb. 12.

Abb. 13.

Ring $\alpha_1\, \beta_1\, \gamma_1\, \delta_1$ durch Abstützungsstäbe angeschlossen ist, dann weiter der Ring $\alpha_2\, \beta_2\, \gamma_2\, \delta_2$ und so fort. Gegenüber einer gewöhnlichen mehrgeschossigen Kuppel weist diese hier den Unterschied auf, daß statt der vollwandigen Grate gegliederte Scheiben eintreten, deren Knoten durch horizontale Stäbe verbunden sind, während aber die Trapezdiagonalen in den Mantelflächen fehlen mit Ausnahme derjenigen in den inneren, untersten Feldern $A\,a\,b\,B$, $B\,b\,c\,C$ ... Falls die einzelnen Ringe regelmäßige Vielecke bilden, ist das ganze Fachwerk labil, und zwar ist jeder Ring an den vorhergehenden verschieblich angeschlossen, — ein zunächst vielleicht überraschendes Ergebnis, da die Schwedlerkuppel auch bei regelmäßiger Ausbildung stabil ist.

Die Berechnung derartig aufgebauter Systeme macht keine Schwierigkeiten, da man, ausgehend vom obersten Ring, nur den Berechnungsgang der Netzwerkkuppel anzuwenden braucht; sie läuft für die Gratfachwerke auf die Berechnung ebener Fachwerke hinaus.

---

[1]) Schlink: Statik der Raumfachwerke. Leipzig 1907.

Man kommt beim Anschauen der Stabanordnung von Abb. 13 auf den Gedanken, die Füllungsstäbe der Gratfachwerke fortzunehmen und dafür Diagonalen in verschiedenen Trapezfeldern des inneren und äußeren Mantels einzuziehen. Führt man dies für alle Trapezfelder aus, so erhält man ein einen doppelt zusammenhängenden Raum umschließendes Flechtwerk, das als freies Fachwerk der Bedingung $s = 3\,k$

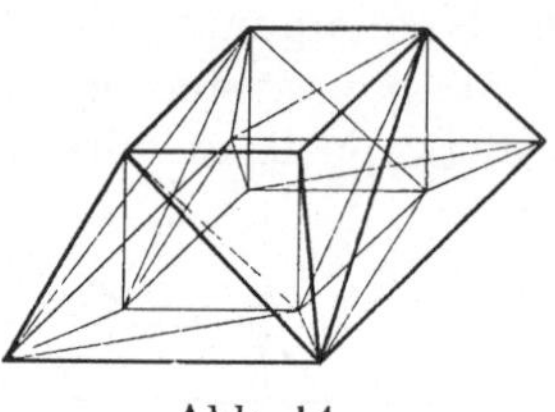

Abb. 14.

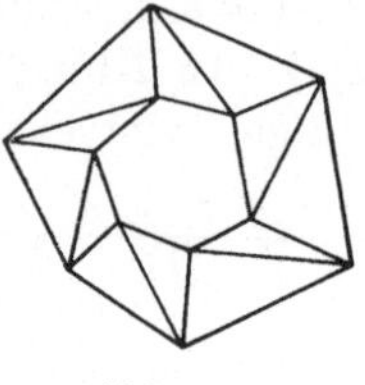

Abb. 15.

genügt, also im Gegensatz zu dem einfachen Föpplschen Flechtwerk 6fach unbestimmt ist. Eine einfache Form eines solchen doppelten Flechtwerkes ist in Abb. 14 dargestellt. Lagert man ein solches Flechtwerk in n Ringpunkten mittels je zweier Fesseln, so entsteht ein $2\,n$-fach unbestimmter Raumträger; um es bestimmt zu machen, müßten also $2\,n$ Stäbe entfernt werden.

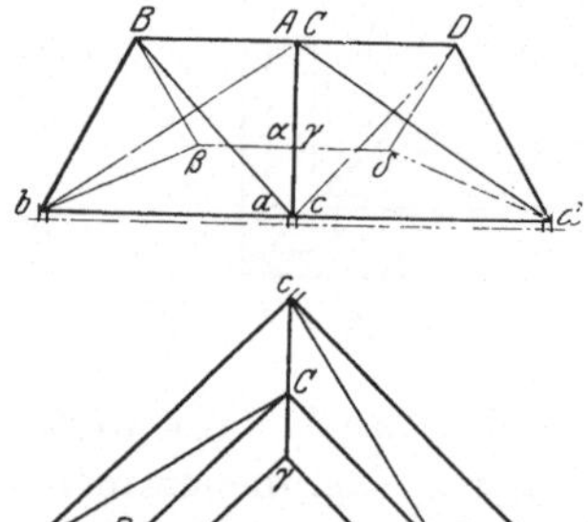

Abb. 16.

Während die Röhren-Ringfläche, deren Mantel mit Stäben in Dreiecken überdeckt ist (Abb. 14), sechsfach unbestimmt, ist die entsprechende ebene Ringfläche (Abb. 15) ein 3fach unbestimmtes ebenes Fachwerk. Bei ihrer ebenen Lagerung in n Fesseln erhält man die richtige Zahl von Unbekannten, wenn man n Diagonalen entfernt. Führt man dies bei Abb. 15 aus, so hat man ein Fachwerk, bei dem zweimal das Saviottische Bildungsgesetz angewendet ist, und man erkennt leicht, wenn ein labiles Gebilde vorliegt.

In entsprechender Weise ist die Kuppel nach Abb. 16 unter Verwendung des Saviotti-Hennebergschen Gesetzes gebildet. Bei ihr sind die oben erwähnten $2\,n$ Stäbe des Mantels entfernt, indem die Diagonalen in den 4 Trapezfeldern $A\alpha\beta B, \ldots$ und in den 4 Feldern $a\alpha\beta b, \ldots$ fehlen. Der Fachwerksträger erfüllt die Bedingung $s + r = 3\,k$, da ja beim doppelten Flechtwerk die Stabzahl gleich $3\,k$ ist und man $2\,n$ Stäbe fortgenommen und dafür $2\,n$ Stützungsstäbe eingezogen hat.

Man erkennt allgemein, daß eine entsprechende Kuppel mit mehreren Zonen, die eine Röhren-Ringfläche umschließt und $2n$ Fesseln aufweist, dadurch die richtige Stabzahl erhält, daß die Diagonalen in allen Feldern, mit Ausnahme derjenigen von 2 Zonen, entfernt werden. Wenn ein solches System stabil, ist mit Hilfe der oben gemachten Angaben leicht nachzuprüfen. Auch hier liegt wieder ein labiles Gebilde vor, wenn die einzelnen Ringe regelmäßige Vielecke bilden; durch Stabvertauschung kann man leicht ein unverschiebliches Fachwerk erhalten.

Die beschriebenen Raumfachwerke haben kaum wesentliche praktische Bedeutung, jedoch tragen sie dazu bei, das Verständnis für räumliche Kraftwirkungen zu heben, insbesondere räumliche Dachfachwerke besser zu übersehen. Im übrigen bietet das hier benutzte Saviotti-Hennebergsche Gesetz die Möglichkeit, weitere Formen von Raumfachwerken anzugeben. Darauf im einzelnen einzugehen, bleibt einer besonderen Arbeit vorbehalten.

Eine Kreiselmessung zur Bestimmung der Erdachse.

Von **M. Schuler** in Göttingen.

Im folgenden Kapitel soll über Messungen berichtet werden, die vom Verfasser mit einem Kreisel zur Bestimmung der Erdachse in Kiel ausgeführt wurden. Zu diesem Zwecke wurde ein Kreisel mit horizontaler Rotationsachse verwendet, der sich um die vertikale Achse möglichst reibungsfrei drehen konnte. Ein solcher Kreisel schwingt, wie schon Foucault erkannt hat, um den Meridian als Gleichgewichtslage. Die mit dem Kreisel bestimmte Meridianrichtung wurde verglichen mit dem astronomisch gepeilten Meridian, um festzustellen, ob sich irgendwelche Abweichungen nachweisen lassen.

Angeregt wurden diese Versuche durch frühere Messungen von A. Föppl[1]), und es ist deshalb dieser Gedenkband wohl die geeignetste Stelle, um die Ergebnisse dieser neuen Versuche zum ersten Male zu veröffentlichen. Föppl hatte einen elektrisch angetriebenen Kreisel an drei Torsionsdrähten so aufgehängt, daß die Rotationsachse horizontal lag, und verglich nun die Gleichgewichtslagen bei laufendem und nichtlaufendem Kreisel. Steht die Kreiselachse in der Nord-Süd-Richtung, so müssen beide Lagen übereinstimmen. Steht dagegen die Kreiselachse in der Ost-West-Richtung, so müssen sich Abweichungen ergeben, welche der Erddrehung in der Ost-West-Ebene proportional sind. Föppl kam bei seinen Versuchen zu dem Ergebnis, daß die mit dem Kreisel gemessene und die astronomisch bestimmte Erddrehung nach Größe und Richtung sicher auf zwei vom Hundert übereinstimmen. Doch scheinen sich systematische Abweichungen hinsichtlich der Richtung der Winkelgeschwindigkeit von etwa $^1/_2$ Grad aus den Versuchen herauslesen zu lassen. Da nun auch die Fallversuche anderer Beobachter außer den Ablenkungen nach Osten häufig geringe Ablenkungen nach Süden ergaben, obwohl dies mit der klassischen Mechanik im Widerspruch steht, so schien es dem Verfasser zweckmäßig, die Kreiselversuche mit den modernen Hilfsmitteln zu wiederholen und ihre Genauigkeit soweit wie möglich zu steigern, um so festzustellen, ob die von Föppl bestimmten einseitigen Abweichungen auf systematische Fehler zurückzuführen sind.

---

[1]) Föppl, A.: Über einen Kreiselversuch zur Messung der Umdrehungsgeschwindigkeit der Erde. München 1904.

Nach der Theorie sucht sich der Kreiselimpuls in die Richtung der Rotationsachse der Erde zu stellen oder, relativistisch ausgedrückt, in die Richtung des Gesamtimpulses der Welt, wie er von einem Beobachter auf der Erde bestimmt wird. Die Gleichgewichtslage eines Kreisels mit horizontaler Rotationsachse ist also die Projektion der Erdachse auf die Horizontalebene. In diese Lage wird der Kreisel mit einem Moment hereingedreht, das sich nach folgender Gleichung berechnet:

$$R = \Theta \cdot \omega \cdot u \cdot \cos\varphi \cdot \sin\alpha . \quad (1)$$

Dabei bedeutet: R = Richtmoment des Kreisels in der Horizontalebene.
Θ = Trägheitsmoment des Kreisels.
ω = Winkelgeschwindigkeit des Kreisels.
u = Winkelgeschwindigkeit der Erde.
φ = geographische Breite des Beobachtungsortes.
α = Winkel zwischen Kreiselachse und Gleichgewichtslage.

Der Kreisel führt, wenn er angestoßen wird, Schwingungen um diese Gleichgewichtslage aus, bis er durch die Dämpfung zur Ruhe kommt. Die Rotationsachse der Erde und damit die Gleichgewichtslage des Kreisels weicht aber von dem mittleren vermessenen Meridian um kleine Beträge ab, was auf folgende Ursachen zurückzuführen ist:

1. Die Erdachse macht durch die Anziehung von Sonne und Mond auf den Äquatorring im Jahre eine Präzessionsbewegung von 50,3″, dies ergibt im Tag 0,138″. Dieser Bewegung entspricht ein kleiner Drehvektor, der senkrecht zur Ekliptikebene steht und sich graphisch zu dem Vektor der Erddrehung addiert. Da die Ekliptikebene in einem Sterntage einmal umläuft, so beschreibt auch die resultierende Drehachse im Tag einen kleinen Kegelmantel um die mittlere Erdachse. Für die geographische Breite von Kiel, wo die Versuche stattfanden, berechnet sich daraus eine Schwankung der Rotationsachse gegenüber dem Meridian von ± 0,015″ im Tag. Dabei fällt die größte Abweichung in den Äquinoktien auf Mittag und Mitternacht, an den Sonnenwendtagen auf Morgen und Abend[1]).

2. Die Nutation der Erdachse wirkt ebenso wie die Präzession, nur sind die Winkel viel kleiner. Dafür gehen aber die Schwankungen schneller vor sich, so daß im ungünstigsten Falle, wenn sich alle Störungsglieder addieren, die Fehler doch etwa so groß werden wie bei der Präzession. Es ergibt sich für Kiel eine tägliche Schwankung von maximal ± 0,019″.

3. In dem Erdkörper entstehen kleine Polschwankungen, die hauptsächlich auf meteorologische Einflüsse zurückzuführen sind und eine Periode von 12—14 Monaten haben: die Chandlersche Periode. Ihre

[1]) Die Rechnungen sind nicht völlig durchgeführt, sondern es sind nur die Endwerte kurz angegeben, damit sich der Leser ein Bild der Größen machen kann.

Amplitude beträgt im Maximum etwa $\pm$ 0,2″, und dies ergibt für die Breite von Kiel eine Meridianschwankung von $\pm$ 0,3″ im Jahre.

4. Durch die Einwirkung des Schwerefeldes von Sonne und Mond auf die Erde wird diese in Richtung des Feldes ein wenig elliptisch auseinandergezogen, und dadurch entstehen Schwereschwankungen, die auch die Flutwellen des Meeres verursachen. Schwankungen in der Ost-West-Ebene können die Weisung des Kreisels nicht beeinflussen. Dagegen entspricht jeder Richtungsschwankung in der Nord-Süd-Ebene ein kleiner Drehvektor in der Ost-West-Richtung, der sich zu dem Vektor der Erdrotation addiert. Die dadurch entstehenden Schwankungen der Kreiselweisung durchlaufen zweimal im Tage die volle Periode. Ihre größte Amplitude ist bei Neumond und $\varphi = 45°$. Sie beträgt etwa $\pm$ 0,06″.

5. Bedeutend größere Kreiselfehler entstehen durch Schwankungen des Erdbodens, die von Erschütterungen und Erdbeben verursacht werden. Dabei können natürlich Neigungen des Bodens und vertikale Schwingungen die Weisung des Kreisels nicht beeinflussen. Dagegen werden durch Verschiebung des Erdbodens in der Horizontalebene Beschleunigungen ausgelöst, welche Schwankungen in der Richtung der Schwere zur Folge haben. Schwankungen in der Ost-West-Ebene sind unschädlich; dagegen verursachen Schwankungen in der Nord-Süd-Ebene Präzessionsbewegungen und damit erzwungene Schwingungen des Kreisels. Aus den Aufzeichnungen der Bodenbewegung im Geophysikalischen Institut von Göttingen kann man die Störungen berechnen, die ein Kreisel am gleichen Aufstellungsorte erleiden würde. Es ergibt sich, daß Kreiselfehler von $\pm$ 0,5″ etwa jeden Monat einmal vorkommen. Größere Erdbeben, auch wenn sie sehr weit entfernt sind, können aber noch mächtige Ausschläge des Kreisels hervorrufen. Z. B. würde das große Erdbeben, durch das Messina im Jahre 1908 zerstört wurde, einen Kreiselapparat in Göttingen zu $\pm$ 7″ Schwingungen angeregt haben. Und zwar würden diese Störungen mehrere Stunden lang angehalten haben. Die Periode der Kreiselschwingung ist gleich der Periode des Bebens, al o in diesem Falle etwa 18 sec. Doch gilt diese Rechnung nur für einen bestimmten Kreiselapparat, da der Fehler von der Konstruktion des Kreisels abhängt. Deshalb sei hier nicht weiter darauf eingegangen.

Damit sind alle Fehlerursachen erschöpft, welche die klassische Mechanik liefert, und man sieht aus den mitgeteilten Zahlen, daß die Kreiselweisung praktisch genau mit dem astronomischen Meridian zusammenfallen muß; denn die Abweichungen sind so klein, daß gar keine Möglichkeit besteht, sie zu erkennen. Nur die Bodenbewegungen können größere Fehler verursachen. Doch wenn man eine genügende Anzahl von Kreiselschwingungen beobachtet, so wird es sehr unwahrscheinlich, daß die Fehler bei jeder abgelesenen Umkehr stets nach derselben Seite gehen, und man kann also durch eine genügend lange Beobachtungsdauer auch diese Fehler auf das gewünschte Maß herunterdrücken.

Es fragt sich nun, ob nach der Relativitätstheorie größere Abweichungen möglich sind. Der Kreisel sucht sich danach in die Richtung des Gesamtimpulses der Welt einzustellen, wie er von einem Beobachter auf der Erde bestimmt wird. Dies entspricht eben für die sichtbaren Sterne dem astronomischen Meridian. Allerdings wird dabei die Aberration des Lichtes verbessert. Jeder Stern im Pole der Eklyptik beschreibt im Jahre einen Kreis von 20,4″ Radius infolge der jährlichen Aberration. Die im folgenden mitgeteilten Kreiselmessungen beweisen aber sicher, daß der Kreisel Schwankungen von solcher Größe nicht macht. Es wäre auch nach der Relativitätstheorie unwahrscheinlich. Dagegen verlangt diese, daß die Sternbewegungen durch die Lichtaberration wie reelle Bewegungen bei Bestimmung des Impulses gewertet werden. Dies ergibt eine Geschwindigkeit $\frac{2\pi}{365} \cdot 20{,}4'' = 0{,}35''$ pro Tag und daraus für Kiel eine Meridianschwankung: $\pm$ 0,04″ im Tag. Dies ist aber leider eine so kleine Größe, daß vorderhand gar keine Aussicht besteht, sie nachzuweisen.

Man könnte sich aber vorstellen, daß dunkle Massen vorhandeln wären, welche eine etwas andere Bewegung hätten als die sichtbaren, wodurch die Impulsrichtung der Welt verändert wird gegenüber der astronomisch bestimmten. Wenn diese Annahme auch nicht sehr wahrscheinlich ist, so sind kleine Abweichungen immerhin möglich, und nur eine Kreiselmessung kann den Beweis erbringen, wie die Verhältnisse wirklich liegen. So sind die Messungen in dieser Beziehung doch von allgemeiner, grundlegender Bedeutung. Es ist allerdings notwendig, ihre Genauigkeit so hoch wie irgend möglich zu steigern, da, wenn überhaupt, so nur kleine Abweichungen zu erwarten sind.

Deshalb hat der Verfasser einen besonderen Kreiselapparat konstruiert, der bei der Firma Anschütz & Co. in Kiel gebaut wurde. Er ist in Abb. 1 im Aufriß dargestellt. Auf dem Dreifuß F ist ein Gefäß B befestigt, das durch zwei Arme senkrecht zur Schnittebene getragen wird. Es ist mit Quecksilber gefüllt, und es schwimmt darin eine Hohlkugel A, die durch zwei Bügel C und C' die darunterliegende Kreiselkappe D trägt. Hierin vollständig eingeschlossen rotiert der Kreisel K. L und L' sind die Kugellager, die auf das sorgfältigste hergestellt sind; E ist der Stator eines Drehstrommotors, der zum Antrieb dient. Der Kreisel ist glockenförmig über den Stator des Drehstrommotors herübergezogen und trägt innen eingepreßt den Kurzschlußanker. Das ganze System wird zentriert durch einen Stift G, der gleichzeitig in Quecksilber taucht, um eine Stromphase zu vermitteln. Die zweite Phase wird durch den

Schwimmer A zugeführt, während die dritte Phase durch einen weiteren Kontaktstift J übertragen wird, der unten am Bügel C befestigt ist und ebenfalls in Quecksilber taucht. So ist durch schwimmende Aufhängung die Reibung auf das geringste Maß heruntergedrückt. Die Kreiselachse wird durch die große Tieferlage des Schwerpunktes unter dem Auftriebspunkt des Schwimmers möglichst genau in der Horizontalebene gehalten. Zur Justierung dient eine Libelle und ein Reguliergewicht. Um eine große Genauigkeit der Weisung zu erhalten, muß die Tourenzahl des Kreisels so hoch wie irgend möglich gesteigert werden. Die Grenze ist gegeben durch die Festigkeit des Kreiselmaterials, das sich unter den riesigen Zentrifugalkräften dehnt, wodurch die Genauigkeit der Messung wieder beeinträchtigt wird. Bei den Versuchen lief der Kreisel mit 19 000 Umdrehungen in der Minute, was als das günstigste erkannt wurde[1]). Um die Richtung der Kreiselachse abzulesen, ist ein Spiegel S an dem einen Ende der Kreiselkappe D angebracht und möglichst genau senkrecht zur Kreiselachse ausgerichtet. Der Kollimationsfehler zwischen Spiegel und Kreiselachse läßt sich dadurch ausschalten, daß man die Kreiselkappe mit dem Spiegel um die Rotationsachse des Kreisels 180° durchschlägt. Der ganze Apparat ist in einem luftdichten Gehäuse M eingeschlossen. Ein Fenster N gestattet die Ablesung des Spiegels. Um jeden Fehler durch nicht planparallelen Schliff

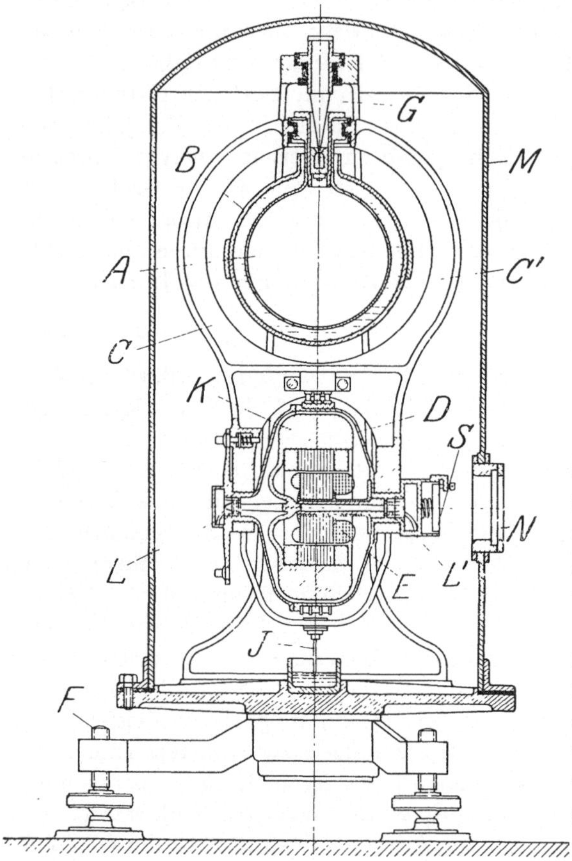

Abb. 1. Kreiselapparat im Aufriß.

[1]) Näheres siehe: Schuler, M.: Die theoretischen Grundlagen des Vermessungskreisels, Mitt. a. d. Markscheidewesen. 1922.

auszuschalten, läßt sich das Fenster auch um 180° durchschlagen. Da das Gehäuse *M* aus weichem Eisen hergestellt ist, wird das magnetische Erdfeld größtenteils abgeblendet und sind Fehlmessungen durch magnetische Einwirkungen auf die Eisenteile des Apparates nicht zu fürchten. Versuche mit kräftigen Magnetfeldern, in die der Apparat gebracht wurde, haben dies bestätigt.

Trotzdem stellte sich bei den ersten Messungen heraus, daß noch irgendwelche Fehlerursachen vorhanden sein mußten. Nach langem Suchen wurden sie in folgendem ermittelt: Bei der hohen Rotationsgeschwindigkeit erwärmt sich der Kreisel und die Kreiselkappe auf etwa 80°—90°. Die Wärme wird an die umgebende Luft abgegeben, und dadurch entstehen Luftströmungen, welche auf das System zurückwirken und so kleine Weisungsfehler hervorrufen. Selbstverständlich ist die Kreiselkappe *D* vollständig geschlossen, so daß direkte Luftströmungen durch den umlaufenden Kreisel nicht entstehen können. Leider ist es nicht möglich, den ganzen Apparat in Vakuum zu setzen, da dann die entstehende Wärme nicht mehr genügend abgeleitet würde und sich der Kreisel viel zu sehr erhitzen würde. Deshalb wurde das Gehäuse *M* bei den Versuchen mit Wasserstoff gefüllt. Weil dieser vierzehnmal so leicht ist als Luft, so können bei entstehenden Strömungen die Rückwirkungen auf das System auch nur den vierzehnten Teil von Luft betragen.

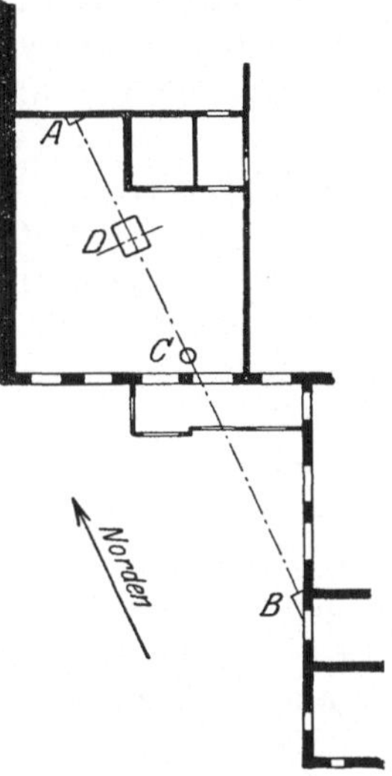

Abb. 2. Anordnung der Messung.

Die Stellung des Kreiselspiegels wurde mit einem Fernrohr an einer über dem Fernrohr angebrachten Skala abgelesen; die Anordnung war also ebenso getroffen wie bei einem Spiegelgalvanometer. Um diese Ablesungen in Beziehung zu bringen zu dem astronomischen Meridian, wurde folgende Anordnung getroffen, die in Abb. 2 dargestellt ist: In einem ebenerdigen Laboratorium mit starkem durchgehenden Betonboden wurde ein Betonfuß *C* für den Theodoliten errichtet und im Norden und Süden in der gleichen Entfernung von 11,1 m eine Betonsäule *A* und *B*, von denen jede eine Meridianmarke trug. Es war dies ein in versilbertem Messing eingravierter Doppelstrich, in dessen Mitte das Fadenkreuz des Fernrohrs eingestellt wurde. Die Marke *B* fiel allerdings außerhalb des Raumes an eine angebaute starke Hausmauer und konnte durch ein Fenster angepeilt werden. Ferner war in dem Dach eine Klappe angebracht, durch die man von der Säule *C* aus mit dem Theodoliten direkt den Polarstern anpeilen konnte. Selbstverständlich wurde nur in ungeheiztem Raume gearbeitet und dieser vor jeder Messung gut gelüftet, um Lichtbrechungen möglichst zu vermeiden. Durch Polarsternpeilungen, die mit einem Theodoliten von Repsold[1]) ausgeführt wurden, ist zuerst die Abweichung der Verbindungslinie AB gegen den astronomischen Meridian bestimmt worden. Dann wurde ein kleinerer Theodolit von Bamberg[2]) auf die Säule C gesetzt, da mit dem großen Instrument von Repsold die Ablesung des Kreiselspiegels nicht möglich war. Das Instrument von Bamberg hatte ein exzentrisches Fernrohr. Seine Stellung wurde durch Bodenmarken neben dem Fuße C ein für allemal in der Linie $A-B$ festgelegt. Auch wurden zwei Hilfsmarken östlich und westlich von den Hauptmarken A und B angebracht, welche um die Exzentrizität des Fernrohres verschoben waren. Zwischen C und A wurde auf einem Tische D der Kreiselapparat so aufgestellt, daß die Entfernung von dem Fernrohr zu dem Kreiselspiegel halb so groß war wie die Entfernung: Fernrohr-Marke A. So erschien das Bild einer Skala, die über dem Fernrohr angebracht war, in dem Kreiselspiegel scharf, ohne daß die Einstellung des Fernrohrs geändert werden mußte, wenn dieses vorher scharf auf die Meridianmarke A eingestellt war.

Bei den Messungen wurde nun folgendermaßen vorgegangen: Das Fernrohr wurde genau über die Bodenmarke C gestellt, dann die Marke bei A eingeschnitten, das Rohr durchgeschlagen und die Marke bei B geprüft. Die Einstellung auf Marke A war immer maßgebend. Bei Marke B, die zur dauernden Überwachung der Rohrrichtung diente, ergaben sich kleine Differenzen durch die Kollimation des Fernrohres, die aber immer unter $10''$ blieben. Dann wurde der Kreiselapparat auf den Tisch D dazwischengeschoben, der laufende Kreisel etwas angestoßen, so daß er Schwingungen von $\pm 10'$ bis $20'$ ausführte, und nun die Drehungen des Spiegels mit dem Fernrohr aufgenommen. Da die volle Schwingungszeit je nach der Tourenzahl des Kreisels zwischen 20 und 24 Minuten lag, so konnten die Umkehrpunkte sehr genau beobachtet werden. Aus dem Schwingungsbild wurde die Gleichgewichtslage berechnet. Dann wurde die ganze Messung wiederholt mit durchgeschlagenem Kreiselspiegel, $180°$ verdrehtem Fenster des Kreiselgehäuses und durchgeschlagenem Maßstab am Fernrohr. Das Mittel aus beiden Messungen war dann die Kreiselweisung, die mit dem astronomischen Meridian

[1]) Universalinstrument von Repsold vom Jahre 1857; Vergrößerung 86fach; Mikroskopablesung; ein Teil des Okularmikrometers $= 2''$. Das Instrument wurde in liebenswürdigster Weise von der Kieler Sternwarte zur Verfügung gestellt.

[2]) Theodolit von Bamberg; Vergrößerung 25fach; Noniusablesung von $10''$: die Teilung wurde bei dem Meßverfahren nicht gebraucht und der Kollimationsfehler des Fernrohres schied aus.

zusammenfallen sollte. Stand also das Fernrohr mit seiner optischen Achse genau in Richtung des Meridianes, so mußte die mittlere Kreiselweisung mit dem Nullpunkt des angebrachten Maßstabes zusammenfallen.

Abb. 3 zeigt eine aufgenommene Schwingungskurve. Man sieht, daß eine regelmäßige Dämpfung nicht vorhanden ist. Die Flüssigkeitsreibung ist also so gering, daß sie praktisch den schwingenden Kreisel überhaupt nicht beeinflußt. Im Gegenteil läßt sich manchmal ein Anwachsen der Schwingungen erkennen, was auf kleine Anstöße schließen läßt. Diese werden wahrscheinlich durch Tourenschwankungen oder geringe Verschiebungen des Kreisels in seinen Lagern verursacht. Die

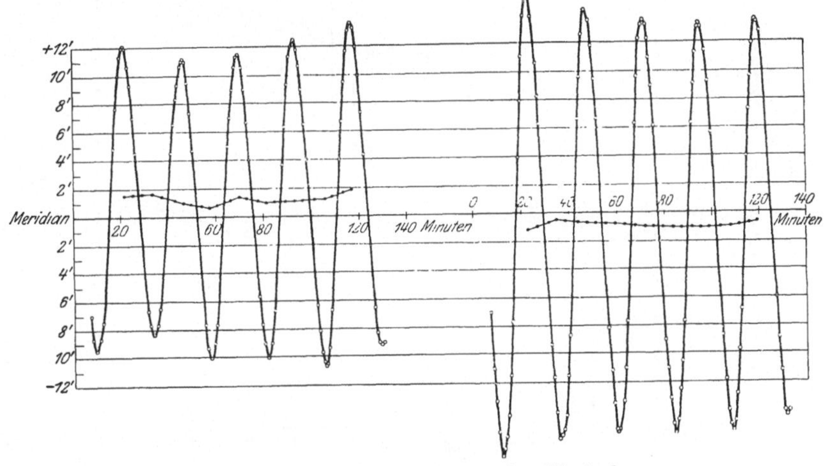

Abb. 3. Schwingungskurve des Kreisels.
Zwischen linker und rechter Kurve wurde Kreiselkappe mit Spiegel durchgeschlagen.

Genauigkeit der Fernrohreinstellung betrug 0,1 mm auf 11 m Markenabstand, dies entspricht ungefähr $\pm$ 2″. Die Genauigkeit der Spiegelablesungen war etwa nur die Hälfte davon, da infolge der Kreiselrotation der Spiegel immer kleine Vibrationen ausführte und dadurch die Skalenstriche etwas verbreitert wurden.

Aus zwei aufeinanderfolgenden Umkehrpunkten erhält man einen Mittelwert. Das arithmetische Mittel aller Mittelwerte bildet die Gleichgewichtslage. Es deckt sich mit dem arithmetischen Mittel aller Umkehrpunkte, wenn der erste und letzte Umkehrpunkt nur halb bewertet wird. Dies ist logisch auch völlig richtig, weil man die Fortsetzung der Schwingungskurve hier nicht kennt und deshalb Störungen nicht so gut beurteilen kann. Eine geringe Dämpfung, solange sie geradlinig ist, beeinflußt dabei die errechnete Gleichgewichtslage nicht. Aus den Abweichungen der einzelnen Mittelbildungen gegenüber dem Gesamtmittel wird der mittlere Fehler einer Beobachtung und der mittlere Fehler des gesamten Mittelwertes in bekannter Weise berechnet.

Die Messungsergebnisse sind in Tab. I und II zusammengestellt und in Abb. 4 abhängig von der Zeit graphisch aufgetragen. Tab. I gibt die astronomischen Messungen des Meridianes und Tab. II die Kreiselmessungen. In der Abb. sind die astronomischen Messungen als Kreise eingetragen; die Kreiselmessungen sind durch Kreuze bezeichnet, wobei die Länge der vertikalen Linie dem mittleren Fehler

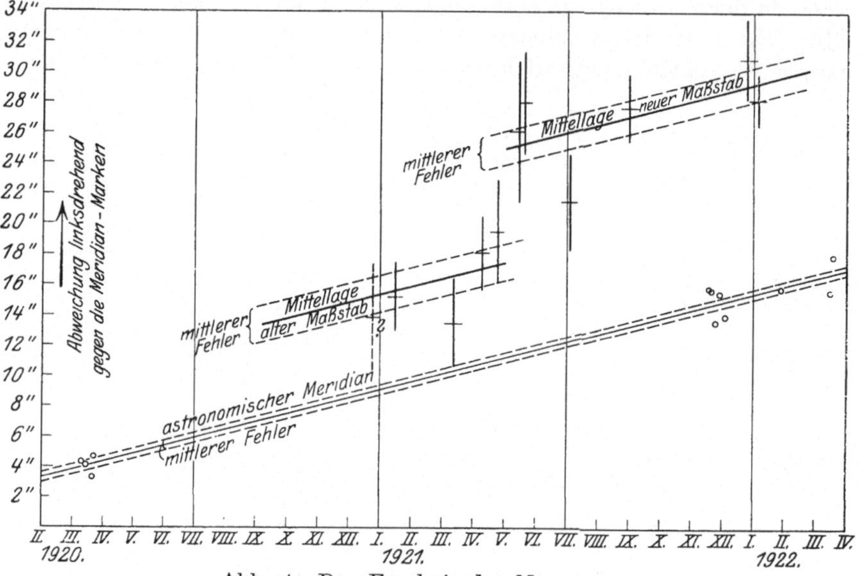

Abb. 4. Das Ergebnis der Messungen.

o Meridianbestimmung mit dem Polarstern, + Meridianbestimmung mit dem Kreisel.

der Messung entspricht, wie er aus der Schwingungskurve ermittelt wurde. Die Messungen erstrecken sich vom März 1920 bis März 1922.

Sämtliche astronomischen Meridianbestimmungen wurden mit dem Polarstern ausgeführt. Die mitteleuropäische Zeit, die zur Berechnung des Azimuts notwendig war, wurde durch Uhrvergleich mit der Kieler Sternwarte oder dem Chronometerobservatorium der Marine bestimmt. Die Länge und Breite des Laboratoriums wurde durch eine Anschlußpeilung an Katasterpunkte der Stadt Kiel erhalten. Die erste Gruppe von Beobachtungen wurde im März 1920 ausgeführt. Sie ergab eine Übereinstimmung des Meridians mit den Marken im Laboratorium auf 4,1″. Als die Kreiselmessungen zeigten, daß die Differenz gegen die Marken ständig wuchs, wurden im November 1921 die Polsternpeilungen wiederholt, und es zeigte sich, daß die Wandmarken in der Zwischenzeit sich etwa 10″ verschoben hatten. Da das ganze Laboratorium massiv gebaut ist und die Fundamente mit dem großen Fabrikgebäude zusammenhängen, auch Sprünge sich nirgends in den Mauern zeigten, so ist nur möglich, daß die ganze Fabrik mit dem Boden, auf dem sie gebaut ist, sich um 10″ verdreht hat. Unter dem oberen festen Boden liegt nämlich in größerer Tiefe eine Moorschicht. Diese scheint die Wanderung veranlaßt zu haben, trotzdem die Betonpfeiler, auf denen die Mauern stehen, durch das Moor hindurchgetrieben sind. Sobald dies erkannt war, wurden die Polsternpeilungen so oft wiederholt, als es das schlechte Winterwetter überhaupt gestattete. Bei der Auswertung der Versuche ist eine lineare Interpolation für die Meridianrichtung zugrunde gelegt. Es ergibt sich nach der Methode der kleinsten Quadrate für den astronomischen Meridian:

$$M = -3{,}8'' - \frac{1{,}74''}{100} \cdot t + 0{,}3''\ m.\,F. \tag{2}$$

(t in Tagen).

Dabei berechnet sich der mittlere Fehler des Mittels zu $+$ 0,3″ und der mittlere Fehler einer Messung zu $+$ 0,9″. Dies entspricht etwa der Ablesegenauigkeit des Theodoliten mit $\pm$ 1″. Das Minuszeichen in Gleichung (2) bedeutet, daß der Meridian gegen die Marken im Linkssinne verdreht ist. Es kann allerdings kein Beweis erbracht werden, daß die Drehungen des Gebäudes gleichmäßig erfolgten; es werden sicher die Temperatur und der Wasserstand des benachbarten Meeres von Einfluß gewesen sein. Daß aber in erster Annäherung die lineare Mittelung stimmt, zeigt der kleine mittlere Fehler von 0,3″. Ein Beweis für die Richtigkeit der Annahme kann auch darin gesehen werden, daß die letzten 8 Beobachtungen allein, die in der Zeit vom 23. XI. 1921 bis 17. III. 1922 angestellt wurden, bei linearer Mittelung eine Wanderung der Marken von $-\frac{1{,}60''}{100} \cdot t$ ergeben. Dies ist aber fast der gleiche Wert, der oben aus allen Beobachtungen errechnet wurde.

In Tab. II sind die Kreiselmessungen zusammengestellt, und zwar gibt Spalte 1 und 2 den Tag der Beobachtung an. In Spalte 3 ist der astronomische Meridian eingetragen, der nach der Interpolationsformel [Gleichung (2)] berechnet ist. Spalte 4 gibt die aufgenommene Kreiselmessung gegen die Marken des Laboratoriums und Spalte 5 die Abweichung der Kreiselweisung von dem astronomischen Meridian. In Spalte 6 ist der mittlere Fehler jeder Messung angegeben, wie er aus den beiden aufgenommenen Schwingungskurven bestimmt wurde. Die Messungen erstrecken sich über ein ganzes Jahr, und es fällt sofort auf, daß sie sämtlich auf einer Seite des Meridians liegen. Dabei sind sie von verschiedenen Beobachtern ausgeführt, um persönliche Fehler möglichst auszuschalten. Unter den 14 Beobachtungen sind 3 Ausreißer, nämlich am 11. V. 1921; 29. VI. 1921 und 28. VII. 1921. Es scheint hier bei der Justierung der Instrumente ein Fehler begangen zu sein. Sie werden deshalb bei den folgenden Betrachtungen ausgeschieden. Ebenso wird die erste Beobachtung gestrichen, obwohl sie gut mit den übrigen zusammenstimmt, da bei dem Einrichten des Theodoliten schlechte Beleuchtung herrschte und für Fehlerfreiheit nicht gebürgt werden kann. Es bleiben so gerade 10 bewertete Messungen übrig.

Bildet man den Mittelwert, so erhält man — 10,7″ Differenz zwischen Kreiselweisung und astronomischem Meridian, d. h. das Nordende der Kreiselachse ist um 10,7″ gegen Westen verdreht. Der mittlere Fehler dieses Wertes ist ± 1,5″, und der mittlere Fehler einer Messung beträgt ± 4,6″. Bildet man dagegen das arithmetische Mittel von Spalte 6, so erhält man ± 2,9″, d. h. der Fehler, auf den die Schwingungskurven schließen lassen, ist kleiner als der mittlere Fehler einer Messung, und man sieht daraus, daß die Justierungsfehler des Theodoliten größer sind als die Fehler der Kreiselweisung. Wenn man in Spalte 7 die Werte Δ, d. i. die Abweichungen vom Mittel, überblickt, so fällt auf, daß die ersten Werte (bis 23. IV. 1921) alle negatives Vorzeichen und die später gemessenen fast alle positives Vorzeichen tragen. Es liegt deshalb nahe, die Messungen in zwei Gruppen zu spalten, und man erhält dann:

	Gruppe 1, vom 15. I. 1921 bis 23. IV. 1921	Gruppe 2, vom 13. V. 1921 bis 4. I. 1922
Mittellage	—6,2″	—13,8″
Mittlerer Fehler der Gruppe .	±1,2″	± 1,1″
Mittlerer Fehler einer Messung	±2,3″	± 2,6″
Zahl der Messungen	4	6

Bei dieser Zusammenstellung fällt auf, wie gleichmäßig die mittleren Fehler verteilt sind. Auch deckt sich jetzt der mittlere Fehler einer Messung gut mit dem mittleren Fehler, der aus den Schwingungskurven errechnet wird. Allerdings ist ein Unterschied der beiden Mittellagen von 7,6″ vorhanden. Dieser ist wahrscheinlich darauf zurückzuführen, daß ab 13. V. 1921 ein neuer Maßstab verwendet wurde, der konzentrisch zu dem Fernrohr lag, wie nebenstehende Abb. 5 zeigt. Es wurde nämlich gefürchtet, daß der Nullpunkt des alten Maßstabes nicht gut mit der optischen Achse des Fernrohres zusammenfiele und dadurch die einseitigen Abweichungen kämen. Die Versuche bewiesen aber das Gegenteil: bei dem neuen Maßstab sind die Abweichungen etwa doppelt so groß, obwohl er besonders sorgfältig hergestellt war. Da der Maßstab beim Durchschlagen um die *mechanische* Achse des Fernrohres gedreht wurde, so wäre es doch noch möglich, daß diese nicht genau mit der *optischen* Achse zusammenfiele; deshalb wurde am 30. VIII. 1921 eine besonders sorgfältig durchgeführte Doppelbeobachtung gemacht, wobei jede Messung einmal mit normal aufgestelltem

Fernrohr und dann mit durchgeschlagenem Fernrohr ausgeführt wurde. Es wurden also nicht nur zwei, sondern vier Schwingungskurven aufgenommen, und daraus wurde das Mittel gebildet. Auch wurde das Fernrohr nicht über den Fußpunkt C gestellt, sondern nur auf die Marken AB eingerichtet. Kollimationsfehler des Fernrohres mußten sich bei dem Durchschlagen des Fernrohres herausheben. Diese Beobachtung deckt sich aber auf $\frac{1}{2}''$ genau mit dem Mittelwert der zweiten Gruppe. Gleichzeitig ist dies ein Beweis dafür, daß der Fußpunkt C nicht während des Jahres aus der Verbindungslinie AB herausgerückt ist. Wir können also die Werte, wie sie für die zweite Gruppe berechnet sind, wahrscheinlich als die richtigsten betrachten. Die um 7,6″ andere Gleichgewichtslage der ersten Gruppe dürfte durch ungenaue Justierung der ersten Ableseskala verursacht sein. Die einseitige Abweichung des Kreisels vom Meridian läßt sich aber in keiner Weise durch systematische Peilungsfehler erklären. Sie kann auch nicht zufällig sein, da sie den mittleren Fehler um mehr als das zehnfache übersteigt.

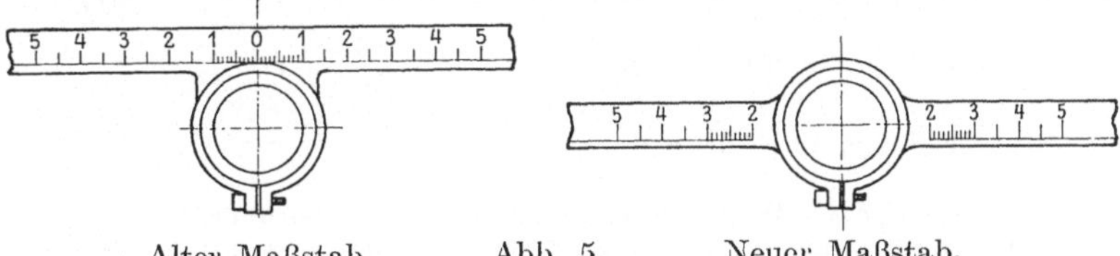

Alter Maßstab. Abb. 5. Neuer Maßstab.

Zusammenfassend kommt man also zu folgendem Schlusse: Die Gleichgewichtslage des geprüften Kreisels weicht mindestens 10,7″, wahrscheinlich 13,8″ von dem astronomisch bestimmten Meridian ab, so daß das Nordende der Kreiselachse nach Westen verdreht ist. Es ist ausgeschlossen, daß diese Abweichung eine zufällige ist.

Die Ursache der Abweichung konnte nicht bestimmt ermittelt werden. Es wäre immerhin möglich, daß hier ein Gesetz vorliegt, das bisher noch unbekannt ist. Es ist aber wahrscheinlicher, daß es eine Eigenart des Kreiselapparates ist, mit dem die Beobachtungen ausgeführt wurden, da nur ein einziger Apparat für die Versuche zur Verfügung stand. Nimmt man dies an, so liegt es am nächsten, die Schuld des Fehlers auf Konvektionsströmungen des Wasserstoffes zu schieben, mit dem der Apparat gefüllt war. Denn die Abweichungen gehen nach derselben Seite wie in Luft, nur daß sie hier etwa zehnmal so groß waren. Obwohl der Apparat ganz symmetrisch gebaut war, scheinen sich doch irgendwelche einseitigen Gaswirbel bei der Erwärmung gebildet zu haben. Bei der Feinheit der Messung reichen schon ganz geringe Kräfte aus, um solche Fehler zu verursachen.

Jährliche oder tägliche Schwankungen der Kreiselweisung konnten nicht beobachtet werden. Die theoretisch berechneten Schwankungen

Tabelle I. **Astronomische Meridianbestimmungen.**

Datum	Tag	Meridian beobachtet	Meridian berechnet = M	Differenzen: (M berechnet − beobachtet) Δ	Δ^2
10. III. 20	11.	− 4,3″	− 4,0″	+0,3″	0,09
13. III. 20	14.	− 4,1″	− 4,0″	+0,1″	0,01
22. III. 20	23.	− 3,3″	− 4,2″	−0,9″	0,81
23. III. 20	24.	− 4,7″	− 4,2″	+0,5″	0,25
23. XI. 21	634.	−15,8″	−14,8″	+1,0″	1,00
24. XI. 21	635.	−15,7″	−14,9″	+0,8″	0,64
25. XI. 21	636.	−13,6″	−14,9″	−1,3″	1,69
28. XI. 21	639.	−15,5″	−14,9″	+0,6″	0,36
2. XII. 21	643.	−14,0″	−15,0″	−1,0″	1,00
28. I. 22	700.	−15,8″	−16,0″	−0,2″	0,04
15. III. 22	746.	−15,6″	−16,8″	−1,2″	1,44
17. III. 22	748.	−17,9″	−16,8″	+1,1″	1,21
					$8{,}54 = \sum \Delta^2$

Daraus ergibt sich als wahrscheinlicher Meridian: $M = -\left(3{,}8'' + \frac{1{,}74}{100} \cdot t^{\text{dies}}\right)$.

Mittlerer Fehler einer Beobachtung: $\pm\sqrt{\frac{8{,}54}{10}} = \pm 0{,}92''$.

Mittlerer Fehler des Mittels: $\pm \frac{0{,}92}{\sqrt{12}} = \pm 0{,}27''$.

Tabelle II. **Ergebnisse der Kreiselmessungen.**

(Vorzeichen negativ = Nordende der Kreiselachse nach Westen verdreht.)

Datum	Tag	Astronomischer Meridian	Kreiselweisung gegen Laboratoriumsmarken	Kreiselweisung gegen astronomischen Meridian	Mittl. Fehler nach der Schwingungskurve	Abweichung vom Mittelwert Δ	Δ^2
24. XII. 20	300.	− 9,0″	−13,9″ ?	− 4,9″ ?	+3,5″	fraglich	
15. I. 21	322.	− 9,4″	−15,2″	− 5,8″	2,3″	−4,9″	24,0
12. III. 21	378.	−10,4″	−13,5″	− 3,1″	2,9″	−7,6″	57,7
8. IV. 21	405.	− 10,8″	−18,1″	− 7,3″	2,5″	−3,4″	11,6
23. IV. 21	420.	−11,1″	−19,5″	− 8,4″	3,4″	−2,3″	5,3
11. V. 21	438.	−11,4″	−66,7″ ?	−55,3″ ?	5,1″	fraglich	
13. V. 21	440.	−11,5″	−26,1″	−14,6″	4,7″	+3,9″	15,2
18. V. 21	445.	−11,6″	−28,0″	−16,4″	3,4″	+5,7″	32,5
29. VI. 21	487.	−12,3″	−62,8″ ?	−50,5″ ?	4,8″	fraglich	
2. VII. 21	490.	−12,3″	−21,5″	− 9,2″	3,2″	−1,5″	2,3
28. VII. 21	516.	−12,8″	−55,6″ ?	−42,8″ ?	6,6″	fraglich	
30. VIII. 21	549.	−13,4″	−27,7″	−14,3″	2,3″	+3,6″	12,9
22. XII. 21	663.	−15,3″	−30,9″	−15,6″	2,7″	+4,9″	24,0
4. I. 22	676.	−15,6″	−28,2″	−12,6″	1,7″	+1,9″	3,6
Mittelwert ohne fragliche Werte:				−10,7″	+2,9″	−	$189{,}1 = \sum \Delta^2$

Daraus ergibt sich ohne Berücksichtigung der fraglichen Werte:
Abweichung der Kreiselweisung vom astronomischen Meridian: − 10,7″

Mitttlerer Fehler einer Beobachtung: $\pm\sqrt{\frac{189{,}1}{9}} = \pm 4{,}6''$.

Mittlerer Fehler des Mittels: $\pm \frac{4{,}6}{\sqrt{10}} = \pm 1\ 45''$.

sind so klein, daß die Genauigkeit der Messung noch lange nicht hinreicht, um diese zu erkennen.

Nach diesen Versuchen steht sicher fest, daß die mit dem Kreisel bestimmte und die astronomisch gemessene Drehungsachse der Erde auf 20″ übereinstimmen. Die genauesten Messungen, die bisher vorliegen und von A. Föppl 1904 veröffentlicht sind, geben die Übereinstimmung von Kreiselweisung und astronomischem Meridian auf etwa 20′. Durch die neuen Messungen ist es nun gelungen, die Genauigkeit auf das sechzigfache zu steigern. Die einseitigen Abweichungen, die Föppl bei seinen Versuchen festgestellt hat, sind, wie er selbst in seiner Arbeit von 1904 als das Wahrscheinlichste angibt, damit als Beobachtungsfehler bewiesen.

Welche Arbeit nötig war, um das jetzige Ergebnis zu erhalten, ersieht man am besten daraus, daß es durch die Beobachtung, Auswertung und Mittelung von 236 Schwingungsbögen bestimmt wurde. Die Genauigkeit weiter zu steigern und auch die Ursachen des Restfehlers zu suchen, war nicht aussichtsreich, da das Laboratorium von Anschütz & Co. hierzu nicht genügend gut fundamentiert war. Es wäre nötig, einen ganz sicheren Aufstellungsort, z. B. eine Sternwarte, zu wählen, wo die Meridianrichtung durch entfernte Marken genauestens festgelegt werden kann. Wie der mittlere Fehler bei den Kreiselablesungen zeigt, ist es möglich, mit dem vorliegenden Kreiselapparat eine Genauigkeit von $\pm$ 3″ m. F. für einen Beobachtungssatz zu erreichen. Da nun die Genauigkeit der Mittelbildung, auf die es allein hier ankommt, mit der Anzahl der zugrunde gelegten Schwingungen wächst, so läßt sich bei fortlaufender photographischer Registrierung eine sehr große Genauigkeit erreichen, die fast nur durch die Fehler des verwendeten Spiegels und Theodoliten begrenzt wird. Jedenfalls müßte es bei einer zwei Monate lang ununterbrochen fortgesetzten Registrierung der Kreiselweisung in einem sehr stabilen Versuchsraum möglich sein, die Ursache der restlichen Abweichung von 14″ gegen den astronomischen Meridian einwandfrei festzustellen.

Das Verhalten des Schlickschen Schiffskreisels bei großen Ausschlägen des Kreiselrahmens.

(Beitrag zur graphischen Lösung gleichzeitiger Differentialgleichungen zweiter Ordnung.)

Von **R. Düll**, Technische Hochschule in Braunschweig.

Wiewohl der Schiffbauer nach der erfolgreichen Einführung der Frahmschen Schlingertanks den Schiffskreisel zur Abdämpfung der Schiffsrollbewegungen wohl kaum mehr in Anwendung bringen wird, möchte ich doch in nachfolgendem ein von mir ausgearbeitetes Verfahren zur graphischen Integration gleichzeitiger Differentialgleichungen zweiter Ordnung[1]) zunächst gerade an dem Schlickschen Schiffskreisel näher erläutern, um zu zeigen, daß die zeichnerische Behandlungsweise bei dynamischen Problemen auch in Fällen schwierigerer Art mit Erfolg Anwendung finden kann und dazu berufen ist, neben der rein mathematischen Behandlungsweise, dem Ingenieur die wertvollsten Dienste zu leisten.

A. Föppl äußert sich in seinem Buche „Die wichtigsten Lehren der höheren Dynamik" über die von ihm aufgestellte Theorie des Schiffskreisels, die der Erstausführung eines mit Kreisel ausgerüsteten Schiffes voranging, dahin, daß zweifellos erhebliche Abweichungen in dem wirklichen Verhalten des mit Kreisel ausgerüsteten Schiffes gegenüber der Theorie, die auf der Voraussetzung unendlich kleiner Schwingungen aufgebaut ist, eintreten können, vor allem aus dem Grunde, weil man den Kreisel stets so verwendet, daß er ziemlich große Ausschläge macht. Die graphische Behandlung, die die tatsächliche Einwirkung des Kreisels auf das Schiff auch bei großen Ausschlägen mit stets ausreichender Genauigkeit zu ermitteln gestattet, und bei der sich auch weitere Einwirkungen mehr nebensächlicher Art, wie Dämpfung der Rollbewegungen des Schiffes durch den Wasserwiderstand usw., berücksichtigen lassen, ist daher in vorliegendem Falle von großem Werte. Die zeichnerische Lösung läßt auch ähnlich der analytischen den Einfluß der einzelnen Glieder der Gleichungen erkennen, erleichtert die Übersicht und kann, wenn sie auf 2—3 ver-

[1]) Das Verfahren soll an anderer Stelle noch ausführlicher zur Veröffentlichung gelangen.

schiedene Fälle angewandt wird, ein ähnlich allgemeines Bild liefern wie die mathematische Behandlungsweise, die ihr in dieser Hinsicht nur in einfacher gelagerten Fällen überlegen ist.

Selbstverständlich muß der Ingenieur, der ein schwierigeres dynamisches Problem graphisch bearbeitet, von vornherein auch Überlegungen mehr allgemeiner Art anstellen, welche Punkte von bedeutendem Einfluß sein werden, und welche Einflüsse mehr zurücktreten, um die Aufgabe nicht zu unübersichtlich zu machen und die ausschlaggebenden Umstände in den Vordergrund zu rücken. Ich kann mich nun im vorliegenden Falle in dieser Hinsicht allerdings recht kurz fassen, da in den ausgezeichneten Arbeiten Föppls hierüber sehr eingehende Betrachtungen angestellt sind, denen man sich in allen Punkten restlos anschließen kann.

Ich gehe davon aus, daß die günstigste Bremswirkung dann erzielt wird, wenn Kreiselrahmen und Schiff in gleicher Phase schwingen, so

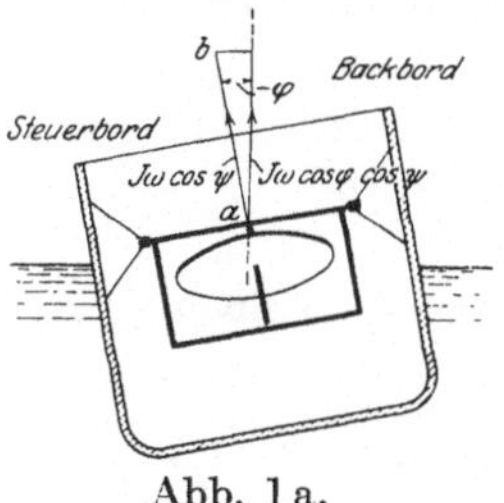

Abb. 1a.

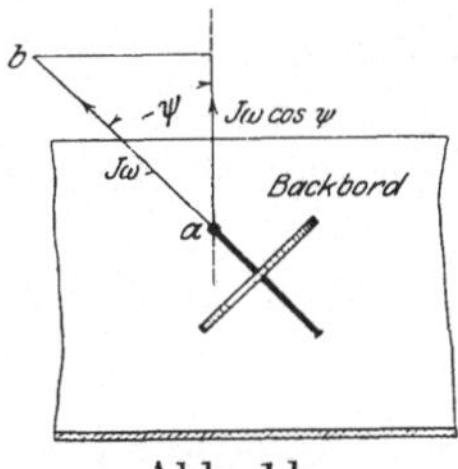

Abb. 1b.

daß beide zu gleicher Zeit ihre Bewegungsrichtung umkehren. Ich setze also den in obenstehender Abb. 1a und 1b näher erläuterten Anfangszustand voraus, bei dem die Kreiselachse, gekennzeichnet durch den Pfeil a—b, mit einer durch die Längsachse des Schiffes laufenden Vertikalebene den Winkel $-\varphi$ einschließt (Abb. 1a) und andererseits mit einer senkrecht auf der Längsachse des Schiffes errichteten Ebene (Abb. 1b) den Winkel $-\psi$ bildet. Der Pfeil a—b bildet dann gleichzeitig ein Maß für den Drall $J\omega$ des Kreisels, welch letzterer von oben gesehen im Uhrzeigersinn umlaufen soll.

Die durch den Kreisel bei der später noch näher zu erläuternden Abbremsung hervorgerufene Stampfbewegung des Schiffes soll als unerheblich außer acht gelassen werden, und ebenso soll auch die Dämpfung der Schiffsrollschwingungen durch den Wasserwiderstand unberücksichtigt bleiben, damit das durch dieselbe hervorgerufene, die Kreiselwirkung unterstützende Moment (das im übrigen von verhältnismäßig geringem Einfluß ist) nicht die Wirkung des Kreisels verdeckt.

Der Kreiseldrall hat, wie aus den Abb. 1a und 1b leicht hergeleitet werden kann, in der augenblicklichen Lage eine senkrecht nach oben gerichtete Komponente im Betrage von $J\omega \cdot \cos\varphi \cdot \cos\psi$. Auf das Vorzeichen von φ und ψ kommt es dabei nicht an, da weder der Winkel φ noch ψ je den Betrag von 90° erreicht.

Durch die Bewegung des Schiffes um $+d\varphi$ von $-\varphi$ nach der Mittellage hin erfährt der Kreiseldrall einen nach der Backbordseite hingerichteten horizontalen Zuwachs von der Größe $J\omega \cdot \cos\varphi \cdot \cos\psi \cdot \frac{d\varphi}{dt}$, der bewirkt, daß der Kreisel mit einem Moment gleicher Größe den Kreiselrahmen nach dem Heck hin zu bringen sucht, woran er durch eine Bremse nach Art einer Flüssigkeitsbremse gehindert wird, die ein bremsendes Moment $= -k \cdot \frac{d\psi}{dt}$ ausübt.

Bezeichnet man mit p das Gewicht des Kreisels samt Rahmen, mit r den Schwerpunktabstand von der Drehachse, so ist das durch die Gewichtswirkung bedingte Moment $= - pr \cdot \cos\varphi \cdot \sin\psi$, wobei das Vorzeichen für positive und negative Winkel zutreffend ist. Hat das Trägheitsmoment des Kreisels samt Rahmen in bezug auf seine Aushängeachse den Wert ϑ, so gilt nach dem Flächensatz für die Relativbewegung des Kreiselrahmens zum Schiff

$$\vartheta \cdot \frac{d^2\psi}{dt^2} = J\omega \cdot \cos\varphi \cdot \cos\psi \cdot \frac{d\varphi}{dt} - pr \cdot \cos\varphi \cdot \sin\psi - k \cdot \frac{d\psi}{dt}. \quad (1)$$

$\frac{d\psi}{dt}$ ist im Umkehrpunkt 0 und im weiteren Verlauf für die nach der Schiffskielseite hin einsetzende Bewegung $+$, so daß durch eine Änderung des Winkels ψ um $+d\psi$ der Kreiseldrall einen Vektorzuwachs $J\omega \cdot \cos\varphi \cdot \cos\psi \cdot \frac{d\psi}{dt}$ erfährt, der nach dem Bug des Schiffes gerichtet ist. Dieser Vektorzuwachs bewirkt, daß die Bewegung des Schiffes in Richtung nach der Mittellage hin durch ein Moment gleicher Größe verzögert wird, was ja der Zweck des Kreiseleinbaues ist.

Bezeichnet Θ das Trägheitsmoment des Schiffes um seine Längsachse, Q das Gewicht des Schiffes, s seine metazentrische Höhe, so kann nunmehr unter Berücksichtigung der Gewichtswirkung des Schiffes die Bewegungsgleichung für das Schiff in der Form geschrieben werden

$$\Theta \cdot \frac{d^2\varphi}{dt^2} = -J\omega \cdot \cos\varphi \cdot \cos\psi \cdot \frac{d\psi}{dt} - Qs \cdot \sin\varphi. \quad (2)$$

Gleichung (1) und (2) geben die Bewegungsgleichungen für Rahmen und Schiff auch für endliche Ausschläge φ und ψ genau richtig wieder; beachtet man, daß φ stets klein bleiben wird, der Mittelwert von $\cos\varphi$ also nur wenig von 1 abweicht und daß aus dem gleichen Grunde

$\sin\varphi = \varphi$ gesetzt werden kann, so kann man an Stelle der Gleichungen (1) und (2) die nachfolgenden vereinfachten Gleichungen (3) und (4) setzen.

$$\vartheta \cdot \frac{d^2\psi}{dt^2} = +J\omega \cdot \cos\psi \cdot \frac{d\varphi}{dt} - pr \cdot \sin\psi - k \cdot \frac{d\psi}{dt}, \tag{3}$$

$$\Theta \cdot \frac{d^2\varphi}{dt^2} = -J\omega \cdot \cos\psi \cdot \frac{d\psi}{dt} - Qs \cdot \varphi. \tag{4}$$

Hierbei wirkt in Gleichung (3) Glied 1 der rechten Seite, sofern man zunächst nur die Schwingung des Rahmens nach dem Heck hin ins Auge faßt, beschleunigend, $k \cdot \frac{d\psi}{dt}$ verzögernd und Glied $pr \cdot \sin\psi$ bis zum Durchgang des Rahmens durch die Mittellage (so lange also ψ negativ) beschleunigend und dann verzögernd ein.

In Gleichung (4) wirkt für die Schwingung des Schiffes von $-\varphi$ nach $+\varphi$ hin Glied 1 der rechten Seite stets verzögernd ein und Glied $Qs \cdot \varphi$ bis zur Mittellage des Schiffes beschleunigend und dann verzögernd.

Die Gleichungen (3) und (4) bilden nunmehr die Grundlage für die nachfolgende graphische Lösung.

Zunächst müssen für die einzelnen in der Gleichung vorkommenden Werte passende Größen angenommen werden. Hierbei habe ich mich nun, um eine gewisse Vergleichsgrundlage mit der Rechnung zu schaffen, im großen und ganzen an das Zahlenbeispiel gehalten, das seinerzeit von Föppl in der Zeischrift des Vereines deutscher Ingenieure 1905, S. 482, gegeben wurde. Nur hinsichtlich der Aufhängung des Kreiselrahmens habe ich mich in etwas an spätere Ausführungen des gleichen Verfassers an anderer Stelle gehalten. Die der zeichnerischen Bearbeitung zugrunde gelegten Zahlenwerte sind nachfolgender Zusammenstellung zu entnehmen:

Schiffsgewicht $Q = 6\,000\,000$ kg.
Metazentrische Höhe $= 0{,}45$ m.
Θ Trägheitsmoment des Schiffes um die Längsachse $= 15{,}4 \cdot 10^6 \text{mkg} \cdot \text{sec}^2$.
$J\omega$ Kreiseldrall $= 407\,700$ mkg $\cdot$ sec .
$\varphi =$ Schiffsausschlag in der Anfangsgrenzlage $= -6°$.
$\psi =$ Kreiselrahmenausschlag in der Anfangslage $= -60°$.
$pr = 1000$ mkg .
ϑ Trägheitsmoment des Rahmens mit Kreisel um die Aufhängeachse $= 3000$ mkg $\cdot$ sec^2 .
k Stärke der Bremse $= 30\,000$ mkg $\cdot$ sec.

Das graphische Verfahren, das ich seit vielen Jahren mit Erfolg in schwierigen Fällen bereits angewandt habe, ist grundsätzlich ähnlich dem Verfahren von Gümbel, Z. d. V. d. I. 1919, Nr. 33 und 34, betreffend: „Die graphische Lösung von Differentialgleichungen zweiter Ordnung in Anwendung auf die Schwingungslehre", wiewohl seine Entwicklung mit dieser Arbeit in gar keinem Zusammenhange steht. Die erste Anregung, eine graphische Dynamik mit Hilfe des Seilpolygons auszuarbeiten, erhielt ich vielmehr zur Zeit meiner Assistententätigkeit an der Münchener Hochschule in den Jahren 1903—05 durch A. Föppl, der schon zu jener Zeit die ungedämpfte Schwingung eines Pendels mit endlichen Ausschlägen in Übungen zur Dynamik mit Hilfe des Seilpolygons behandeln ließ.

Den Beobachtungen Gümbels, daß die Genauigkeit der Lösung von Differentialgleichungen zweiter Ordnung mit Hilfe des Seilpolygons eine äußerst befriedigende ist, auch wenn die einzelnen Flächenstreifen nicht allzu schmal genommen werden, kann ich auf Grund von mehr als 15jährigen Erfahrungen nur zustimmen, ebenso möchte ich hier die Erfahrung Gümbels, daß man fast stets den Schwerpunkt eines Belastungsstreifens, ohne die Genauigkeit zu beeinträchtigen, auf der Mitte des Streifens annehmen darf, bestätigen. Auch ich habe bei meinen bisherigen Arbeiten ausnahmslos gefunden, daß dies ausreichend ist; will man genauer arbeiten, so genügt mindestens Schätzung des Schwerpunktes, wie man das ja bei der Bestimmung der elastischen Linie gewöhnlich auch als durchaus hinreichend ansieht.

Soweit die Lösung einer Differentialgleichung zweiter Ordnung mit Hilfe des Seilpolygons in Frage kommt, kann das Verfahren als durch die Arbeiten Gümbels bekannt geworden vorausgesetzt werden. Hier soll daher lediglich auf solche Vereinfachungen hingewiesen werden, die die Zeichenarbeit wesentlich erleichtern, und weiter sollen alle diejenigen Gesichtspunkte näher besprochen werden, die zu beachten sind, wenn es sich um die Lösung gleichzeitiger Differentialgleichungen zweiter Ordnung, hier speziell der Differentialgleichungen für die Bewegung des mit Kreisel ausgerüsteten Schiffes, handelt.

Die Hauptschwierigkeit jeder graphischen Lösung besteht zunächst in der Wahl geeigneter, die Zeichenarbeit vereinfachender Maßstäbe, und muß meines Erachtens die Behandlung dieser Frage stets an die Spitze der Lösung gesetzt werden. Zu diesem Zwecke hat man sich zunächst klarzumachen, was man eigentlich darzustellen beabsichtigt. Die Antwort hierauf ist stets dieselbe: Die Integralkurve der Differentialgleichungen, in unserem Falle also φ als Funktion von t und ψ als Funktion von t.

Die zweite Frage geht dahin: in welchem Bereich sind die Funktionen darzustellen? Hierüber gibt die Stellung der Aufgabe Aufschluß.

φ soll dargestellt werden zwischen $\varphi = -\ 6^\circ$ und $\varphi = +6^\circ$,

ψ soll dargestellt werden zwischen $\psi = -60^\circ$ und $\psi = +60^\circ$, denn wir wollen annehmen, daß das Schiff zu Anfang $-6°$ Ausschlag habe und der Kreiselrahmen $= -60°$.

Da wir zunächst eine halbe Schwingung des Schiffes darzustellen wünschen, ergibt sich näherungsweise die Dauer einer halben Schiffsschwingung zu $T/2 = \pi \cdot \sqrt{\frac{\Theta}{Qs}} = 7{,}5$ sec, da der Schiffskreisel die Zeit einer Vollschwingung nicht allzusehr zu beeinflussen imstande sein wird. Nun wählen wir den Zeitmaßstab 1 sec $= 4$ cm.

Bei der Darstellung werden wir φ als Funktion von t über die Darstellung ψ als Funktion t setzen (s. Abb. 6 links), damit zusammengehörige Werte von φ und ψ stets in einfachster Weise sich feststellen lassen. Wir machen den Bogen φ, der bei 6° für den Radius $1 = 0{,}105$ ist, gleich 10,5 cm, messen ihn also auf einem Radius $a = 100$ cm, und ebenso stellen wir den Bogen ψ, der bei 60° für den Radius $1 = 1{,}05$ ist, durch 10.5 cm dar, messen diesen also auf einem Radius $b = 10$ cm.

Nach einer einmaligen Integration kann an Stelle der Differentialgleichung (4) die nachfolgende Gleichung (5) gesetzt werden:

$$\frac{\Theta}{a} \cdot a \cdot \frac{d\varphi}{dt} = \int_{t=0}^{t=t} \left(-J\,\omega \cdot \cos\psi \cdot \frac{d\psi}{dt} - Qs \cdot \varphi\right) \cdot dt\,, \tag{5}$$

und ebenso die Gleichung (6) an Stelle der Gleichung (3):

$$\frac{\vartheta}{b} \cdot b \cdot \frac{d\psi}{dt} = \int_{t=0}^{t=t} \left(J\,\omega \cdot \cos\psi \cdot \frac{d\varphi}{dt} - pr \cdot \sin\psi - k \cdot \frac{d\psi}{dt}\right) \cdot dt\,. \tag{6}$$

Angenommen, die Glieder der Gleichungen (5) und (6) seien als Funktion der Zeit bekannt, so ist die Lösung der Differentialgleichungen mit Hilfe des Seilpolygons in bekannter Weise zu bewerkstelligen. Unsere Hauptaufgabe besteht also darin, die Größe der einzelnen Glieder von einem gewissen Ausgangspunkt aus schrittweise zu ermitteln. Dies ist bei gleichzeitigen Differentialgleichungen zweiter Ordnung aber stets möglich, wenn die Anfangsbedingungen der Aufgabe gegeben sind, wie nunmehr an dem Beispiel des Schiffskreisels gezeigt werden soll.

Setzen wir zunächst einmal voraus, daß in der Gleichung (5) der Verlauf der unter dem Integralzeichen stehenden Funktionen $Qs\varphi$ und $J\omega \cdot \cos\psi \cdot \frac{d\psi}{dt}$ für die 1. Sekunde gegeben sei (vgl. Abb. 2), so gelangen wir zu einer besonders einfachen Anordnung, wenn wir uns das Glied $Qs\varphi$ mkg in Abhängigkeit von der Zeit durch die gesuchte $a\varphi$-Kurve zur Darstellung gebracht denken, was möglich ist, da Qs

ebenso wie a konstant ist. Wir müssen nur dafür Sorge tragen, daß Qs mkg durch a cm, also 6 000 000 · 0,45 mkg durch 100 cm abgebildet werden. Es muß also 1 cm = 27 000 mkg gemacht werden. Im gleichen Maßstab denken wir uns auch das Glied $J\omega \cdot \cos\psi \cdot \frac{d\psi}{dt}$ aufgetragen, das ebenso die Dimension mkg hat. Nun kann $Qs\varphi - J\omega \cdot \cos\psi \cdot \frac{d\psi}{dt}$ unmittelbar abgelesen werden.

Man erhält nun gemäß Abb. 3 den Differentialquotienten $a \cdot \frac{d\varphi}{dt} = \operatorname{tg}\alpha$ zur Zeit $t = \frac{1}{2}$ sec, wenn man in einem Kräftepolygon den Horizontalzug $= \frac{\Theta}{a}$ macht und auf der Lastlinie die in Abb. 2 schraffierte Fläche, die das Integral $\int\limits_{t=0\,\text{sec}}^{t=\frac{1}{2}\text{sec}} \left(Qs\varphi - J\omega\cos\psi \cdot \frac{d\psi}{dt}\right) \cdot dt$ veranschaulicht, abträgt. Es muß dann auch $\frac{\Theta}{a}$ eine Fläche darstellen, was, wie man sich

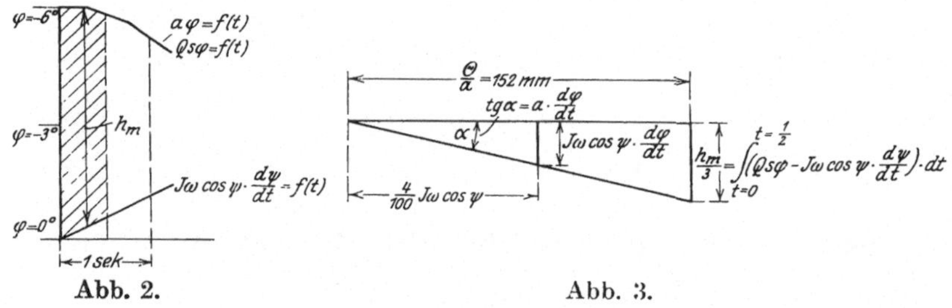

Abb. 2. Abb. 3.

leicht überzeugt, der Fall ist, denn $\frac{\Theta}{a}$, das die Dimension $\frac{\text{mkg} \cdot \text{sec}^2}{\text{cm}}$ hat, wird dargestellt durch Quadratzentimeter, da wir sowohl Meterkilogramm wie Sekunden durch Zentimeter zur Darstellung bringen.

Der Wert von $\frac{\Theta}{a}$ wird $= \frac{15\,400\,000}{27\,000} \cdot \frac{16}{100} = 91{,}30\ \text{cm}^2$ und das Integral $\int\limits_{t=0}^{t=\frac{1}{2}} \left(Qs\varphi - J\omega\cos\psi \cdot \frac{d\psi}{dt}\right) \cdot dt$ bei den gewählten Maßstäben etwa 20 cm², da einerseits die $Qs\varphi$-Kurve zunächst ungefähr so verlaufen muß, wie in Abb. 2 angegeben (was daraus hervorgeht, daß im ersten Zeitabschnitt $= \frac{1}{2}$ sec sich der Winkel φ nur wenig ändern wird), und andererseits auch das Glied $J\omega \cdot \cos\psi \cdot \frac{d\psi}{dt}$, das zur Zeit $t = 0$ ist, nicht plötzlich auf sehr große Werte anwachsen kann.

Wählen wir den Flächenmaßstab so, daß die Belastungsfläche durch die mittlere Höhe h_m des Belastungsstreifens oder einen Bruchteil der mittleren Höhe zur Darstellung gebracht wird, so entsprechen bei einer Breite von 2 cm der Belastungsstreifen $2\,h_m\,\text{cm}^2 = \frac{h_m}{x}$ cm oder es sind 2 cm² darzustellen durch $\frac{1}{x}$ cm.

Es wird also $\frac{\Theta}{a} = \frac{91{,}3}{2x}$ cm und der erste Belastungsstreifen (in Abb. 2 schraffiert) etwa $\frac{20}{2x}$ cm. Wir müssen nun verlangen, daß beide Größen scharf abgetragen werden können, damit der Differentialquotient $a \cdot \frac{d\varphi}{dt}$ genau zur Darstellung gebracht ist. Im vorliegenden Falle wurde für die Bearbeitung der Aufgabe $x = 3$ entsprechend einem $\frac{\Theta}{a} = 15{,}2$ cm zugrunde gelegt, wodurch sich hinreichende Genauigkeit ergibt. Die Fläche des einzelnen Belastungsstreifens läßt sich nun leicht in der Weise in den Kräfteplan eintragen, daß man mit Hilfe des Zirkels einfach $\frac{1}{3}\,h_m$ aus dem Belastungsstreifen abgreift; man hat dann gar keine Flächenberechnung auszuführen, was von Vorteil ist, da dadurch Maßstabablesungsfehler und Flächenberechnungsfehler vermieden werden. Auch bedeutet es an sich schon einen Vorteil, wenn ein graphisches Verfahren soweit als möglich von Nebenrechnungen, bei denen Irrtümer unterlaufen können, freibleibt.

Bevor ich näher darauf eingehe, wie nun die Kurven $Qs\varphi$ und $J\omega \cdot \cos\psi \frac{d\psi}{dt}$ eigentlich erhalten werden, müssen wir zunächst auch die Gleichung (6) näher ins Auge fassen, bei der in prinzipiell ähnlicher Weise wie für die Gleichung (5) das Integral der rechten Seite der Gleichung (6) zur Darstellung zu bringen ist.

Zunächst müssen wir sehen, wie wir das Glied $J\omega \cdot \cos\psi \cdot \frac{d\varphi}{dt}$ bestimmen können. Für $\frac{d\varphi}{dt} = 0{,}01$ und $\cos\psi = 1$ wird vorerst $J\omega \cdot 0{,}01 = 4077$ mkg.

$\frac{d\varphi}{dt} = 0{,}01$ entspricht im Kräfteplan Abb. 3 einer Neigung von 1:4, da $\frac{d\varphi}{dt} = 1$ bei den angenommenen Maßstäben für $a \cdot \varphi$ und t gleich 100 : 4 ist; was einer 25fachen Vergrößerung gleichkommt.

Da $\frac{d\varphi}{dt}$ ungefähr $= 0{,}01$ schon nach Auftragen des ersten Belastungsstreifens ist, wird für $J\omega \cdot \cos\psi \cdot \frac{d\varphi}{dt}$ zweckmäßig der Maßstab derartig gewählt, daß 1000 mkg = 1 cm gemacht werden, damit diese Größe graphisch genau zu ermitteln ist. Um die Vergrößerung von $\frac{d\varphi}{dt}$ wieder auszugleichen, tragen wir zunächst $\frac{4}{100} \cdot J\omega \cdot \cos\psi$ über der Achse bb

nach links im Maßstabe 1000 mkg · sec = 1 cm auf $\left(\text{Kurve } \frac{4}{100} \cdot J\omega \cdot \cos\psi\right.$ zur Bestimmung von $J\omega \cos\psi \cdot \frac{d\varphi}{dt}$ in Abb. 6$\left.\right)$ und können dann mit Hilfe des Kräfteplanes Abb. 3, der den Anfang des Kräfteplanes 1 in Abb. 6 darstellt, den Wert von $J\omega \cdot \cos\psi \cdot \frac{d\varphi}{dt}$ dadurch erhalten, daß wir vom Pol 0 aus $\frac{4}{100} J\omega \cdot \cos\psi$ auftragen und im Endpunkt dieser Strecke eine Ordinate errichten bis auf der zum Winkel ψ gehörigen $\frac{d\varphi}{dt}$ - Linie, wodurch $J\omega \cos\psi \frac{d\varphi}{dt}$ im Maßstab 1000 mkg = 1 cm abgelesen werden kann.

Das Glied $pr \cdot \sin\psi$ kann wegen des erheblichen Ausschlages $\psi = 60°$ nicht unmittelbar durch $pr \cdot \psi$ ersetzt werden. Wir können also die vereinfachte Darstellungsweise wie bei Gleichung (5) hier nicht anwenden, sondern müssen uns damit begnügen, $pr \cdot \sin\psi$, das für den Winkel $\psi = 60°$ den Betrag $1000 \cdot 0{,}866 = 866$ mkg ausmacht, zunächst als Funktion von ψ aufzutragen, wie es in Abb. 6 von der Achse bb aus geschehen ist. Man erkennt sofort, daß das Glied $pr \cdot \sin\psi$ nur kleinere Werte annimmt, also seinem Einfluß nach von geringerer Bedeutung sein wird.

Wir sind nunmehr in die Lage versetzt, über den Anfang des Funktionsverlaufes der zwei ersten Glieder der Gleichung (6) schon etwas Bestimmteres auszusagen. Im ersten Zeitabschnitt $= \frac{1}{2}$ sec wird die $pr \cdot \sin\psi$-Kurve, wie sich aus Abb. 4 ergibt, nur wenig von der Horizontalen abweichen, weil der Winkel ψ sich anfangs nur sehr langsam ändern wird. Von der $J\omega \cdot \cos\psi \cdot \frac{d\varphi}{dt}$ - Kurve kennen wir auch schon ziemlich genau den Verlauf im ersten Zeitabschnitt. $J\omega \cdot \cos\psi \cdot \frac{d\varphi}{dt}$ ist zur Zeit $t = 0$ Null und zur Zeit $t = \frac{1}{2}$ sec haben wir seinen Wert aus dem Kräfteplan Abb. 3 festgestellt. Da beide Glieder beschleunigend auf den Winkel ψ einwirken, sind sie in Abb. 4 von der Achse nn aus im entgegengesetzten Sinne aufgetragen, so daß ihre Summe ohne weiteres entnommen werden kann.

Die zwei ersten Glieder geben zusammen mit dem Gliede $k \cdot \frac{d\psi}{dt}$, das negativ wirkt, die Belastungsfläche für das erste Zeitteilchen $= \frac{1}{2}$ sec zur Gewinnung der $b \cdot \psi$-Kurve in Abb. 6.

Angenommen, $k \cdot \frac{d\psi}{dt}$ sei am Ende des ersten Zeitabschnittes $= q - x$ (für $t = 0$ ist es 0), dann können wir ohne weiteres den Kräfteplan Abb. 5 für das erste Zeitteilchen zeichnen.

Es wird zunächst $\frac{\vartheta}{b} = \frac{3000 \cdot 16}{1000 \cdot 10} = 4{,}8\ \text{cm}^2$ und die Belastungsfläche in Abb. 4 schraffiert $= (p + x)\ \text{cm}^2$. Soll das Glied $k \cdot \frac{d\psi}{dt}$ aus dem Kräfteplan Abb. 5 in ähnlicher Weise entnommen werden wie früher das Glied $J\omega \cdot \cos\psi \cdot \frac{d\varphi}{dt}$ aus dem Kräfteplan Abb. 3, so müssen wir bedenken, daß $q - x = k \cdot \frac{d\psi}{dt}$ im Maßstab 1000 mkg = 1 cm aufgetragen werden muß. Daher wird für $\frac{d\psi}{dt} = 0{,}1$ das Glied $k \cdot \frac{d\psi}{dt} = \frac{30000 \cdot 0{,}1}{1000} = 3\ \text{cm}$, das heißt $k \cdot \frac{d\psi}{dt}$ kann im Abstande 12 cm vom Pol abgelesen werden, da für $\frac{d\psi}{dt} = 0{,}1$ die Neigung im Kräfteplan 1:4 ist.

Setzen wir nun den Maßstab für $\frac{\vartheta}{b}$ derartig fest, daß $1\ \text{cm}^2 = 2{,}5$ cm gemacht wird, so wird $\frac{\vartheta}{b}$ durch $4{,}8 \cdot 2{,}5 = 12$ cm zur Darstellung ge

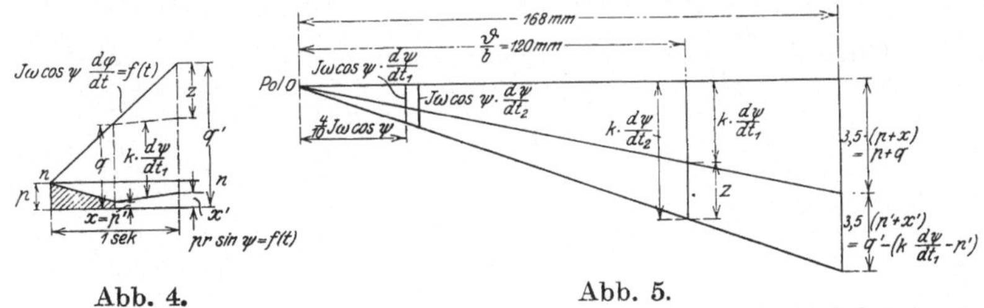

Abb. 4. Abb. 5.

bracht, und wir müssen auch die Flächen der einzelnen Belastungsstreifen im gleichen Maßstabe $1\ \text{cm}^2 = 2{,}5$ cm auftragen. Wir können also an Hand der Abb. 4 folgende Beziehung anschreiben:

$$k \cdot \frac{d\psi}{dt_1} = (p + x) \cdot 2{,}5 = q - x \qquad \text{oder} \qquad x = \frac{q - 2{,}5\,p}{3{,}5},$$

das heißt die Endordinate des schraffierten Belastungsstreifens und $k \cdot \frac{d\psi}{dt_1}$ läßt sich ermitteln, wenn lediglich der zu Anfang des Zeitabschnittes gültige Wert für $k \cdot \frac{d\psi}{dt}$ zunächst bekannt ist, was für die Lösung der Aufgabe von ausschlaggebender Bedeutung ist. Wir müssen jetzt unsere Aufmerksamkeit noch darauf richten, wie der Wert $k \cdot \frac{d\psi}{dt_1}$ für das Ende des Belastungsstreifens auf einfachste Art gefunden wird.

Es ergibt sich, daß

$$3{,}5 \cdot (p + x) = p + q\,.$$

Tragen wir Abb. 5 nun die Belastungsfläche $3{,}5 \cdot (p + x)$, die uns bekannt ist, da p und q gegeben, im Abstande $\frac{12 \cdot 3{,}5}{2{,}5} = 16{,}8$ cm [an Stelle der Belastungsfläche $2{,}5 \cdot (p + x)$ im Abstande 12 cm] auf, so werden wir dadurch auf denselben Seilstrahl geführt und auf der Ordinate im Abstand 12 cm vom Pol kann $k \cdot \frac{d\psi}{dt_1}$ mit dem Zirkel abgegriffen und in die Abb. 4 übertragen werden. Hierdurch ist die Anfangsordinate $x = p'$ der folgenden Belastungsfläche gewonnen.

Setzen wir nun weiterhin vorläufig voraus, daß $pr \cdot \sin\psi$ und $J\omega \cdot \cos\psi \cdot \frac{d\varphi}{dt}$ auch für das Ende des zweiten Zeitabschnittes bekannt sei, dann können wir die $pr \cdot \sin\psi$-Kurve und $J\omega \cdot \cos\psi \cdot \frac{d\varphi}{dt}$-Kurve auch für das zweite Zeitteilchen eintragen, die geometrische Summe beider sei q'.

Da die Belastungsordinate zu Beginn des zweiten Zeitteilchens $x = p'$ ist und zu Ende desselben $= x'$, so gilt für den Zuwachs z, den das Glied $k \cdot \frac{d\psi}{dt_1}$ während des zweiten Zeitteilchens erfährt:

$$z = 2{,}5 \cdot (p' + x') = q' - k \cdot \frac{d\psi}{dt_1} - x',$$

woraus

$$3{,}5\, x' = q' - k \cdot \frac{d\psi}{dt_1} - 2{,}5\, p'$$

folgt.

Es wird also:

$$3{,}5 \cdot (p' + x') = q' - k \cdot \frac{d\psi}{dt_1} + p' = q' - \left(k \cdot \frac{d\psi}{dt_1} - p'\right).$$

Tragen wir den letzten Wert, der sich leicht mit Hilfe des Zirkels ermitteln läßt, auf der Lastlinie des Kräfteplanes 5 vom Endpunkt $p + q$ aus ab, so erhalten wir den Zuwachs z bzw. $k \cdot \frac{d\psi}{dt_2}$ am Ende des zweiten Zeitteilchens auf der $k \cdot \frac{d\psi}{dt_2}$-Linie im Abstande 12 cm vom Pol.

Für das dritte und die folgenden Zeitteilchen gelten dieselben Beziehungen. Um die Änderung der Belastungsfläche bildlich auch in größerem Maßstabe vor Augen zu haben, sind die gefundenen Werte der einzelnen Belastungsstreifen im Maßstab des Kräfteplanes 2 Abb. 6 als mittlere Höhen in jedem Belastungsstreifen aufgetragen, wodurch sich die Kurve $\left(J\omega \cdot \cos\psi \cdot \frac{d\varphi}{dt} - pr \sin\psi - k \cdot \frac{d\psi}{dt}\right)$ in Abb. 6 ergibt.

Auch das Glied $J\omega \cdot \cos\psi \cdot \frac{d\psi}{dt}$, das wir zur Lösung der Gleichung (5) brauchen, kann auf zeichnerischem Wege aus dem Kräfteplan Abb. 5, der dem Anfang des Kräfteplanes 2 Abb. 6 entspricht, gewonnen werden. Wir bedenken, daß wir das Glied $J\omega \cdot \cos\psi \cdot \frac{d\psi}{dt}$ im Maßstabe 27 000 mkg = 1 cm aufzusuchen haben, weshalb wir ähnlich wie früher bei dem Gliede $J\omega \cdot \cos\psi \cdot \frac{d\varphi}{dt}$ zunächst hier $\frac{1}{10} J\omega \cdot \cos\psi$ über der Achse bb in Abb. 6 eintragen, diesmal im Maßstabe 27000 mkg $\cdot$ sec = 1 cm.

Wir erhalten so die Kurve $\frac{1}{10} J\omega \cdot \cos\psi$ zur Bestimmung von $J\omega \cdot \cos\psi \cdot \frac{d\psi}{dt}$.

Die Ermittlung von $J\omega \cdot \cos\psi \cdot \frac{d\psi}{dt}$ geschieht nun, wenn die zusammengehörigen Werte ψ und $\frac{d\psi}{dt}$ bekannt sind, in der Weise, daß im Kräfteplan Abb. 5 auf der vom Pol 0 aus abgetragenen Strecke $\frac{1}{10} J\omega \cdot \cos\psi$ im Endpunkt ein Lot errichtet wird bis zu dem zu ψ gehörigen Seilstrahl.

Nach all den vorausgegangenen Vorbereitungen kann nunmehr die Methode, wie sich in durchaus planmäßiger Weise die einzelnen Glieder der Gleichungen (5) und (6) gewinnen lassen, an Hand der Abb. 6 näher beschrieben werden, wobei ich von vornherein bemerken möchte, daß bei der graphischen Methode der erste Belastungsstreifen in der Regel die meiste Mühe verursacht, während bei den folgenden dann rein mechanisch vorgegangen werden kann, weshalb ich mich hier auch darauf beschränke, die Beschreibung des Verfahrens nur bis zur Erledigung des zweiten Belastungsstreifens durchzuführen.

Ich beginne mit der Lösung der Gleichung (5). Bekannt ist die Anfangstangente der $Qs\varphi$-Kurve $\left(\frac{d\varphi}{dt} = 0 \text{ zur Zeit } t = 0\right)$; von der $J\omega \cdot \cos\psi \cdot \frac{d\psi}{dt}$-Kurve ist auch bereits bekannt, daß sie mit Null ansetzt und allmählich ansteigen wird. Die Belastungsfläche ist also näherungsweise bekannt, man versucht nun den wahren Wert möglichst nahe einzuschätzen und trägt das vermutete $\frac{h_m}{3}$ in den Kräfteplan 1 Abb. 6, ein. Hat man in der Schätzung einen Fehler gemacht, so zeigt sich das bald, und die erforderliche Verbesserung läßt sich ohne Schwierigkeit anbringen. Ich nehme jedoch hier vorläufig an, daß $\frac{h_m}{3}$ ungefähr richtig angenommen sei. Wir erhalten dann zunächst $\frac{d\varphi}{dt}$ am Ende des ersten Zeitteilchens und können nunmehr $J\omega \cdot \cos\psi \cdot \frac{d\varphi}{dt} = c$ in der bereits besprochenen Weise aufsuchen.

Nun gehen wir zunächst zur Gleichung (6) über, tragen uns $pr \cdot \sin\psi$ im Maßstab 1000 mkg = 1 cm über der Achse nach unten ab und bedenken, daß sich dieses Glied im ersten Zeitteilchen kaum ändert.

Wenn wir genauer schätzen wollen, kann am Ende des ersten Zeitteilchens $pr \cdot \sin\psi$ um eine Kleinigkeit kleiner angenommen werden, denn daß dieses Glied etwas abnehmen muß, wissen wir. Ebenso tragen wir $c = J\omega \cdot \cos\psi \cdot \frac{d\varphi}{dt}$ ein, zur Zeit $t = 0$ ist dieses Glied 0, und zur Zeit $t = \frac{1}{2}$ sec haben wir es aus dem Kräfteplan 1 vorläufig festgestellt. Das Glied $k \cdot \frac{d\psi}{dt}$ wird nun auf die im vorstehenden bereits ausführlich beschriebene Art ermittelt und dadurch $x = p'$ für das Ende des ersten Belastungsstreifens gefunden. Dann suchen wir auch noch das Glied $J\omega \cdot \cos\psi \cdot \frac{d\psi}{dt} = e$, das uns zur Kontrolle unserer früheren Annahme für h_m in Gleichung (5) dient, auf und tragen es im Belastungsstreifen 1 der Gleichung (5) ein. Wir sehen nun, wie der Belastungsstreifen 1 von Anfang an hätte angenommen werden müssen. Fiel unsere erste Schätzung mit dem gewonnenen Ergebnis zusammen, so wäre das erste Zeitteilchen bereits erledigt, was allerdings gerade beim ersten Zeitteilchen selten der Fall sein wird.

Wir wiederholen nun mit der vorläufigen Lösung für Belastungsstreifen 1 das beschriebene Verfahren, erhalten einen verbesserten Wert $c = J\omega \cdot \cos\psi \cdot \frac{d\varphi}{dt}$, aus dem sich ein genauerer Wert für $\frac{d\psi}{dt}$ feststellen läßt. Die Abweichung des neuen Wertes von dem zuerst gefundenen wird in der Regel nur unerheblich sein, weshalb auch das nunmehr gleichfalls erneut ermittelte $e = J\omega \cdot \cos\psi \cdot \frac{d\psi}{dt_1}$ kaum von dem erstgefundenen abweicht. Die Unterlage für die Ermittlung von $\frac{d\psi}{dt}$ war eben schon weit genauer als die erste nur auf Schätzung beruhende für $\frac{d\varphi}{dt}$, so daß sich die rasche Annäherung an den tatsächlichen Wert erklärt. Sollte auch die zweite Durchführung des Verfahrens noch nicht volle Übereinstimmung ergeben, so müßte das Verfahren noch ein drittesmal durchgeführt werden, was aber nur in den seltensten Ausnahmefällen notwendig sein wird. Die Möglichkeit, daß die graphische Lösung hierdurch gewissermaßen am Ende jedes Zeitteilchens auf ihre Richtigkeit geprüft werden kann, bedingt ihre ganz außerordentlich hohe Genauigkeit.

Nun kann man zum zweiten Belastungselement fortschreiten, für das die Verhältnisse bereits weit günstiger gelagert sind. Wir wissen zunächst, daß sich die $Qs\varphi$-Kurve nach abwärts krümmt, und von der $J\omega \cdot \cos\psi \cdot \frac{d\psi}{dt}$-Kurve können wir zunächst einfach annehmen, daß sich die Kurve geradlinig fortsetzt. Das Belastungselement 2 läßt sich dann schon mit großer Wahrscheinlichkeit auf das erstemal richtig

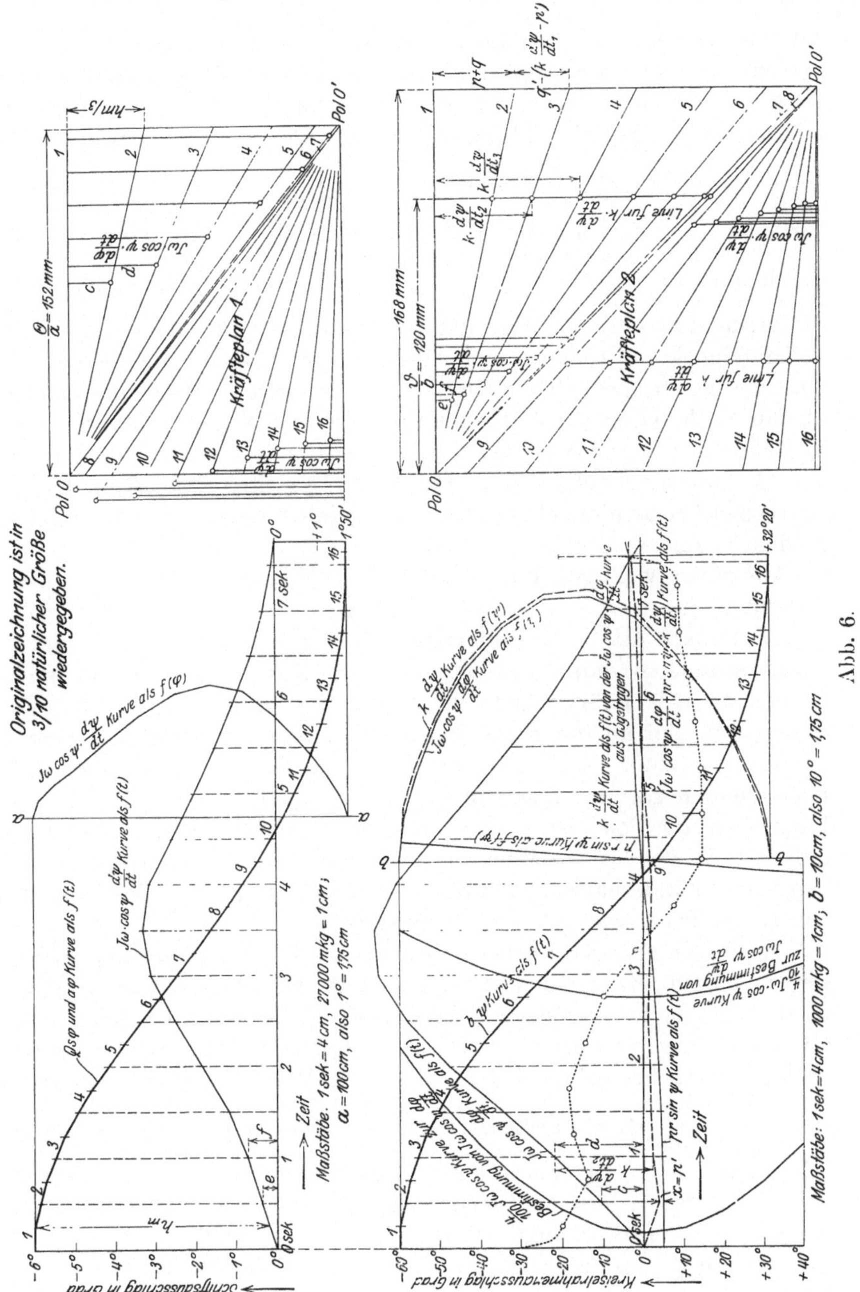

Abb. 6.

einschätzen, wodurch die Umständlichkeit einer nachfolgenden Korrektur vermieden wird. Tragen wir $J\omega \cdot \cos\psi \cdot \frac{d\varphi}{dt} = d$, das wir nun für das Ende des zweiten Zeitteilchens feststellen können, in die entsprechende Kurve der Gleichung (6) ein, verlängern hier auch die Belastungskurve $p \cdot r \cdot \sin\psi$ entsprechend dem übersehbaren Verlauf, so erhalten wir das Gewicht des Belastungsstreifens 2, wenn wir die geometrische Summe der Glieder $q' - (k \cdot \frac{d\psi}{dt_1} - p')$ bilden. Damit wird nun $\frac{d\psi}{dt}$ für das Ende des zweiten Zeitteilchens gefunden und damit auch das Glied $J\omega \cdot \cos\psi \cdot \frac{d\psi}{dt_2} = f$, das zur Kontrolle dient, ob die Annahme der Form des zweiten Belastungsstreifens der Gleichung (5) vollständig korrekt war. Bei Unstimmigkeit kann die notwendige Abänderung festgestellt werden, was aber vom dritten Zeitteilchen ab nur noch selten der Fall sein wird, da man schon erkennen kann, in welchem Sinne sich die einzelnen Funktionen ändern, nachdem für jede 3 Punkte festgelegt sind. Das Verfahren ist in Abb. 6 in der angegebenen Weise nunmehr weiter durchgeführt bis zu dem Augenblick, in dem φ und ψ zur Umkehr gelangen.

Auf einen wichtigen Punkt soll hier noch kurz hingewiesen werden. Sowohl bei der $a \cdot \varphi$- wie bei der $b \cdot \psi$-Kurve kehrt sich von einem gewissen Punkte die beschleunigende Wirkung der Glieder in eine verzögernde um, so daß die $a \cdot \varphi$- und $b \cdot \psi$-Kurve einen Wendepunkt erhält. In den Kräfteplänen zeigt sich das in der Weise, daß von diesen Punkten ab die Belastungen nach entgegengesetzter Richtung aufzutragen sind. Will man Irrtümer vermeiden, so tut man gut, auch diese negativen Belastungen von oben nach unten abzutragen, indem man die Pole der Kräftepläne von 0 nach 0′ verlegt. Man kann auf diese Weise die einzelnen Seilstrahlen in bequemster Weise schärfstens auseinanderhalten, wodurch die Übersicht ganz außerordentlich erleichtert wird, wie aus Abb. 6 hervorgeht.

Aus dieser Tafel ist auch zu entnehmen, daß die Dauer der Schiffsschwingung ungefähr gleich ist der Dauer der Kreiselrahmenschwingung, da die Umkehr fast zu gleicher Zeit erfolgt. Der Winkel ψ kehrt seine Richtung allerdings etwas früher um, weil der Rahmen trotz seiner geringen Gewichtswirkung die beschleunigende Wirkung durch das Glied $J\omega \cdot \cos\psi \cdot \frac{d\varphi}{dt}$ dann übertrifft, wenn $\frac{d\varphi}{dt}$ bei der Umkehr der Schiffsschwingung sehr klein geworden ist. Annähernd gleichzeitige Umkehr wird noch besser erreicht, wenn Kreisel mit Rahmen sich um den gemeinsamen Schwerpunkt dreht, weshalb ich diese Aufhängung als die günstigste ansehe. Bei größeren Ausschlägen kann es überdies erforderlich werden, daß man zu große Ausschläge des Kreiselrahmens durch eine Bandbremse beschränkt.

Auf den Einfluß der anderen Glieder der Gleichungen näher einzugehen, muß ich mir hier leider versagen, da ich hierzu teilweise eine nochmalige Durcharbeitung der Gleichungen, die bei anderer Annahme von k durchgeführt wurde, mit heranzuziehen hätte; nicht versäumen darf ich es jedoch, noch darauf aufmerksam zu machen, daß sich für die Genauigkeit der graphischen Lösung ganz vorzügliche Proben ergeben, die ich, da sie gleichzeitig zu einer vertieften Auffassung des ganzen Vorganges führen, nun zunächst besprechen möchte.

Wir ersehen aus Abb. 6, daß das Schiff nach der ersten halben Schwingung nur noch $1^\circ 50'$ ausschlägt an Stelle der ursprünglichen 6°; die bei der einmaligen Umlegung des Kreisels abgebremste Energie des Schiffes beträgt also $Qs \cdot (\cos 1^\circ 50' - \cos 6^\circ) = 13\,400$ mkg.

Der gleiche Wert muß sich natürlich ergeben, wenn wir die jeweiligen Werte von $k \cdot \frac{d\psi}{dt}$ über den zugehörigen ψ-Werten auftragen und die Arbeitsfläche ermitteln, was in Abb. 6 geschehen ist. $\left(\text{Fläche eingeschlossen zwischen Achse } bb \text{ und Kurve } k \cdot \frac{d\psi}{dt}\right)$.

Da wir $k \cdot \frac{d\psi}{dt}$ im Maßstab 1 cm = 1000 mkg aufgetragen haben und den Winkel ψ im Maßstab 1 cm = 0,1, erhalten wir für 1 cm² = 100 mkg. Die Planimetrierung lieferte insgesamt 13 770 mkg.

Bedenken wir, daß neben der Schiffsschwingungsenergie durch die Bremse auch ein Teil der potentiellen Energie des Kreiselrahmens aufgezehrt ist $pr \cdot (\cos 32^\circ 20' - \cos 60^\circ) = 345$ mkg, so ist die Übereinstimmung eine fast vollkommene; da insgesamt nur noch 15 mkg Differenz bestehen = 0,1%.

Weiterhin muß die Änderung des Kreiseldralles, die in der Längsrichtung des Schiffes vor sich geht,

$$\int\limits_{\psi_1 = -60^\circ}^{\psi_2 = +32^\circ 20'} J\omega \cdot \cos\psi \cdot \frac{d\psi}{dt} \cdot dt, \text{ gleich sein } J\omega(\sin\psi_1 + \sin\psi_2) = 571000 \text{ mkg} \cdot \text{sec}.$$

Die Planimetrierung der zwischen der $J\omega \cdot \cos\psi \cdot \frac{d\psi}{dt}$ -Kurve und der Zeitachse gelegenen Fläche liefert 565 000 mkg · sec, also auch ganz vorzügliche Übereinstimmung.

Daß ferner

$$\int\limits_{\varphi = -6^\circ}^{\varphi = +1^\circ 50'} J\omega \cdot \cos\psi \cdot \frac{d\psi}{dt} \cdot d\varphi = \int\limits_{\psi = -60^\circ}^{\psi = +32^\circ 20'} J\omega \cdot \cos\psi \cdot \frac{d\varphi}{dt} \cdot d\psi,$$

zeigt die Planimetrierung der beiden diesbezüglichen Flächen, für erstere ist der Maßstab 1 cm² = 270 mkg und für letztere 1 cm² = 100 mkg. Beide Flächen ergeben das Äquivalent der abgebremsten Schiffsenergie, was selbstverständlich ist. Die von der Achse *aa* und Kurve $J\omega \cos\psi \cdot \frac{d\psi}{dt}$ eingeschlossene Fläche beträgt 13 420 mkg, und die von der Achse *bb* und der Kurve $J\omega \cdot \cos\psi \cdot \frac{d\varphi}{dt}$ eingeschlossene Fläche ergibt 13 430 mkg.

Die Änderung des Kreiseldralles in horizontaler Richtung läßt sich rechnerisch nicht ermitteln, da der Einfluß des Gliedes $\cos\psi$ die Aufgabe erschwert, graphisch bringt auch die Beantwortung dieser Frage keine Schwierigkeiten mit sich, es findet sich

$$\int\limits_{\varphi=-6^\circ}^{\varphi=+1^\circ 50'} J\omega \cdot \cos\psi \cdot \frac{d\varphi}{dt} \cdot dt = 47100 \text{ mkg} \cdot \text{sec} .$$

Endlich muß noch sein für eine halbe Schwingung

$$\int\limits_{t=0}^{t=7,75} k \cdot \frac{d\psi}{dt} \cdot dt = k \cdot (\psi_1 + \psi_2) = 30000 \cdot (1{,}047 + 0{,}564) = 48100 \text{ cmkg} \cdot \text{sec};$$

die Planimetrierung der diesbezüglichen Fläche in Abb. 6 liefert den gleichen Wert.

Das Ergebnis der vorstehenden Untersuchung deckt sich in fast allen Punkten mit den Betrachtungen, die Föppl der Behandlung der Schiffsschwingungen vorausschickt und die er als besonders wertvoll für den Entwurf ansieht. Die graphische Behandlung liefert ein anschauliches Bild der Schwingungsvorgänge des mit Kreisel ausgerüsteten Schiffes und gibt uns das Mittel in die Hand, auch dann Bestimmtes über das Verhalten des Schiffes vorauszusagen, wenn der Schiffskreisel große Ausschläge ausführt.

Das Verhalten eines mit Schlingertanks ausgerüsteten Schiffes kann in der gleichen Weise graphisch behandelt werden; ich habe jedoch vorgezogen, hier den Schiffskreisel zu behandeln, weil mir dieses Beispiel ganz besonders Gelegenheit gegeben hat, die Leistungsfähigkeit der graphischen Methode beweiskräftig darzutun.

Über die Anwendung der Differenzenrechnung auf technische Anheiz- und Abkühlungsprobleme.

Von **Ernst Schmidt**, Forschungsheim für Wärmeschutz in München.

1. Einleitung.

Die Kenntnis des Verlaufs von Anheiz- und Abkühlungsvorgängen ist in vielen Fällen für die Technik von Bedeutung. Von den örtlich und zeitlich veränderlichen Temperaturfeldern hängt z. B. die Größe der Wärmespannungen beim Anheizen und Abschrecken eines Körpers und damit die Bruchgefahr ab. In der Heiztechnik macht der Anheizvorgang Zuschläge bei der Dimensionierung erforderlich, welche bisher nur roh geschätzt werden konnten. Besonders wichtig ist die Kenntnis des Verlaufs der Temperaturschwankungen bei intermittierend arbeitenden Wärmespeichern, wie Winderhitzern, Regeneratoren usw.

Die Theorie dieser Vorgänge ist seit Fourier ausgiebig behandelt und auf viele Beispiele angewandt worden Besonders der einfachste und wichtigste Fall des Verlaufs der Abkühlung einer ebenen Platte ist geradezu ein Musterbeispiel für die Theorie der Fourierschen Reihen. Für bestimmte Grenzbedingungen, vor allem bei konstanter Temperatur oder bei wärmedichtem Abschluß der Oberflächen läßt die Theorie auch an Einfachheit und Übersichtlichkeit nichts zu wünschen übrig. Nicht viel umständlicher ist die Behandlung periodisch veränderlicher Oberflächentemperaturen. Unbequem wird die Rechnung aber für den Fall der sog. Ausstrahlungsbedingung, bei welchem die Wärmeabgabe der Übertemperatur der Oberfläche proportional ist. In der Sprechweise der Technik würde man diese Bedingung als „Wärmeabgabe bei konstanter Wärmeübergangszahl" bezeichnen. Die Erhöhung des Rechenaufwandes in diesen Fällen ist bekanntlich dadurch bedingt, daß die Glieder der Fourierschen Entwicklung nicht mehr nach der Reihe der natürlichen Zahlen, sondern nach den irrationalen Wurzeln einer transzendenten Gleichung fortschreiten. Noch undurchsichtiger wird die Rechnung, wenn die Platte aus mehreren Schichten mit verschiedenen thermischen Konstanten besteht, was in der Heiztechnik bei Gebäudewänden oft vorkommt. Gar nicht mehr durchführen läßt sie sich, wenn die Wärmeleitzahlen des Plattenmaterials und die Wärmeübergangszahlen stark von der Temperatur abhängen.

Dieser Fall ist besonders bei hohen Temperaturen die Regel, wo die mit der vierten Potenz der Temperatur ansteigende Strahlung die Wärmeabgabe wesentlich bedingt. Außerdem ändern sich häufig nicht nur die Wärmeübergangszahlen, sondern auch die Temperaturen des umgebenden Mediums in bestimmter, durch den Verlauf des Prozesses und durch die Betriebsart bedingter Weise. Ein weiterer Nachteil des Fourierschen Verfahrens für den nicht an mathematische Abstraktionen gewöhnten Praktiker ist seine geringe Anschaulichkeit. Im folgenden soll daher die Methode der Differenzenrechnung auf die Differentialgleichungen der Wärmeleitung angewandt werden. Der Rechenaufwand ist geringer, und die nötigen Operationen sind so einfach, daß sie nach einem festgelegten Schema von untergeordneten Hilfskräften ausgeführt werden können. Außerdem läßt sich das Verfahren auch graphisch in anschaulicher Weise durchführen.

2. Ableitung einer Rekursionsformel aus der Differenzengleichung.

Zur Darstellung des Verfahrens gehen wir aus von der Differentialgleichung der Wärmeleitung in isotropen Medien ohne innere Wärmequellen, welche bekanntlich für den eindimensionalen Fall lautet:

$$\frac{\partial \vartheta}{\partial t} = a \frac{\partial^2 \vartheta}{\partial x^2} \,. \tag{1}$$

Darin bedeutet:

ϑ die Temperatur in °C,

t die Zeit in Stunden,

x die Längenkoordinate in m,

$a = \frac{\lambda}{c \cdot \varrho}$ die Temperaturleitfähigkeit in m^2/Std.

λ die Wärmeleitzahl in $\frac{\text{kcal}}{\text{m} \cdot \text{Std.} \cdot {}^\circ\text{C}}$,

c die spezifische Wärme in kcal/kg,

ϱ das spezifische Gewicht in kg/m^3.

Als Differenzengleichung geschrieben lautet die Gleichung:

$$\Delta_t \vartheta = a \frac{\Delta t}{(\Delta x)^2} \Delta_x^2 \vartheta \,. \tag{2}$$

Dabei ist dem Δ der betreffende Index zur Kennzeichnung des partiellen Charakters der Differenzenbildung beigefügt. Unter Δt und Δx sind feste, kleine, aber endliche Werte zu verstehen, welche als Einheit des Zeit- und Längenmaßstabes dienen. Wird mit $\vartheta_{n,k}$ die Temperatur an der Stelle $n \cdot \Delta x$ zur Zeit $k \cdot \Delta t$ bezeichnet werden, so ist:

$$\begin{aligned}
\Delta_t \vartheta &= \vartheta_{n,k+1} - \vartheta_{n,k} \,, \\
\Delta_x \vartheta &= \vartheta_{n+1,k} - \vartheta_{n,k} \,, \\
\Delta_x^2 \vartheta &= \vartheta_{n+1,k} + \vartheta_{n-1,k} - 2\,\vartheta_{n,k} \,.
\end{aligned}$$

Durch Einsetzen dieser Werte geht die Differenzengleichung über in die Rekursionsformel:

$$\vartheta_{n,k+1} - \vartheta_{n,k} = a \frac{\Delta t}{(\Delta x)^2} (\vartheta_{n+1,k} + \vartheta_{n-1,k} - 2\,\vartheta_{n,k}). \tag{3}$$

Ist die Temperaturverteilung zur Zeit $k \cdot \Delta t$ durch die Reihe der Werte

$$\vartheta_{1,k}, \quad \vartheta_{2,k}, \quad \ldots \vartheta_{n,k} \ldots$$

für jeweils um Δx auseinanderstehende Punkte der Achse gegeben, so erlaubt Gleichung (3) die Berechnung der Verteilung

$$\vartheta_{1,k+1}, \quad \vartheta_{2,k+1}, \quad \ldots \vartheta_{n,k+1} \ldots$$

zu der um Δt späteren Zeit. Sind diese Werte errechnet, so kann man in gleicher Weise um Δt fortschreiten und so schließlich den ganzen zeitlichen Verlauf der Temperatur ermitteln.

Die Formel (3) läßt sich sehr anschaulich geometrisch deuten:

In Abb. 1 soll die Linie $n-2$, $n-1$, n, $n+1$, $n+2$ eine Temperaturverteilung zur Zeit $k \cdot \Delta t$ darstellen; ihre Ordinaten sind also die Werte $\vartheta_{n-2,k}$, $\vartheta_{n-1,k}$, ϑ_{nk}, $\vartheta_{n+1,k}$, $\vartheta_{n+2,k}$. Verbindet man die Punkte $n-1$ und $n+1$ durch eine Gerade, welche die Senkrechte durch n in n' schneidet, so ist, wie man leicht einsicht, die Strecke

$$\overline{nn'} = \tfrac{1}{2}(\vartheta_{n+1,k} + \vartheta_{n-1,k} - 2\,\vartheta_{n,k})$$

und der Zuwachs der Temperatur an der Stelle n in der Zeit Δt wird erhalten durch Multiplikation dieser Strecke mit dem konstanten Faktor $a \frac{\Delta t}{(\Delta x)^2}$. Geht man in gleicher Weise für alle Punkte vor, so ergibt sich der Temperaturverlauf zur Zeit $(k+1)\Delta t$, und so kann man, jeweils um Δt fortschreitend, die aufeinanderfolgenden Temperaturkurven zeichnen.

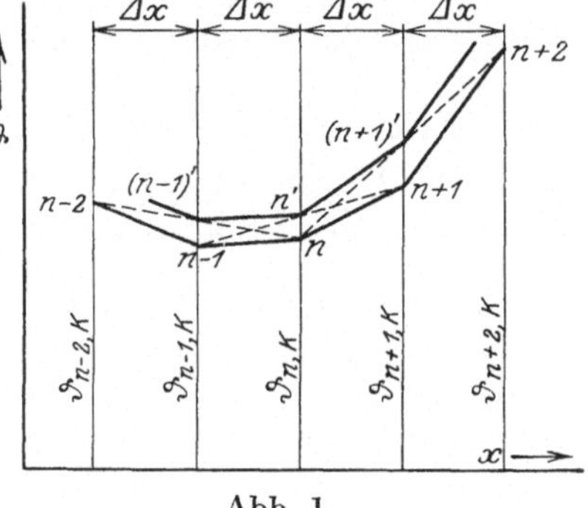

Abb. 1.

Bei der praktischen Ausführung des Verfahrens ist es zweckmäßig, die Werte von Δt und Δx so zu wählen, daß

$$a \frac{\Delta t}{(\Delta x)^2} = \frac{1}{2} \tag{4}$$

wird.

Das ist ohne Einschränkung der Allgemeinheit immer möglich. In diesem Falle gibt der Punkt n' unmittelbar die Temperatur $\vartheta_{n,k+1}$ der nächsten Kurve an und die Rekursionsformel vereinfacht sich zu:

$$\vartheta_{n,k+1} = \tfrac{1}{2}(\vartheta_{n+1,k} + \vartheta_{n-1,k}). \tag{5}$$

Man kann also allein mit Hilfe eines Lineals aus einer gegebenen Anfangsverteilung schrittweise den ganzen zeitlichen Verlauf der Temperaturkurven ermitteln. Wird mit fortschreitendem Ausgleich das Liniengewirr zu groß, so braucht man nur die Δx-Teilung zu vergrößern, also z. B. jeden zweiten Punkt ausfallen zu lassen. Soll der Faktor $a \frac{\Delta t}{(\Delta x)^2}$ trotz dieser Verdoppelung von Δx den Wert $\frac{1}{2}$ behalten, so muß Δt und damit der zeitliche Abstand aufeinanderfolgender Temperaturkurven vervierfacht werden.

3. Randbedingungen beim Wärmeübergang an freien Oberflächen.

Das Vorstehende erlaubt die Ermittlung der Temperaturkurven für das Innere einer Platte. Für die Anwendung auf technische Fragen muß noch eine Vorschrift für die Behandlung des Wärmeüberganges an der Oberfläche hinzutreten. Hierbei wird der Vorteil unseres Verfahrens besonders hervortreten, denn es erlaubt die Anpassung an beliebige, auch zeitlich veränderliche Randbedingungen.

Wir wollen, wie üblich, den Wärmeübergang von einem festen Körper an eine Flüssigkeit oder ein Gas durch die Wärmeübergangszahl α in $\frac{\text{kcal}}{\text{m}^2 \cdot \text{Std.} \cdot {}^\circ\text{C}}$ und die Temperatur der Flüssigkeit ϑ_f kennzeichnen. Ist λ die Wärmeleitzahl des Körpers und ϑ_0 die Temperatur seiner Oberfläche, so muß an der Oberfläche bekanntlich die Bedingung

$$\lambda \left(\frac{\partial \vartheta}{\partial x}\right)_0 = \alpha (\vartheta_0 - \vartheta_f) \tag{6}$$

erfüllt sein. Stellt man die Temperaturverteilung als Kurve über der x-Achse dar (Abb. 2), so bedeutet diese Bedingung, wie man leicht einsieht, daß die Tangente an die Temperaturkurve in der Oberfläche $A-A$ durch einen Richtpunkt R gehen muß, dessen Ordinate ϑ_f und dessen Abstand von der Oberfläche $s = \frac{\lambda}{\alpha}$ ist.

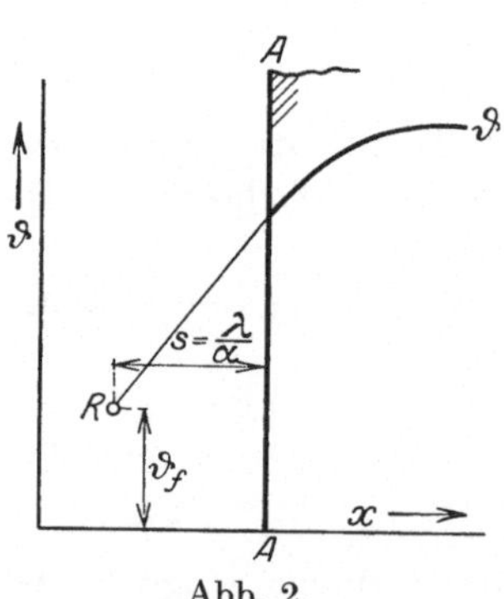

Abb. 2.

Die Wärmeübergangszahl hängt im allgemeinen in komplizierter Weise von der Temperatur und Beschaffenheit der Oberfläche, der Art und Temperatur des bespülenden Mediums, sowie von seiner Geschwindigkeit ab; dabei können diese Einflüsse noch mit der Zeit in vorgegebener oder erst durch den Verlauf des Ausgleichsvorganges bedingter Weise schwanken. Geometrisch kann man diese Veränderlichkeit durch eine

Verschiebung des Richtpunktes R längs einer Kurve darstellen. In solchen Fällen dürfte der Versuch einer Lösung nach Fourier aussichtslos sein. Unserem Lösungsverfahren erwachsen dadurch, wie wir nun zeigen wollen, keine neuen Schwierigkeiten.

In Abb. 3 denken wir uns den Körper von der Oberfläche $A-A$ an in Schichten von der Dicke Δx geteilt, in deren Mitte jeweils die Temperatur gegeben sein soll. Der Temperaturverlauf zur Zeit t ist also durch den gebrochenen Linienzug $0, 1, 2, 3 \ldots$ dargestellt. Die Änderung der Temperaturkurve in der Zeit Δt ergibt sich für die Punkte 2, 3 usw. wie bisher. Den Punkt $2'$ z. B. erhält man als Schnittpunkt der Linie $\overline{1\,3}$ mit der Ordinate von 2 usw. Um die Änderung des Punktes 1 zu ermitteln, zeichnen wir eine Parallele zur Oberfläche im Abstande $\frac{\Delta x}{2}$ und verbinden den die Temperatur der Oberfläche kennzeichnenden Punkt 0 mit dem durch Flüssigkeitstemperatur und Wärmeübergangszahl bestimmten Richtpunkt R. Der Schnittpunkt dieser beiden Linien ergibt den Hilfspunkt a, welcher die Anfangstemperaturverteilung über die Oberfläche hinaus fortsetzt. Der Punkt $1'$ ergibt sich nun als Schnittpunkt der Verbindungslinie $\overline{a\,2}$ mit der Ordinate durch 1. Ziehen wir noch die Verbindungslinie $\overline{R\,1'}$, welche die Körperoberfläche in $0'$ schneidet, so ist $0', 1', 2', 3' \ldots$ die gesuchte Temperaturkurve zur Zeit $t + \Delta t$. In dieser Weise setzt man die Konstruktion fort, wobei der Richtpunkt R entsprechend zu verschieben ist, wenn sich Wärmeübergangszahl und Flüssigkeitstemperatur ändern.

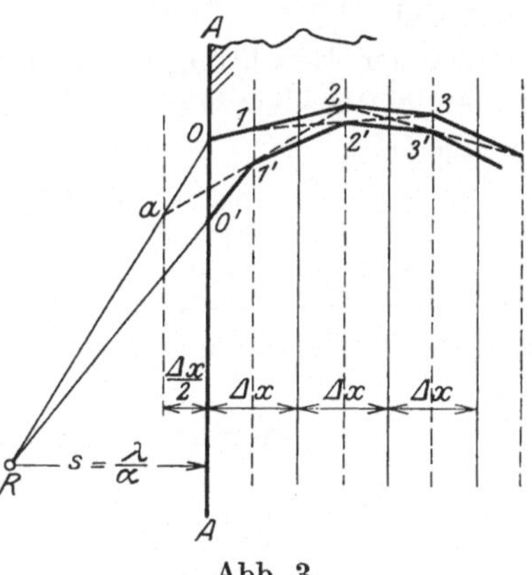

Abb. 3.

4. Bedingungen an der Berührungsfläche zweier Körper mit verschiedenen thermischen Konstanten.

Besteht die zu untersuchende Wand aus zwei Schichten mit verschiedenen Werten von a und λ, die wir mit a_I, λ_I bzw. a_{II}, λ_{II} bezeichnen, so läßt die vorstehende Konstruktion sich nicht ohne weiteres über die Trennstelle hinaus fortsetzen. Bei der Behandlung dieses Falles ist es zweckmäßig, wenn der zeitliche Abstand zweier Temperaturkurven in beiden Medien derselbe bleibt. Zu der bisherigen Bedingung

$$a_I \frac{(\Delta t)_I}{(\Delta x)_I^2} = a_{II} \frac{(\Delta t)_{II}}{(\Delta x)_{II}^2} = \frac{1}{2},$$

die für beide Medien erfüllt sein muß, kommt dann noch die weitere

$$\frac{a_I}{(\Delta x)_I^2} = \frac{a_{II}}{(\Delta x)_{II}^2} \quad \text{oder} \quad \frac{\Delta x_I}{\Delta x_{II}} = \sqrt{\frac{a_I}{a_{II}}}\,. \tag{7}$$

Die Δx in beiden Medien müssen sich also wie die Wurzeln aus den Temperaturleitzahlen verhalten, wenn der zeitliche Abstand aufeinanderfolgender Temperaturkurven der gleiche bleiben und damit eine unmittelbare Fortsetzung über die Berührungsstelle hinweg möglich sein soll.

An der Berührungsstelle muß weiter die aus einem Medium austretende Wärmemenge gleich der in das andere eintretenden Wärmemenge, also

$$\lambda_I \left(\frac{\partial \vartheta}{\partial x}\right)_I = \lambda_{II} \left(\frac{\partial \vartheta}{\partial x}\right)_{II} \tag{8}$$

sein, d. h. die Neigungen der Temperaturkurven in beiden Medien an der Berührungsstelle müssen sich umgekehrt wie die Wärmeleitzahlen verhalten. In Abb. 4 seien A—A die Berührungsfläche zweier Platten verschiedener λ- und a-Werte und 2, 3, 4, 5 Punkte der Temperaturkurve. Die Δx auf beiden Seiten der Berührungsfläche seien der Bedingung (7) entsprechend gewählt. Die Verbindungslinie der Punkte 3 und 4 darf jetzt nicht mehr geradlinig gezeichnet werden, sondern muß aus zwei Stücken, deren Neigungsverhältnis nach Bedingung (8) gleich $\frac{\lambda_{II}}{\lambda_I}$ ist, zusammengesetzt werden.

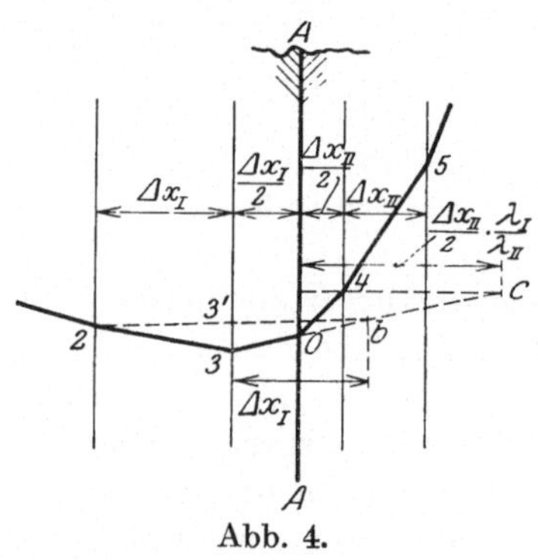

Abb. 4.

Man erhält diese gebrochene Linie am einfachsten geometrisch nach Abb. 4 in folgender Weise: Nimmt man einen Hilfspunkt c auf der Horizontalen durch 4 im Abstande $\frac{\Delta x_{II}}{2} \cdot \frac{\lambda_I}{\lambda_{II}}$ von der Linie A—A an und zieht $3c$, so schneidet diese Linie die Trennebene A—A in einem Punkte 0, und der Linienzug 3, 0, 4 ist die gesuchte Temperaturkurve, deren Teile, wie sich leicht zeigen läßt, das gewünschte Neigungsverhältnis $\frac{\lambda_{II}}{\lambda_I}$ haben.

Die Änderung der Punkte 2 und 5 in der Zeit Δt ergibt sich wie bisher. Die Änderung von 3 wird erhalten, indem man die Linie $\overline{3\,0}$ um sich selbst über 0 hinaus bis b verlängert und b mit 2 verbindet. Diese Verbindungslinie schneidet auf der Senkrechten durch 3 den gesuchten

Punkt 3′ ab. In entsprechender Weise erhält man 4′, und die neue Temperatur 0′ gibt sich wieder durch Einlegen des geknickten Linienzuges zwischen 3′ und 4′.

5. Anwendungsbeispiel.

Die Anwendung des Verfahrens soll an einem nicht zu komplizierten Beispiel gezeigt werden, das noch der genauen Rechnung nach Fourier zugänglich ist und so eine Kontrolle der Genauigkeit der Rechnung mit endlichen Differenzen zuläßt.

Eine Betonwand von der Dicke $2 \cdot X = 0{,}4$ m, der Wärmeleitzahl $\lambda = 1{,}0 \frac{\text{kcal}}{\text{m} \cdot \text{Std.} \cdot {}^\circ\text{C}}$, der spezifischen Wärme $c = 0{,}25 \frac{\text{kcal}}{\text{kg}}$ und Dichte $\varrho = 2000\ \text{kg/m}^3$ soll eine gleichmäßige Temperatur von 20° haben und werde plötzlich in einen Raum von 0° gebracht, wobei die Wärmeübergangszahl $\alpha = 5$ sein soll. Die Temperaturleitzahl ist $a = \frac{\lambda}{c \cdot \varrho} = 0{,}0020$. Der Abstand des Richtpunktes R von der Oberfläche ist dann $s = \frac{\lambda}{\alpha} = 0{,}2$ m. Die Wand soll in 8 Schichten von der Dicke $\Delta x = 5$ cm unterteilt werden. Der zeitliche Abstand zweier aufeinanderfolgender Temperaturkurven ist dann nach Gleichung (4)

$$\Delta t = \frac{(\Delta x)^2}{2a} = \frac{0{,}0025}{2 \cdot 0{,}002} = \frac{5}{8}\ \text{Std.}$$

Die graphische Konstruktion ist in Abb. 5 durchgeführt, wobei wegen der Symmetrie nur etwas mehr als eine Hälfte der Mauer gezeichnet ist. Die Linienzüge geben die Temperaturverteilung nach den angeschriebenen Zeiten $\frac{5}{8}, \frac{5}{4}, \frac{15}{8}, \frac{5}{2} \ldots$ bis 5 Stunden. Von hier an ist Δx verdoppelt worden, der zeitliche Abstand Δt also vervierfacht, und es ergeben sich die Kurven für 7,5, 10, 12,5, 15, 17,5 und 20 Std. wie gezeichnet. Nun wurde Δx noch einmal verdoppelt, Δt also auf $16 \cdot \frac{5}{8} = 10$ Std. gebracht und die Temperaturverteilung nach 30, 40, 50 Stunden gezeichnet.

Bei dem Übergang auf größere Δx-Teilung wird zweckmäßig nicht von den Punkten der Kurve der bisherigen Teilung ausgegangen, sondern von einen Linienzug der größeren Teilung, welcher mit der ersteren gleichen Flächeninhalt hat und sich ihr möglichst gut anpaßt, wie es Abb. 5 zeigt.

Die rechnerische Durchführung der vorstehenden Konstruktion zeigt Tabelle 1, welche ebenso wie die Zeichnung wegen der Symmetrie nur um einen Punkt über die Mitte hinaus ausgeführt ist. Die Spalten ϑ_1 bis ϑ_5 geben die Temperatur im Innern der Wand, Spalte ϑ_o gibt die Oberflächentemperatur, und Spalte ϑ_a enthält die dem äußeren Hilfspunkte entsprechende Temperatur. ϑ_o ergibt sich der geometrischen Konstruktion gemäß nach der Formel

$$\vartheta_o = \vartheta_1 \frac{s}{s + \frac{\Delta x}{2}}$$

und für den Hilfspunkt gilt

$$\vartheta_a = \vartheta_o \frac{s - \frac{\Delta x}{2}}{s} .$$

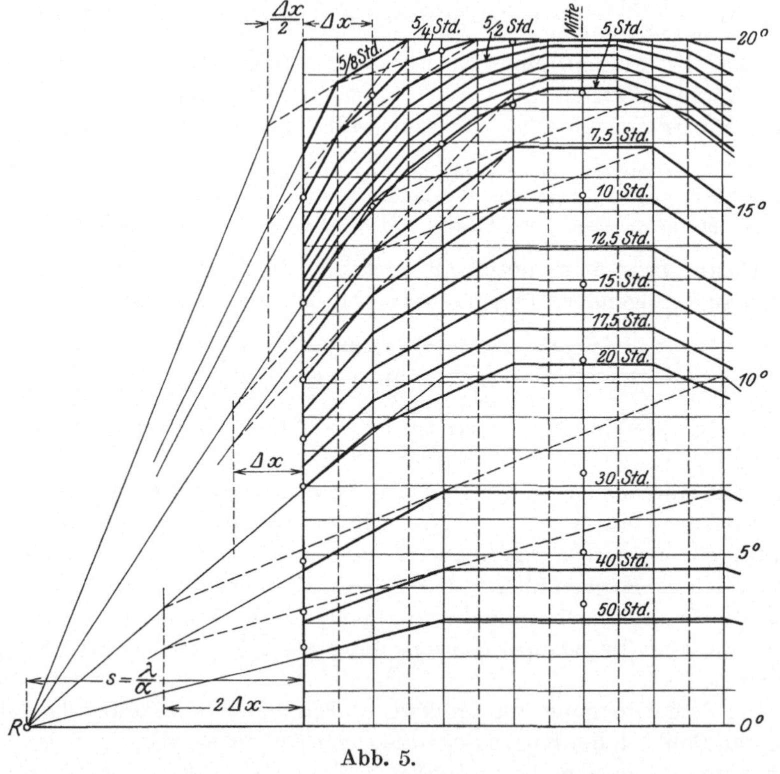

Abb. 5.

Jede Ziffer der Tabelle wurde erhalten als Mittelwert der benachbarten in der darüberstehenden Zeile nach der Rekursionsformel (5).

Die Fouriersche Lösung der gestellten Aufgabe ist bekannt; sie lautet:

$$\vartheta = \Theta \sum_{k=1}^{\infty} D_k \, e^{-n_k^2 a t} \cos(n_k x) .$$

Tabelle 1.

	Zeit in Δt	Std.	ϑ_0	ϑ_a	ϑ_1	ϑ_2	ϑ_3	ϑ_4	ϑ_5	—
$\Delta x = 5$ cm	0	0	20	17,50	20	20	20	20	20	—
$\Delta t = \frac{5}{8}$ Std.	1	—	16,67	14,59	18,75	20	20	20	20	—
$\vartheta_a = \frac{17,5}{22,5}\,\vartheta_1$	2	1,25	15,38	13,46	17,30	19,38	20	20	20	—
$\vartheta_0 = \frac{20,0}{22,5}\,\vartheta_1$	3	—	14,60	12,78	16,42	18,65	19,69	20	20	—
	4	2,50	13,98	12,23	15,72	18,06	19,33	19,85	19,85	—
	5	—	13,47	11,78	15,15	17,53	18,96	19,59	19,59	—
	6	3,75	13,02	11,39	14,66	17,06	18,56	19,28	19,28	—
	7	—	12,65	11,08	14,23	16,61	18,17	18,92	18,92	—
	8	5,00	12,31	10,77	13,85	16,20	17,77	18,55	18,55	—
$\Delta x' = 2\,\Delta x = 10$ cm	8	5,0	12,31	9,23	15,30		18,42		18,42	
$\Delta t' = 4\,\Delta t = 2,5$ Std.	12	7,5	11,06	8,30	13,83		16,86		16,86	
$\vartheta_a = \frac{15}{25}\,\vartheta_1$	16	10,0	10,06	7,54	12,58		15,33		15,33	
$\vartheta_0 = \frac{20}{25}\,\vartheta_1$	20	12,5	9,16	6,87	11,44		13,96		13,96	
	24	15,0	8,34	6,25	10,42		12,70		12,70	
	28	17,5	7,59	5,68	9,48		11,56		11,56	
	32	20,0	6,90	5,18	8,62		10,52		10,52	
$\Delta x'' = 4\,\Delta x = 20$ cm										
$\Delta t'' = 16\,\Delta t = 10$ Sdt.	32	20	6,90	3,45		10,17				10,17
$\vartheta_a = \frac{10}{30}\,\vartheta_1$	48	30	4,54	2,27		6,81				6,81
$\vartheta_0 = \frac{20}{30}\,\vartheta_1$	64	40	3,02	1,51		4,54				4,54
	80	50	2,02	1,01		3,03				3,03

Darin ist Θ der konstante Anfangswert der Wandtemperatur, die n_k sind die Lösungen der transzendenten Gleichung

$$\operatorname{cotg}(n_k X) = \frac{n_k X}{h \cdot X},$$

wobei X die halbe Wanddicke und

$$h = \frac{1}{s} = \frac{\alpha}{\lambda}$$

ist. Die Koeffizienten D_k der Reihe sind gegeben durch die Gleichung

$$D_k = \frac{2 \sin(n_k X)}{\sin(n_k X)\cos(n_k X) + n_k X}.$$

Setzt man die Werte ein, so ist die Lösung bei Beschränkung auf 5 Glieder der Reihe

$$\vartheta = \Theta \left\{ \begin{array}{ll} 1,12 & e^{-0,0370\,t} \cdot \cos(4,30\,x) \\ -0,1494 & e^{-0,5844\,t} \cdot \cos(17,1\,x) \\ +0,0453 & e^{-2,064\,t} \cdot \cos(32,15\,x) \\ -0,0208 & e^{-4,524\,t} \cdot \cos(47,6\,x) \\ +0,01412 & e^{-8,00\,t} \cdot \cos(63,25\,x) \end{array} \right\},$$

wobei die x von der Wandmitte aus gezählt sind.

Zur Beurteilung der Genauigkeit der Differenzenmethode wurde die Temperaturverteilung nach $\frac{5}{4}$ Std. und nach 5 Std. berechnet; es ergab sich:

Tabelle 2.

	$x =$	0	0,05	0,10	0,15	0,20
nach $\frac{5}{4}$ Std.	$\vartheta =$	20,0	19,93	19,67	18,40	15,40
„ 5 „	$\vartheta =$	18,46	18,10	16,94	15,12	12,30

Die Punkte sind in der Abb. 5 als kleine Kreise eingetragen. Die Übereinstimmung mit der graphischen Lösung ist überraschend selbst für die Temperaturkurve nach $\frac{5}{4}$ Std., wo erst 3 Streifen Δx von der Abkühlung betroffen sind.

Außerdem wurde noch der zeitliche Verlauf der Temperatur der Mitte und der Oberfläche der Platte nach Fourier gerechnet. Die erhaltenen Werte sind mit den aus Tabelle 1 entnommenen Ergebnissen der Differenzmethode in Tabelle 3 zusammengestellt und ebenfalls als Kreise in die Abb. 5 eingetragen. Auch hier ist die Übereinstimmung bis zur Kurve für 20 Std. sehr gut.

Tabelle 3.

	Zeit in Std.	$\frac{5}{4}$	$\frac{5}{2}$	5	10	15	20	30	40	50
Wandmitte	Fourier	20,00	19 70	18,46	15,48	12,86	10,68	7,36	5,09	3,52
	Diff. Verf.	20,00	19,85	18,42	15,33	12,70	10,52	6,81	4,54	3,03
Oberfläche	Fourier	15,36	13,98	12,30	10,08	8,38	6,96	4,80	3.52	2,30
	Diff. Verf.	15,38	13,98	12,25	10,06	8,34	6,90	4,54	3,02	2,02

Die Temperaturen der Oberfläche stimmen fast mathematisch genau; die der Mitte liegen etwas über dem geknickten Linienzug, gerade da, wo eine in möglichst guter Anpassung an letzteren gezeichnete Kurve die Mitte schneiden würde. Erst von der 20. Stunde ab, wo die Differenz Δx gleich der halben Plattendicke ist, die Platte also nur durch 2 wärmespeichernde Ebenen ersetzt wird, ist die Abweichung merklich.

6. Übertragung auf zwei-dimensionale Temperaturfelder.

Das Rechnungsverfahren läßt sich natürlich ohne Schwierigkeit auf Temperaturfelder, welche von 2 Raumkoordinaten abhängen, übertragen.

Teilt man den gegebenen Temperaturbereich in quadratische Felder von der Seitenlänge $\Delta x = \Delta y$ und bezeichnet mit $\vartheta_{n,m,k}$ die Temperatur an der Stelle $n \cdot \Delta x$, $m \cdot \Delta y$ zur Zeit $k \cdot \Delta t$, so nimmt die Rekursionsformel, wie man leicht erkennt, die Form

$$\vartheta_{n,m,k+1} - \vartheta_{n,m,k} = a \frac{\Delta t}{(\Delta x)^2} (\vartheta_{n+1,m,k} + \vartheta_{n-1,m,k} + \vartheta_{n,m+1,k} + \vartheta_{n,m-1,k} - 4\,\vartheta_{n,m,k}) \tag{9}$$

an. Wählen wir $a \frac{\Delta t}{(\Delta x)^2} = \frac{1}{4}$, so vereinfacht sich (9) zu

$$\vartheta_{n,m,k+1} = \tfrac{1}{4} (\vartheta_{n+1,m,k} + \vartheta_{n-1,m,k} + \vartheta_{n,m+1,k} + \vartheta_{n,m-1,k}) \,. \tag{10}$$

Die Temperatur nach Δt ist also wieder durch den Mittelwert der Temperaturen der benachbarten Punkte zu Beginn von Δt gegeben. Die graphische Lösung ist natürlich nicht mehr so einfach wie im eindimensionalen Fall. Bei der rechnerischen Lösung, wo die Anfangsverteilung durch eine Tabelle gegeben ist, welche die Temperaturen an Punkten eines zwei-dimensionalen Bereiches enthält, benutzt man am besten aufeinandergelegte Pauspapierblätter zum Eintragen der Temperaturverteilung nach den einzelnen Zeitelementen. Die Berücksichtigung des Wärmeübergangs an die Oberfläche erfolgt wie beim eindimensionalen Fall.

Am besten eignet sich das Verfahren zur Anwendung auf Querschnittsformen, welche sich aus quadratischen Elementen zusammensetzen lassen, wobei auch einspringende Ecken (z. B. Winkelprofile) zulässig sind. Aber auch Querschnittsformen anderer Gestalt kann man behandeln, wenn man sie durch einen aus Quadraten zusammensetzbaren Umriß ersetzt. Für kreisförmige Querschnitte kann man auch eine Differenzengleichung aus der Differentialgleichung in Polarkoordinaten ableiten; aber die zugehörige Rekursionsformel ist nicht so einfach, da sie ein Glied enthält, welches von der Krümmung abhängt.

Das Diagramm zu dem Atmen des Maschinengewehrlaufes und der Patronenhülse beim Schuß, eine Vorstudie zum Problem der Fertigung eiserner Patronenhülsen.

Von **F. Schwerd**, Technische Hochschule in Hannover.

Die Fertigung der eisernen Patronenhülse, insbesondere derjenigen für Gewehr und Maschinengewehr, ist eine der schwierigen Aufgaben der Waffentechnik.

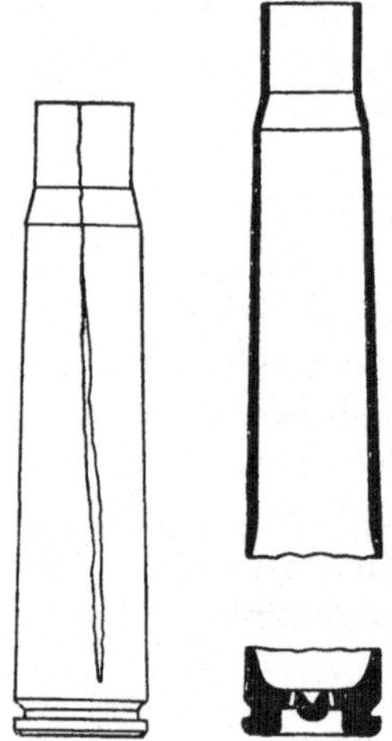

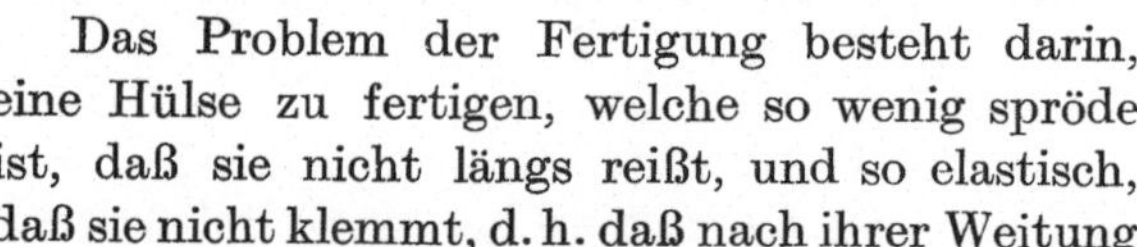

Abb. 1.

Sorgfältige Fertigungen ergeben eine große Anzahl brauchbarer Hülsen, aber immer wieder treten daneben die bekannten Klemmer, Längsreißer und Querreißer (Abb. 1) auf. Der Längsreißer zeigt eine vom Pulver geschwärzte Bruchstelle. Der Querreißer tritt im Maschinengewehr auf und ist gekennzeichnet durch die vom Pulver geschwärzte Kontraktionsstelle und die nichtgeschwärzte Bruchstelle. Hieraus geht hervor, daß der Bruch beim Querreißer erst nach der Feuerwirkung eintritt, also bei der Hülsenentfernung aus dem Lauf.

Das Problem der Fertigung besteht darin, eine Hülse zu fertigen, welche so wenig spröde ist, daß sie nicht längs reißt, und so elastisch, daß sie nicht klemmt, d. h. daß nach ihrer Weitung durch den Schuß eine genügende elastische Zusammenziehung erfolgt. Der Außendurchmesser der Hülse muß kleiner werden als der Innendurchmesser des umgebenden Patronenlagers. Sonst treten Klemmer und bei schwerer Klemmung Querreißer auf.

Die Bildung von richtigen Vorstellungen über das Verhalten der Hülse beim Schuß wurde erschwert durch die kurze Zeit, in welcher sich der Vorgang abspielt; die sonderbarsten Vorstellungen waren anzutreffen. Z. B. konnte man die Ansicht hören, daß durch die Einschaltung eines Luftpolsters zwischen Hülse und Patronenlager (Taillenhülse) die Ablösung der Hülse vom Lauf begünstigt werde. Aus der nachfolgenden Studie wird man sehr bald erkennen, daß das unter Umständen günstigere Beschußergebnis von Taillenhülsen eine höchst einfache Erklärung hat.

Als im Kriege zur Durchführung des Hindenburg-Programmes ausreichende Messingvorräte nicht mehr zur Verfügung gestellt wurden, war es unerläßlich, zunächst einmal klare Vorstellungen über das Verhalten der eisernen Hülse gegenüber derjenigen aus Messing beim Schuß herauszuarbeiten. Zu diesem Zweck wurde das im folgenden erläuterte Diagramm (Abb. 2) von mir entworfen[1]).

Obwohl es sich um einen dynamischen Vorgang — eine gedämpfte Schwingung — handelt, hat der zeitliche Verlauf zunächst weniger

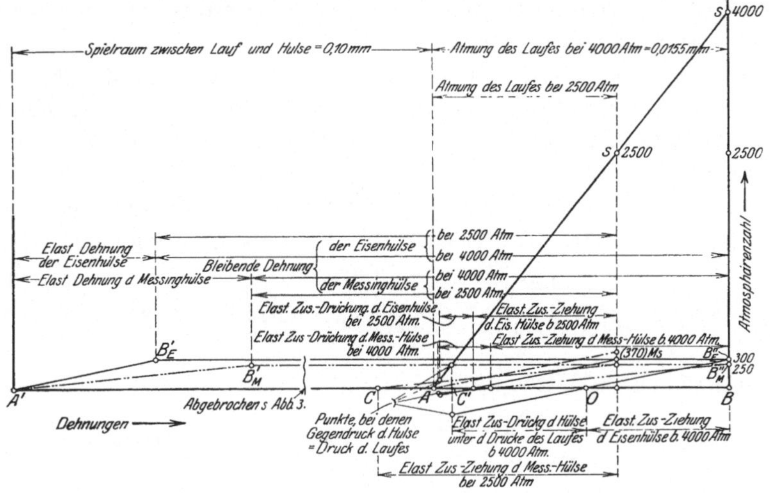

Abb. 2.

Interesse als die Beanspruchung und die Formänderung der Hülse. Die Erwärmung der Hülse ist gering und ohne merklichen Einfluß. Abgefeuerte Hülsen kann man erfahrungsgemäß noch in der Hand halten.

Die Beanspruchung und Formänderung des Laufes wurde zunächst berechnet, und zwar nach den bekannten Formeln für dickwandige Röhren (Föppl, Vorlesung über technische Mechanik Bd. III):

$$u = p\,\frac{a^2}{m E (b^2 - a^2)}\left((m - l)\,x + (m + l)\,\frac{b^2}{x}\right),$$

$$\sigma_t = p\,\frac{a^2}{b^2 - a^2}\cdot\frac{x^2 + b^2}{x^2}.$$

Darin ist:

u die Längenänderung des Radius x, der nach irgendeinem Teilchen der Rohrwand gezogen ist, in cm;

[1]) Der Verfasser war in seiner Eigenschaft als Berater des Inspekteurs für die Infanteriebewaffnung des Heeres beauftragt worden, die Fertigung eiserner Patronenhülsen mit allen Mitteln zu fördern.

a der Halbmesser des Patronenlagers im Laufe in cm;
b der Außenhalbmesser des Laufes an der betreffenden Stelle in cm, also
$b-a$ die Wandstärke des Laufes;
$m = \frac{10}{3}$ der reziproke Wert der Poissonschen Konstanten;
E das Elastizitätsmaß in kg/cm²;
p die Atmosphärenzahl, welche dem Explosionsdruck entspricht;
σ_t die tangentiale Spannung an der dem Radius x entsprechenden Stelle der Wandung.

Für $x = a$ erhält man somit aus der ersten Formel u die Zunahme des Radius des Patronenlagers und aus der zweiten Formel σ_t die zugehörige im Laufe in der Innenfläche des Patronenlagers herrschende Tangentialspannung.

Setzt man die entsprechenden Zahlen ein, so ergibt sich für

$p = 4000$ Atm. (Druck der Versuchsmunition):

$$u = 4000 \frac{0{,}5^2}{\frac{10}{3} \cdot 2000000\,(1{,}5^2 - 0{,}5^2)} \left[\left(\frac{10}{3} - 1\right) 0{,}5 + \left(\frac{10}{3} + 1\right) \cdot \frac{1{,}5^2}{0{,}5}\right]$$

$$= 0{,}00155 \text{ cm} = 0{,}0155 \text{ mm};$$

$$\sigma_t = 4000 \frac{0{,}5^2}{1{,}5^2 - 0{,}5^2} \cdot \frac{0{,}5^2 + 1{,}5^2}{0{,}5^2} = 5000 \text{ kg/cm}^2 = 50 \text{ kg/mm}^2.$$

Nach den Abnahmebedingungen für die Maschinengewehrläufe soll die Proportionalitätsgrenze 55 kg/mm übersteigen. Selbst bei 4000 Atm. atmet der Lauf vollkommen elastisch.

Im Diagramm (Abb. 2) ist dieses Atmen des Laufes graphisch dargestellt. Vor dem Schuß befindet sich der Punkt $x = a$ der Innenfläche des Patronenlagers in A. Unter dem Einfluß des Explosionsdruckes beim Schuß weicht die Fläche bis zum Punkte B zurück, die Längenänderung u des Radius $x = a$ ist also durch die Strecke $AB = 0{,}0155$ mm dargestellt. u ist eine lineare Funktion von p. Die Längenänderungen in obiger Formel wachsen proportional der Atmosphärenzahl p. Das Atmen des Laufes erfolgt nach der Geraden AS.

Unter wesentlich anderen Bedingungen atmet die Hülse, und zwar infolge ihrer Materialart sowie ihrer geringen Wandstärke. Jede Hülse platzt ohne weiteres, wenn sie mit fest eingesetztem Geschoß im Freien abgefeuert wird.

Mit Hilfe des Diagramms (Abb. 2) gelingt es in einfacher Weise, die Bedeutung der elastischen und der bleibenden Dehnung des Hülsenmaterials vor Augen zu führen und die Mindestwerte festzulegen, bei denen weder ein Reißen noch ein Klemmen der Hülse eintritt.

Im Patronenlager des Laufes (Abb. 4) hat die Hülse Spiel. Dieses Spiel Δ beträgt nach der „Maßtafel der Patronenhülse S" für den Durchmesser im vorderen Ende des Patronenlagers:

$$\left.\begin{array}{ll}\text{des Laufes} & 11{,}00 + 0{,}10\ \text{mm}\\ \text{der Hülse} & 10{,}95 - 0{,}10\ \text{mm}\end{array}\right\}\Delta = 0{,}05 \div 0{,}25\ \text{mm}.$$

Durchmesser am hinteren Ende des Pulverraumes:

$$\left.\begin{array}{ll}\text{des Laufes} & 12{,}00 + 0{,}10\ \text{mm}\\ \text{der Hülse} & 11{,}95 - 0{,}10\ \text{mm}\end{array}\right\}\Delta = 0{,}05 \div 0{,}25\ \text{mm}.$$

Das Spiel Δ ist also vorn und hinten im Patronenlager gleichgroß.

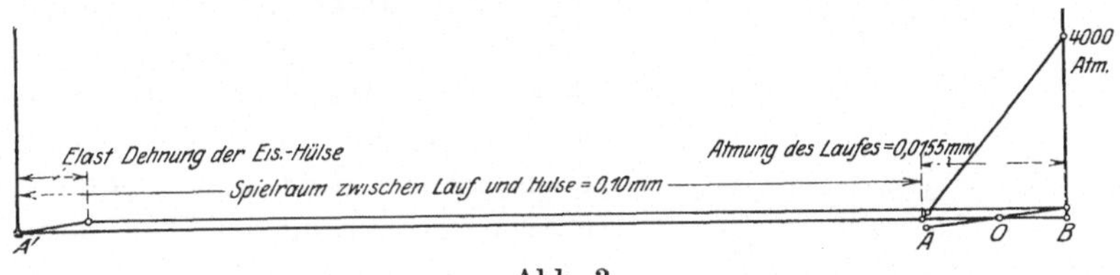

Abb. 3.

Für $\Delta = 0{,}20$ mm, also für ein ziemlich großes Spiel, ergibt sich nach Abb. 4 die erforderliche Mindestdehnung zu $\frac{\Delta}{d} \approx \frac{0{,}20}{11} \approx = 2\%$. 2% Dehnung muß also die Hülse besitzen, um sich zunächst einmal bis zur Anlage am Lauf ohne Längsreißen zu weiten.

Trägt man im Diagramm (Abb. 2 vgl. auch Abb. 3) das auf den

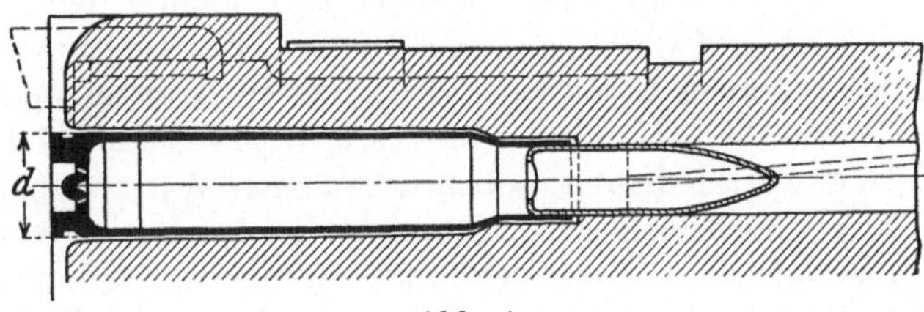

Abb. 4.

Halbmesser bezogene Spiel, also $\frac{\Delta}{2} = 0{,}10$ mm, nach links von A auf, so erhält man den Punkt A' der Außenwand der Patronenhülse, welcher dem Punkte A der Innenwand des Laufes gegenüberliegt.

Zunächst sei der Einfachheit halber eine Dehnungskurve vorausgesetzt, wie sie in erster Annäherung einem weichen Kohlenstoffstahl entspricht (Abb. 5). Proportionalitätsgrenze und Streckgrenze fallen hier zusammen und werden mit 30 kg pro qmm der Aufzeichnung des Diagramms zugrunde gelegt.

Beim Abfeuern dehnt sich das Hülsenmaterial nach dieser Kurve (Abb. 5) zunächst elastisch, sodann bleibend aus. Genauer genommen steigt nach dem Beginne der bleibenden Dehnung auch die elastische Dehnung noch und zwar in demselben Maße, in welchem die Spannung weiter zunimmt. Auf diese weitere Zunahme der elastischen Dehnung während der bleibenden Dehnung werde ich am Schlusse der Betrachtung zurückkommen.

Die Wandstärke der Hülse beträgt erfahrungsgemäß an der Stelle des Klemmens, d. h. nahe dem vorderen Ende, etwa $^1/_2$ mm. An dieser Stelle sei ein Ring von 1 mm Höhe der Hülse entnommen (Abb. 5).

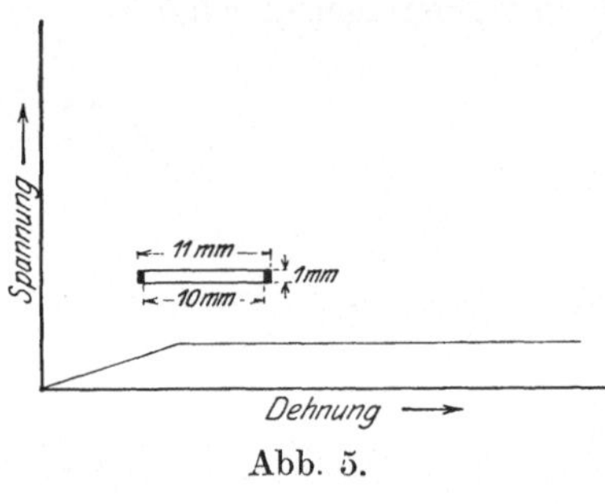

Abb. 5.

Da die beiden Querschnittshälften des betrachteten Ringes zusammen gerade 1 qmm betragen, so wird bei 300 Atm. Innendruck, die Streckgrenze von 30 kg/mm² des Materials eben erreicht und dieser entspricht eine Vergrößerung des Hülsendurchmessers von $\frac{30 \cdot 10}{2 \cdot 20000} = 0{,}0075$ mm, sofern $E = 20000$ kg/mm² angenommen wird.

0,0075 mm beträgt also der Zuwachs des Hülsenhalbmessers bis zur Erreichung der Streckgrenze, d. h. bis zum horizontalen Verlaufe der Dehnungskurve. Trägt man die diesem Wert entsprechende elastische Dehnungslinie AB'_E in das Diagramm ein, so erkennt man, daß nur etwa der 13te Teil des Spiels bis zum Beginn der bleibenden Dehnung zurückgelegt wird (vgl. Abb. 2 u. 3). Die Dehnungskurve der Hülse verläuft nunmehr horizontal bis zu dem Moment, in welchem das Spiel zurückgelegt ist, und darüber hinaus bis B''_E, solange als die Hülse, dicht am Inneren des Laufes anliegend, dessen Ausschwingung mitmacht. Tritt nach Erreichung des Maximaldruckes der Pulvergase die Druckabnahme und damit eine Durchmesserabnahme des Laufes ein, so macht die Hülse dieselbe ohne weiteres unter elastischer Entspannung mit, da sie ja zwar gedehnt, aber auch elastisch gespannt blieb. Die elastische Entspannung erfolgt parallel der Linie AB'_E nach der Linie $B''_E O$.

Im Punkte O ist die Hülse völlig entspannt. Der Lauf aber zieht sich weiter zusammen und beginnt auf die Hülse zu pressen. Der Preßdruck wächst solange, bis die Hülse ihm zu widerstehen vermag. Dies tritt ein, wenn der Preßdruck des Laufes und der Widerstand der Hülse gleich groß geworden sind, d. h. im Punkte C'. Dann herrscht Gleichgewicht, die Zusammenziehung des Laufes hört auf. Die Hülse ist festgeklemmt.

Greift man die zugehörige Atmosphärenzahl im Diagramm ab, so erhält man bei einem Schuß mit 4000 Atm. Gasdruck etwa 260 Atm. Preßdruck.

Den Widerstand gegen das Herausziehen der Hülse erhält man als Produkt aus dem Preßdruck mal der aus der Beobachtung festzustellenden Reibungsfläche mal dem Reibungskoeffizienten.

Beträgt z. B. die Reibungsfläche 9 cm², der Reibungskoeffizient 0,1, so ergibt sich der Widerstand zu

$$w = 260 \cdot 9 \cdot 0{,}1 = 234 \text{ kg}.$$

Das ist ein Widerstand, den der Schütze beim Öffnen des Gewehrverschlusses mit der Hand zu überwinden nicht imstande ist (Klemmer). Man erkennt den großen Einfluß des Reibungskoeffizienten, der im Maschinengewehr bei der Erwärmung des Laufes und der Verschmutzung durch Längsreißer einen noch weit ungünstigeren Betrag annimmt als im Gewehr.

Nur so erklärt sich der Querreißer, der in einem Querschnitt von immerhin

$$10 \cdot \pi \cdot 0{,}75 = 23 \text{ mm}^2$$

auftritt, denn in diesem Querschnitte beträgt die Wandstärke etwa 0,75 mm.

Der schwere Klemmer also ist es, welcher den Querreißer verursacht. Die Ladehemmung ist die Folge.

Im Diagramm ist ferner das Atmen der Eisenhülse bei 2500 Atm. (Explosionsdruck der normalen Munition) eingetragen. Der Preßdruck erreicht hier nur etwa 60 Atm.

Auch das Atmen der Messinghülse ist, und zwar mit durch Doppelpunkt unterbrochenen Linien, zum Vergleiche eingetragen. Dabei ist als Streckgrenze für derartig gezogenes Messing 25 kg/mm² und als Elastizitätsmaß 10 000 kg/mm² zugrunde gelegt worden. Für 4000 Atm. erreicht der Preßdruck hier nur etwa den Wert, welcher im Falle der eisernen Hülse bei 2500 Atm. Druck erreicht wird, nämlich 60 Atm. Bei 2500 Atm. gibt es keine negative Ordinate mehr, die Hülse löst sich vom Laufinnern ab, geht also frei, und zwar um den im Diagramm abzugreifenden Betrag AC.

Soll also die Hülse bei einem bestimmten Exklosionsdruck gerade noch freigehen, so muß die Spannung in der Hülsenwand einen Wert erreichen, welcher sich als Schnittpunkt der Ordinaten im Endpunkt der Hülsenweitung mit der Parallelen durch A (Abb. 2) zur Linie der elastischen Dehnung ergibt. Im Diagramm ist diese Spannung für die Eisenhülse mit 2500 Atm. Explosionsdruck zu 370 Atm. bestimmt worden. Die zugehörige Spannung in der Hülsenwand beträgt 37 kg/mm². Für diese Spannung wird die bleibende Dehnung im Umfang der Hülse gleich dem Quotienten aus Spiel der Hülse dividiert durch den Hülsendurchmesser.

Das Hauptergebnis dieser Untersuchung ist demnach die Feststellung des Einflusses von Atmosphärenzahl, Elastizitätsmaß, Reibungskoeffizient und Reibungsfläche, der Spannung und Dehnung, sowie schließlich des Spiels, also der Passung, auf Längsreißen, sowie auf Klemmen und Querreißen der Hülse, und die Bestimmung des Mindestmaßes von Spannung und Dehnung zu 37 kg/mm² und 2% für die fertige Eisenhülse und ein Spiel $\frac{\Delta}{2} = 0{,}10$ mm. Den bisherigen Betrachtungen war die in erster Annäherung gezeichnete Dehnungskurve (Abb. 5) eines weichen Eisens zugrunde gelegt worden. Die daraus gefertigte Eisenhülse klemmt. In Wirklichkeit aber verläuft die Dehnungskurve des weichen Eisens und mehr noch diejenige des Eisens von 0,15—0,20% Kohlenstoff nicht horizontal, sondern steigt infolge der Kaltreckung nach Überschreiten der Streckgrenze noch erheblich an. Mit diesem Steigen der Spannung nimmt erfahrungsgemäß auch die elastische Dehnung zu, und zwar um einen Betrag, welcher aus Abb. 6 entnommen werden kann. Die verlängerte Proportionalitätsgerade teilt nämlich die Gesamtdehnung in zwei Teile, von denen der linke Teil *a* der elastischen, der rechte Teil *b* der bleibenden Dehnung entspricht. Sobald man also durch Kaltreckung oder durch Vergütung einem solchen Material, z. B. einem Material von 0,15—0,20% Kohlenstoffgehalt, eine größere Festigkeit verleiht, erhöht man zugleich auch die elastische Zusammenziehung der Hülse nach dem Schuß. Begrenzt ist dieses Hinaufgehen in der Festigkeit durch die Forderung nach genügender bleibender Dehnung, damit die Hülse das erwähnte Spiel im Lauf ohne Längsreißen zurücklegen kann.

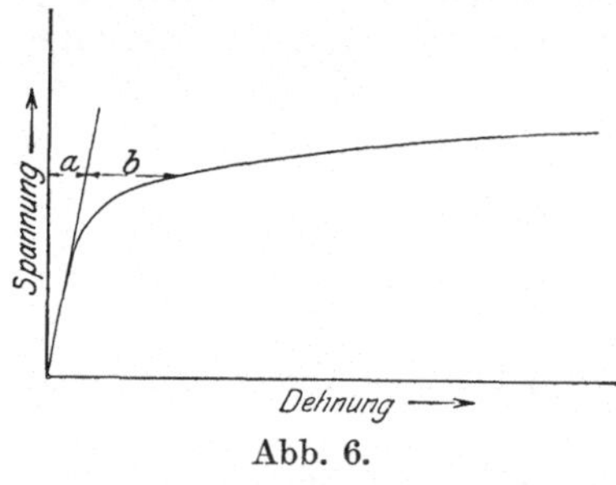

Abb. 6.

Ein erfolgreicher Beschuß von Taillenhülsen mit ausreichender bleibender Dehnung erklärt sich aus Vorstehendem ohne weiteres.

Die Fertigungsschwierigkeit, allerdings die größte des Problems, besteht darin, den Herstellungsprozeß so zu leiten, daß die durch das Diagramm bestimmte Festigkeit und Dehnung für jede Hülse erreicht wird. Bei der Aufstellung des Fertigungsganges der Hülse stößt man auf den Einfluß der Rückkristallisation, der Kornverfeinerung durch Kaltrecken bzw. Vergüten und vor allem auf den großen Einfluß, den ein Unterschied im Kohlenstoffgehalt schon von $^5/_{100}$% ausmacht.

Das Diagramm leistet nur die Bestimmung der Festigkeitszahlen, also der Grenzwerte, welche für jede Hülse bei gegebenem Spiel nicht unterschritten werden dürfen. Wie weit man sich von diesen Grenzwerten noch fernzuhalten hat, lehrt allein die Erfahrung.

Gleichgewichtsprofile für Seilbahnen.

Von **W. Bäseler**, München.

Der „richtige“ Längenschnitt einer Seilbahn hat die Literatur viel beschäftigt. Die Aufgabe besteht darin, eine Bahnkurve zu finden, auf der zwei gleich schwere Fahrzeuge, die an einem offenen Seile pendeln, in jeder Stellung im Gleichgewicht sind.

Offenbar ist die Lösung weitgehend willkürlich. Betrachtet man in gröbster Annäherung das Seil als gewichtslos, so müssen beide Fahrzeuge in jeder Stellung gleiche Seilzüge, also gleiche Bahnkomponenten, ergeben, d. h. in gleicher Neigung stehen. Die Profilkurve wird also punktsymmetrisch zum Mittelpunkt (siehe Abb. 1). Kommt nun das im allgemeinen nicht unerhebliche Gewicht des Seiles hinzu, so ändert sich in der Nähe der Mitte nichts, weil das Seil für sich im Gleichgewicht ist; nach den Enden zu macht sich jedoch auf der Seite des tiefer stehenden Fahrzeuges ein Übergewicht des Seiles bemerkbar; um dieses auszugleichen, muß der obere Wagen steiler stehen als der untere; die Bahn wird also im oberen Teile allmählich relativ steiler — oder im unteren flacher. Augenscheinlich kann man eine Hälfte beliebig annehmen und die andere dazu bestimmen. Als Ganzes wird das Profil notwendig konkav; die Mitte liegt immer unter der Verbindungslinie der Endpunkte.

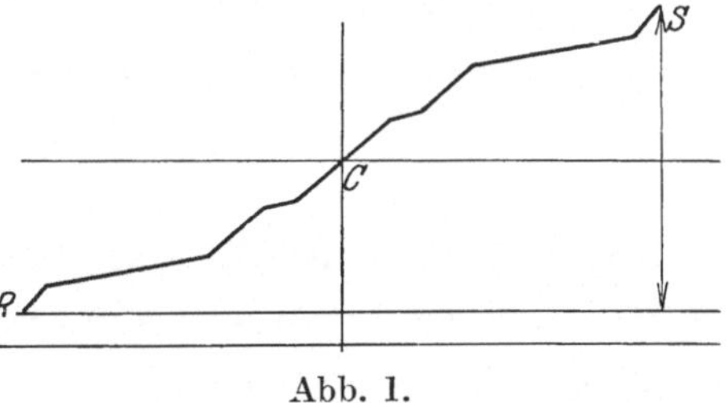

Abb. 1.

Es sei — in Abb. 2 — P das Gewicht des Wagens, p das des Seiles pro Meter, $\sin\alpha$ die Neigung der Bahn am oberen Wagen bei a in der Entfernung $+\,s$, $\sin\beta$ am unteren Wagen bei b in der Entfernung $-\,s$ von der Mitte, h der Höhenunterschied der beiden Wagen. Das Gewicht eines Seilelementes ist $p\,ds$; seine Bahnkomponente $p\,ds\cdot\sin$ des Neigungswinkels $= p\,ds\cdot\dfrac{dy}{ds} = p\,dy$; mithin der Zug des Seilstückes zwischen a und b bei a aus seinem Gewicht allein

$$\int_b^a p\,dy = ph\,.$$

Die Gleichgewichtsbedingung heißt also

$$P\sin\alpha = P\sin\beta + ph$$

oder

$$\sin\alpha - \sin\beta = \frac{p}{P}h\,.$$

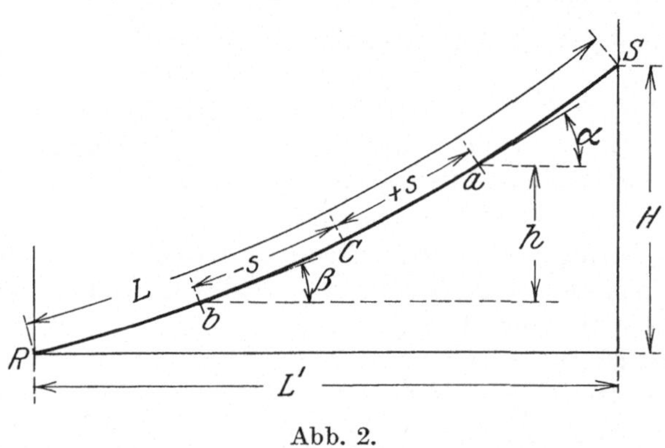

Abb. 2.

Betrachtet man die Mitte als Koordinatenanfangspunkt und setzt dementsprechend $h = y_{(+s)} - y_{(-s)}$, ersetzt man ferner das vorgegebene Verhältnis $\frac{p}{P}$ zur Abkürzung durch v, so kann die Gleichung auch geschrieben werden:

$$\frac{dy}{ds_{(+s)}} - \frac{dy}{ds_{(-s)}} = v(y_{(+s)} - y_{(-s)}) \tag{1}$$

oder

$$\frac{dy}{ds_{(+s)}} - v\,y_{(+s)} = \frac{dy}{ds_{(-s)}} - v\,y_{(-s)}\,. \tag{1a}$$

Diese an sich einfache Aufgabe ist in der Literatur mit wenig Übersichtlichkeit behandelt worden. Die Freiheit der Profilgestaltung, von der jeder Ingenieur in der Praxis mehr oder weniger Gebrauch macht, ist gewöhnlich gar nicht beachtet. Die Bestrebungen zielen immer auf das „richtige" Profil. Um ein solches überhaupt zu finden, müssen noch besondere Bedingungen hinzugenommen werden. Dazu dient seit Vautier die Reibung. Nimmt man, genügend genau, einen in jeder Stellung konstanten Gesamtwiderstand von Wagen und Seil an, so würde, wenn man diesen durch eine motorische Kraft überwindet, das Profil noch eben so unbestimmt sein wie vorher. Wählt man aber als Triebkraft Wasserballast, wobei der talwärts gehende Wagen außer dem Ausgleichballast auch noch ein gewisses Wasserübergewicht als „Treibballast“ fassen muß, so wird die Aufgabe bestimmt. Die Bahnkomponente des Treibballastes, also dic Triebkraft des Systems, ändert sich mit der wechselnden Neigung, und es gibt nur einen Fall, bei dem sich die Bahnkomponenten der Wagen und der Einfluß des Seiles gerade um solche Beträge ändern, daß sie ihr zusammen mit den konstanten Reibung stets das Gleichgewicht halten. Als Lösung ergibt sich als Grundkurve eine Gerade, also die gewöhnliche „schiefe Ebene“, auf welcher bei gewichtslosem Seil der „Treibballast“ mit der konstanten Reibung stets in Gleichgewicht wäre; wegen des Seilgewichtes ist der Geraden eine Höhlung aufgeprägt, und diese erhält, da nun der Treibballast keine konstante Triebkraft mehr abgibt, nochmals eine kleine Korrektion. Das Endergebnis ist schließlich eine Zykloide, auf deren praktische Benutzung v. Reckenschuss viel Mühe verwendet hat; Vautier hat sie — nicht sehr genau — angenähert als Parabel bestimmt.

Die Lösung hat wenig praktischen Wert, weil man nur für eine bestimmte Wagenbesetzung — Vautier nimmt Vollast — Gleichgewicht herstellen kann; in Wirklichkeit schwankt P um 30—50%. Es ist richtiger, einen Mittelwert zugrunde zu legen, und nachdem man solchergestalt doch auf volles theoretisches Gleichgewicht verzichtet hat, auch von der oben genannten Freiheit der Profilgestaltung angemessenen Gebrauch zu machen.

Eine einfache Lösung der Gl. (1) ist die Exponentialfunktion

$$y = C_1(e^{vs} - 1)\,,$$

eine andere die algebraische Funktion

$$y = a_1 s\left(1 + \frac{v}{2} s\right).$$

Die Exponentialfunktion erweist sich als die Kurve konstanter Maximalseilspannung, also der günstigsten Seilausnützung. Die andere ergibt bei einem gewissen Wert des Koeffizienten die Vautiersche Kurve. Beide lassen sich in rechtwinkligen Koordinaten streng integrieren, die zweite ergibt hierbei Zykloiden.

Die gesuchte allgemeinste Lösung der Aufgabe wird dargestellt durch den Ansatz

$$y = a_1 s\left(1 + \frac{v}{2} s\right) + a_3 s^3\left(1 + \frac{v}{4} s\right) + a_5 s^5\left(1 + \frac{v}{6} s\right) + \dots$$

Die Koeffizienten a_1, a_3, a_5 usw. sind bis auf einen willkürlich, und man kann für die Profilkurve, indem man sie mit der nötigen Anzahl von Potenzen ansetzt, jede beliebige Bedingung vorschreiben. Die

Exponentialfunktion ist ein Sonderfall der allgemeinen Lösung; denn $C_1\,(e^{vs} - 1)$ ist gleich

$$C_1\left(\frac{v}{1!}\,s + \frac{v^2}{2!}\,s^2 + \frac{v^3}{3!}\,s^3 + \frac{v^4}{4!}\,s^4 + \ldots - 1\right),$$

und die Koeffizienten müssen mithin lauten:

$$a_1 = C_1\,\frac{v}{1!}\,, \qquad a_3 = C_1\,\frac{v^3}{3!} \qquad \text{usw.}$$

Die Kurven mit höheren Potenzen lassen sich im allgemeinen nicht in rechtwinkligen Koordinaten darstellen; sie werden aber für die Praxis vollauf genau erhalten, wenn man ein schiefliegendes Koordinatensystem ξ, η wählt, wobei ds gleich $d\xi$ gesetzt wird[1]).

[1]) Näheres in dem Aufsatz des Verf. „Über Längenprofile von Seilbahnen" in der Zeitschr. f. Bauwesen, 73. Jahrgang, 1923, 4.—6. Heft.

Wirtschaft, Technik und ihre Schule.

Von **J. Schenk,** Technische Hochschule in Breslau.

Die Ursache der Arbeit sind die Lebensbedürfnisse, und ursprünglich bestand die Arbeit im Schaffen von Nahrungsmitteln und Gebrauchsgegenständen für die Lebensführung. Die Arbeit, welche der einzelne Mensch zu leisten hatte, als er für seine Lebensbedürfnisse allein sorgen mußte, wurde durch Teilung nach Erzeugnissen und durch nachfolgenden gegenseitigen Austausch der Erzeugnisse verringert und die Arbeit selbst vereinfacht. Es entstand eine Gemeinarbeit, sie befreite den Menschen vom Übermaß der Arbeitslast und war eine wichtige Kulturtat, sie ermöglichte Zeitersparnis und wurde so die erste Rationalisierung der produktiven Arbeit, es gebührt solcher Gemeinarbeit bereits die Bezeichnung: „Wirtschaft". Die Gemeinarbeit bewirkte eine allmähliche Besserung der Qualität der Erzeugnisse, führte eine Hebung der Lebensansprüche herbei und damit wieder eine Erweiterung der Gemeinarbeit selbst. Die Gemeinarbeit löste selbst Bedürfnisse und diese wieder Arbeiten aus, die nicht direkt mit produktivem Schaffen von Nutz- und Gebrauchsgegenständen für die Lebensführung zusammenhängen, z. B. Verwaltungs-, Ordnungsarbeiten, sie brachte die Einführung eines Austauschmittels, des Geldes und das Entstehen der Handelsarbeit. Durch Weiterbildung, durch Vervollkommnung und durch Ausbau entstand der heutige Wirtschaftsorganismus. Einen Nachteil hatte die Gemeinarbeit, die Wirtschaft, für die Menschen zur Folge, die Menschen wurden voneinander abhängig. Dieser Umstand verdient besondere Beachtung.

Der Kern der Gemeinarbeit, der Wirtschaft, aber war und blieb die „schöpferisch produktive Arbeit", wie wir sie in der Tätigkeit des Bauern, des Handwerkers in einfachster Form vor uns haben. Wir wollen die schöpferische Arbeit noch näher betrachten.

Die schöpferische Arbeit hat, wie bereits erwähnt, ihre Ursache in den menschlichen Bedürfnissen; sie hat den Zweck, diese Bedürfnisse zu stillen, und zwar die Bedürfnisse unserer Mitmenschen und zugleich unmittelbar oder mittelbar die eigenen — mittelbar, wenn die Erzeugnisse schöpferischer Arbeit zum Eintausch anderer benötigter Erzeugnisse dienen. Die schöpferische Arbeit ist somit ein Schaffen füreinander, bedeutet bereits selbst ein Zusammenarbeiten und ist damit eine Brücke, die uns zu unseren Mitmenschen führt. Im schöpferischen Schaffen erleben wir am eindringlichsten die Bedingungen für das Zusammenleben und Zusammenarbeiten der Menschen. Wir erfahren das Bestehen der Interessen anderer, lernen sie achten und ausgleichen durch gleichmäßige Berücksichtigung der Interessen aller an der Zusammenarbeit Beteiligten. Der schöpferisch Schaffende wird durch die Erkenntnis des Zusammenhanges der Interessen veranlaßt, in sein Erzeugnis sein Bestes, seinen Persönlichkeitswert hineinzulegen; er erwartet allerdings, daß auch die anderen, von denen er Erzeugnisse im Austausche entgegennimmt, das gleiche tun. Er dient den anderen bestmöglich, um sich selbst so zu dienen, um an solchem Dienst an anderen, an der Gemeinschaft, eine Bereicherung des inneren Menschen und äußere Gewinne zugleich zu erzielen. Schöpferische Arbeit ist eine den Menschen in allen seinen geistigen und sittlichen Fähigkeiten erfassende und fördernde Tätigkeit. In der den Menschen zur Bestleistung anspornenden Eigenarbeit liegen die Quellen der Persönlichkeit. Schöpferische Arbeit erhebt zum Menschen; je hochwertiger das schöpferische Schaffen ist, um so bedeutender die Höhe des Menschentums, auf der der Schaffende wandelt.

Beispiel: „Es gibt heute noch Häuser, in denen die Treppe hinaufzusteigen ein Genuß ist. Man ermüdet nicht, auch wenn man von unten auf gleich bis unters Dach steigen muß. Breite und Höhe der einzelnen Stufen, die Folge der Podeste, die Handlichkeit des Geländers — alles atmet Ruhe, Würde und Bequemlichkeit. Wundervolle Harmonie von Kopf- und Handarbeit! Der Meister, der sie errechnet, und die Gesellen, die sie ausgeführt, das waren ganze Menschen! Glücklich, wer in einem solchen Hause hat aufwachsen dürfen und die Erinnerung an das Gefühl dieses Treppensteigens nicht verloren hat; sie muß ihn immer wieder auf den rechten Weg bringen.“ (Aus der Zeitschrift „Der Bergfried“.)

Aus dem Handwerk hat sich dann durch Erweiterung des Arbeitsfeldes und durch geistige Vervollkommnung schöpferisch produktiver Tätigkeit die „Technik“ entwickelt, und die Technik hat demnach die gleiche, im Hinblick auf ihre Hochwertigkeit sogar erhöhte kulturelle und wirtschaftsmäßige Bedeutung wie das Handwerk, wie die Arbeit des Bauern.

Diese aus der gesunden Selbsterhaltung entspringende gegenseitige Hilfeleistung in Form der Gemeinarbeit, der Wirtschaft, wird wesentlich beeinflußt durch einen menschlichen Trieb: durch das Streben, das berechtigte Maß eigener Interessen zu übertreiben, durch die Selbstsucht. Zwar bleiben auch unter dem Einfluß der Selbstsucht die Lebensbedürfnisse Ursache der Arbeit, ebenso ist die Teilung der Arbeit ganz im Sinne der Selbstsucht. Die Art der Arbeitsteilung aber wird durch die Selbstsucht völlig verändert. Die Selbstsucht will die Arbeit stets so teilen, daß auf ihre Seite der angenehmere, leichtere, bessere, der mehr gewinnbringende Teil, der Vorteil, fällt. Die Tendenz zu solch einseitiger Bereicherung gehört zum Wesen der Selbstsucht und scheint immer mehr den größten Einfluß auf das Wirtschaftsleben zu gewinnen. Ist die Wirtschaft ohne Selbstsucht ein segensreiches System, das allen gleich dient, ein Kulturfaktor von größter Bedeutung, so kann sie unter dem Einfluß der Selbstsucht für die Mehrzahl der Menschen zur Qual werden, und die Wirtschaft hat dann nur noch zivilisatorischen Wert, während ihr Kulturwert verlorengeht. Die Selbstsucht braucht Arbeitssklaven, sie lebt von anderen, und sie ist darum der Feind des wahren Menschentums bei anderen, der Feind der Kultur. Um die für sie vorteilhafteste Arbeitsteilung zu erreichen, scheut sie kein Mittel: List, Gewalt, selbst Verbrechen müssen ihr dienen. Die Selbstsucht ist in der Regel kurzsichtig, da sie aus Übersorge um die ihr nächstliegenden Interessen, befangen in ihrer Engheit, oft den Blick in die Weite zu richten versäumt. Beim Zusammenbruche ihrer Machenschaften infolge ihrer Kurzsichtigkeit versteht sie es allerdings meisterhaft, sich dem Verhängnisse zu entziehen und ihren Opfern die verderblichen Folgen ihrer Handlungen zu überlassen. Wie ich oben erwähnt habe, hat die Weiterentwicklung der Wirtschaft zu einem Austauschmittel, dem Gelde, geführt und hat dadurch eine wesentliche Erleichterung des wirtschaftlichen Verkehrs gebracht; die menschliche Selbstsucht hat aber das Geld über diesen ursprünglichen Zweck hinausgehoben und zum Angelpunkt der Wirtschaftsbewegung gemacht. Um die Bedeutung des Geldes im modernen Wirtschaftsleben darzulegen, greife ich zu einem der Energetik Ostwalds entnommenen Bilde: Das Weltall durchflutet die Sonnenenergie, sie ist die Ursache der Entfaltung des organischen Lebens, unserer Nahrung und unserer damit zusammenhängenden körperlichen und geistigen Arbeit. Geld ist nun im energetischen Ablaufe des Erdengeschehens potentielle Energie. Jederzeit kann Geld durch Kauf von Kohle, Nahrung, Arbeit usw. in Energie und umgekehrt Energie in Geld umgewandelt werden. Es gibt aber bei der Bewertung des Geldes noch Unterschiede; ein Zwanzigmarkstück stellt potentielle Energie dar, dagegen ist zinstragendes Geld, wie wir es z. B. auf der Bank kaufen können, mehr als potentielle Energie. Zinstragendes Geld vermag Energie auszustrahlen, ohne daß es an Energie verliert, es ist energetisch ein Perpetuum mobile. Das Perpetuum mobile, nach dem auf dem Gebiete der Natur immer noch Tausende vergeblich jagen, ist also im Wirtschaftsleben vorhanden; das zinstragende Geld ist für seinen Besitzer unleugbar ein solches. In der Eigenschaft des Zinstragens des Geldes liegt hauptsächlich der meist unbewußte, unwiderstehliche Zauber des Geldes. Die Erscheinung steht zum energetischen Prinzip der Erhaltung der Energie, dem alles Erdengeschehen unterliegt, durchaus nicht im Widerspruche. Das zinstragende Geld ist ein Perpetuum mobile für den Einzelnen, nicht für die Allgemeinheit; seine Wirkung ist relativ; auch in der Natur gibt es solche Perpetua mobilia. Der Elektromotor z. B., der mechanische Arbeit abgibt, ist in bezug auf die mechanische Arbeit ein relatives Perpetuum mobile. Der Sachkundige weiß, daß für den Elektromotor eine andere Energieumwandlungsstelle Vorbedingung ist, und eine solche Vorbedingung besteht auch für das zinstragende Geld, nämlich das produktive Schaffen. Der Unterschied beider Erscheinungen im Wirtschaftsleben und in der Natur ist: In der Energiewirtschaft der Natur hat das Relative, weil es nur eine Seite der Wirkung ist, keine Bedeutung; im Wirtschaftsleben, da es dem Einfluß menschlicher Triebe unterliegt, dagegen sehr wohl. Die Selbstsucht kennt nur das Relative, sie hat ja das zinstragende Geld geschaffen. Aristoteles lehrte einst, es sei unnatürlich, daß Geld Geld gebäre. Heutzutage wird es niemand mehr verstehen können, wenn jemand Geld, ohne Zinsen zu nehmen, ausleihen würde. Das Zinsennehmen ist allgemeine Sitte, es ist Recht geworden. Es liegt mir fern, gegen das Zinsennehmen anzukämpfen. Die Erkenntnis der Selbstsucht als ein zum Menschen gehöriges Laster, die Beachtung der Wirkung der Selbstsucht auf die Wirtschaft zeigt, daß ich der Wirklichkeit Rechnung tragen will. Auch hat das Zinsennehmen nicht allein üble Seiten für die Allgemeinheit, es bringt dem Wirtschaftsleben auch Vorteile. Die Flüssigkeit des Geldes und die damit zusammenhängende Freiheit des Schaffens verdanken wir hauptsächlich dem Zins, der für das ausgeliehene Geld gefordert werden kann. Die Selbstsucht, welche früher Geld in Truhen anhäufte und das Schaffen lahmlegte, wurde wieder durch Selbstsucht besiegt. Nach dieser Betrachtung über das Geld können wir den Einfluß des Geldes auf die Wirtschaft ermessen.

Für die Wirtschaft ist die Eigenschaft des Zinstragens, die dem Gelde den Charakter einer „Überenergie“ gibt, richtunggebend. Durch den überragenden Wert eines Gutes im Austausch der Güter muß der Schwerpunkt der ganzen Wirtschaft sich einseitig verschieben. Der Kaufmann, der Geldmann rechnet nur mit zinstragendem Gelde, Geld ohne Zins ist für ihn „totes Kapital“, und es ist ganz selbstverständlich, daß planmäßiger, rationeller Gütererwerb das zinstragende Geld als das wirksamste Mittel betrachtet und sich seiner hauptsächlich bedient. Unsere moderne Wirtschaft ist also im Grunde ihres Wesens „Wirtschaft“ des zinstragenden Geldes. Die Geldleute haben selbstverständlich erkannt, daß schaffende Arbeit die Voraussetzung für das zinstragende Geld ist, und daher ihr Bestreben, neue Unternehmungen zu gründen und die Produktion zu heben. Dagegen ist nichts einzuwenden.

Die Technik und das Geld wurden aber auch von der Selbstsucht im vollen Sinne des Wortes mißbraucht und dadurch Gefahren heraufbeschworen, die den Bestand der Menschheit in Frage stellen. Arbeit hat oft nicht mehr die Geltung: Bedürfnisse zu befriedigen. Geltung hat häufig nur die Arbeit, welche die unmittelbare Notlage der Bedürftigen — Konjunktur genannt — ausnützen läßt. Und solche Konjunkturen werden künstlich zu schaffen gesucht; Arbeit wird ein Spekulationsobjekt der Selbstsucht. Den für die Wirtschaft verderblichsten Mißbrauch erleben wir heutzutage in Deutschland und anderen ebenso unglücklichen Ländern. Das Geld, das Austauschmittel, verlor durch selbstsüchtige Machenschaften, durch Verbrechen am Geiste der Gemeinarbeit seine Wertbeständigkeit. Die Folgen sind unabsehbar: Die Dinge sind auf den Kopf gestellt, das Sparen des Geldes wird zum Unsinn, man jagt dem Gelde nach, um es im Augenblicke des Besitzes rasch wieder abzustoßen. Treu und Glauben werden zerstört, die Verderbnis der Sitten könnte nicht planmäßiger betrieben werden. Wir haben keine Gemeinarbeit, keine Wirtschaft mehr. Vom Standpunkt der Menschheit aus betrachtet, haben wir die denkbar schlimmste Verkehrung dessen, was für die Menschheit als gesund und förderlich angesehen werden kann. Eine Organisation, die ursprünglich helfen sollte, das Menschentum aufzubauen und zu fördern, ist bis zur Unkenntlichkeit ihres ursprünglichen Zieles entartet und verelendet und zerstört die Menschheit. Die Erkenntnis der wahren Lage fehlt beim Volke. Die wenigsten wissen, was Wirtschaft wirklich bedeutet, wissen, daß Wirtschaft, Gemeinarbeit, uns alle verpflichtet, daß wir miteinander und füreinander arbeiten müssen. Es würde hier zu weit führen, all den Quellen dieser furchtbaren Entartung der Wirtschaft nachzuspüren. Die Urquelle ist die Selbstsucht, und das Mittel, um einen der schlimmsten Mißbräuche zu unterbinden, die Wirtschaft der Gesundung entgegenzuführen, ist das wertbeständige Geld; bei der Furchtbarkeit der Lage muß es um jeden Preis errungen werden. Es würde aber wieder ein Verkennen der Sachlage bedeuten, wollte man fordern, daß kapitalkräftige Wirtschaftsgruppen selbstlos Opfer bringen, um der deutschen Wirtschaft zu helfen. Wie könnte man erwarten, daß bei dieser Orgie der Selbstsucht gerade dort, wo in den meisten Fällen die Selbstsucht am ungezügeltsten war, sich plötzlich Selbstlosigkeit einstellen sollte? Auch hier muß wieder Selbstsucht durch Selbstsucht vertrieben werden. Durch Aussicht auf Gewinn muß der Anreiz gegeben werden, die notwendigen Beträge zur Ordnung des Finanzwesens der deutschen Wirtschaft zur Verfügung zu stellen.

Freilich müssen dann, wenn in der Weltwirtschaft die Ordnung hergestellt ist, Maßnahmen getroffen werden, die solche Zustände wie die jetzigen, derartige Verirrungen der Wirtschaft für immer ausschließen. Es gibt Mittel genug. Das sichertse ist, daß die führenden Männer in den einzelnen Staaten stets das wahre Verständnis für Wirtschaft haben und keine Maßnahmen zulassen, die gegen den Geist gesunder Wirtschaft verstoßen. Die Schule aber hat die schwierige und unabweisbare Pflicht, junge Männer zum schöperischen Schaffen zu erziehen; ihre Erfüllung ist die Voraussetzung zum geforderten Führertum.

Der Mißbrauch der Arbeit und des Geldes beweist nichts gegen die Notwendigkeit der Technik und des Geldes.

Max Eydt schreibt in „Wort und Werkzeug": Die Technik, wird gesagt, und häufig genug auch geglaubt, führe die Menschen dem Materialismus in die Arme. Als ob die Arbeit den Menschen jemals materialistischer gemacht hätte, als er seiner Natur nach ist und sein darf. Der Müßiggang tut dies, der Genuß, das Spekulieren und Spintisieren.

Die Technik allein kann bei den jetzigen Lebensformen, bei der Zusammenballung großer Menschenmassen noch Kultur ermöglichen, und das Geld ist ein unentbehrliches Wirtschafts- und Kulturmittel geworden, dem wir den leichten Wirtschaftsverkehr, die Möglichkeit einer gerechten Bewertung der Arbeit und die Freiheit des Schaffens danken.

Wenn wir aber die Jugend für das Wirtschaftsleben erziehen wollen, können wir die Gefahren, die der Mißbrauch der Technik und des Geldes gebracht hat, gar nicht ernst genug einschätzen. Wir müssen alles daran setzen, damit nicht die Jugend unvorbereitet, ohne Verständnis für Menschentum ins moderne Wirtschaftsleben eintritt. Wir müssen der Jugend das Wesen gesunder Wirtschaft zeigen, und die Menschheitspflichten, welche sie uns auferlegt, ihr unauslöschlich einprägen. Es steht uns auch nicht mehr frei, uns für oder gegen die Gemeinarbeit zu entscheiden. Die Arbeitsteilung ist zu weit fortgeschritten, die Wirtschaft ist da; und jeder ist verpflichtet, den Erfordernissen einer ersprießlichen Gemeinarbeit sich zu fügen.

Eine Hochschule für Wirtschaft hat die Lehre so zu gestalten und die Lehrmittel so zu wählen, daß sie einer Wirtschaft im Sinne einer Zusammenarbeit mit kulturellem Ziele, daß sie dem Gemeinwohle dient. Für eine mit dem Menschen so eng verbundene Materie gibt es nur einen Weg, nämlich den, der der natürlichen Entwicklung folgt, und dieser Weg läßt die schöpferisch produktive Arbeit als Wirtschaftszelle, als Ausgangspunkt für die Lehre erkennen.

Bei solchem Aufbau der Lehre wird dem Studierenden das Elementare, das Grundsätzliche der Wirtschaft vor allem eingepflanzt, er kann durch Eigenarbeit es selbst erleben. Die schöpferisch produktive Arbeit erfaßt alle seine Fähigkeiten und gestaltet im Studierenden den Menschen heraus; die Mühen positiver Eigenarbeit bilden jene Eigenschaften heran, die das Fundament zur Persönlichkeit werden.

„Hat die Jugend an einem noch so winzigen Punkte sich die Beherrschung des Lebens zu eigen gemacht, so wird sie in der verwirrenden Mannigfaltigkeit späterer Eindrücke nie die innere Haltung verlieren. Sie wird auch ohne gewaltigen Wissensapparat mehr echte Lebens- und Menschenkenntnis gewinnen als der moderne „Gebildete", der jedem Schlagwort und jeder Pressemache hoffnungslos ausgeliefert ist. Und vor allem wird sie das gewinnen, was heute kaum noch zu finden ist: Demut und Ehrfurcht." (Aus dem dritten Heft der Zeitschrift „Der Bergfried").

Durch die beschriebene geistige und sittliche Bildung der für die Wirtschaftsberufsstände in Frage kommenden Jugend beeinflußt die Hochschule die Wirtschaft selbst in kulturellem Sinne. Die Hochschule weckt und entwickelt restlos die schöpferische Kraft, den wertvollsten Schatz des Volkes, der letzten Endes über die wirtschaftliche Leistungsfähigkeit entscheidet.

Auf die grundlegende Wirtschaftsschule soll dann die Lehre und Pflege der erweiterten, jetzigen Wirtschaftsformen, besonders der Privatwirtschaft, folgen.

Die Erziehung zum Wirtschafter, zum vollwertigen Mitarbeiter in der Gemeinarbeit, zum ganzen Menschen, erfordert demnach vor allem Anleitung zur schöpferischen Arbeit.

Die Durchführung dieser Bildungsaufgabe bedingt Betrachtungen über den Aufbau einer Lehre schöpferischer Arbeit und Betrachtungen über die schöpferische Arbeit, die dieser Lehre als Lehrmittel dienen soll. Die 1. Gruppe der Betrachtungen ist die Pädagogik, die Kunst der Herangestaltung zum Menschen. Mit Rücksicht auf den für diese Abhandlung gegebenen Rahmen wird darauf nicht eingegangen.

Als Lehrmittel ist nicht jede schöpferische Arbeit gleich geeignet, je vollendeter und hochwertiger die Arbeit, je beziehungsreicher sie zu den Menschen ist, um so günstiger ist sie als Lehrmittel, um so größer ist der Lehrerfolg. Auch die Möglichkeit, bei der schöpferischen Arbeit in der Schule die Wirklichkeit zu wahren, ist von Bedeutung. Da die Technischen Hochschulen für den technischen Beruf heranzubilden haben, ist es naheliegend, das Schaffen der Techniker selbst, die Technik, auf ihre Eignung zur Anleitung für schöpferisches Schaffen zu prüfen.

Die Technik hat sich aus dem Handwerk, also aus schöpferisch produktiver Arbeit, durch Erweiterung des Betätigungsfeldes, durch geistige Vervollkommnung der Arbeit entwickelt. Technik ist nunmehr aufzufassen als hochwertige schöpferisch produktive Arbeit, hauptsächlich zur Ausbeutung und Nutzbarmachung der Natur und ihrer Kräfte, zur Überwindung von Hindernissen, welche die Natur dem Verkehr der Menschen entgegenstellt; Technik ist aufzufassen als hochwertige schöpferisch produktive Arbeit, wie sie uns beispielsweise entgegentritt als deutsche Technik, als Werke deutscher Schaffensgabe und Schaffenskunst auf den verschiedenen Gebieten der Energiegewinnung und -umwandlung, des Hochbau-, Tiefbau-, Maschinenbauwesens, des Land- und Seeverkehrs.

Im Sprachgebrauche finden wir noch eine andere Anwendung des Wortes „Technik" als Fertigkeit, als Komplex von Methoden und Kunstgriffen bei den verschiedenen Tätigkeiten. Die Anwendung erscheint in den Wortbildungen: Operationstechnik, Vortragstechnik, Maltechnik, Bautechnik, Fabrikationstechnik. Der tiefere Sinn dieses Begriffes ist die Schaffung von Möglichkeiten, die eine Zeitökonomie im weitesten Sinne gestatten.

Für die grundlegende Erziehung der Techniker, die eine Erziehung zum ganzen Menschen, zum Wirtschafter sein soll, hat die Technik der Technik, die vollkommenste aller Fertigkeiten, keinen Belang, sie ist hierfür nicht nur unbrauchbar sondern sogar irreführend, in der Lehre über die Sondergebiete kommt ihr aber die größte Bedeutung zu.

Die Technik als schöpferisch produktive Arbeit ist dagegen ein geeignetes Lehrmittel für die Anleitung zur schöpferischen Arbeit. Kein anderes schöpferisches Schaffen dürfte so vielseitig und so eng mit dem Menschen und seinen Interessen verknüpft sein wie das Handwerk und besonders wie die Technik. Die Bedürfnisse, die Befriedigung durch Erzeugnisse schöpferisch produktiver Arbeit und endlich der Austausch dieser Erzeugnisse haben ja, wie ich schon darlegte, zu einer Zusammenarbeit der Menschen, zu einer Gemeinarbeit geführt von weltumspannender Größe: zur Wirtschaft. In der Technik als schöpferisch produktiver Arbeit muß diese Zusammenarbeit vom Schaffenden im voraus durchgedacht werden, und den Überlegungen entsprechend werden die Maßnahmen für das zu schaffende Werk getroffen. Gut und billig soll das Werk werden bei eigenem Nutzen des Schaffenden und des in den meisten Fällen mitbeteiligten Geldgebers. Die Interessen des Empfängers des Werkes und die des Schaffenden bzw. des Unternehmers werden bei der Arbeit mit aller Gründlichkeit und Sachlichkeit geprüft, abgewogen und entschieden. Technik ist ein Vorbild für schöpferisch produktives Schaffen, für ehrliche Zusammenarbeit, für gesunde Wirtschaft, und dank dieser Eigenschaft ein hervorragendes Lehrmittel bei der Anleitung zur schöpferischen Arbeit, bei der Erziehung zum ganzen Menschen.

Spamersche Buchdruckerei in Leipzig.